Robert Babatz
Manfred Bogen
Uta Pankoke-Babatz

Elektronische Kommunikation – X.400 MHS

Robert Babatz
Manfred Bogen
Uta Pankoke-Babatz

Elektronische Kommunikation

X.400 MHS

Herausgegeben von Harald Schumny

Die Autoren sind seit Anfang der 80er Jahre im Institut für Angewandte Informationstechnik der GMD an der Entwicklung und dem Eihsatz des elektronischen Kommunikationssystems KOMEX maßgeblich beteiligt. Sie sind ebenfalls an mehreren Projekten zum Aufbau und zur Gestaltung des elektronischen Postdienstes für das Deutsche Forschungsnetz (DFN) beteiligt gewesen.

Robert Babatz ist einer der Hauptentwickler von KOMEX. Er war u. a. verantwortlich für die Entwicklung einer X.400-Schnittstelle für KOMEX. Der Schwerpunkt seiner Arbeit liegt im Bereich der Mensch-Maschine-Kommunikation.

Manfred Bogen war in der CCITT-Studienperiode 1985-88 Berater der DBP zur Frage der Message-Handling-Systeme. Er ist heute im Institut für Informationstechnische Infrastrukturen der GMD verantwortlich für den Zentralknoten und für die Koordination des deutschen Teils des Rechnernetzes EARN.

Uta-Pankoke-Babatz ist seit 1986 an den Aktivitäten der ISO und des CCITT im Bereich der Message-Handling-Systeme beteiligt. Zum Thema Organisation von elektronischer Kommunikation war sie seit 1986 für ein von der Europäischen Gemeinschaft finanziertes Projekt mit internationaler Beteiligung verantwortlich.

Dr. Harald Schumny ist Wissenschaftler an der Physikalisch-Technischen Bundesanstalt in Braunschweig.

Der Verlag Vieweg ist ein Unternehmen der Verlagsgruppe Bertelsmann International.

Softcover reprint of the hardcover 1st edition 1990

ISBN 978-3-322-83107-1
DOI 10.1007/ 978-3-322-83106-4

ISBN 978-3-322-83106-4 (eBook)

Vorwort

In den letzten Jahren haben elektronische Postsysteme zunehmende Verbreitung gefunden. Mit der Veröffentlichung der Empfehlungen X.400 für Message-Handling-Systeme im Jahre 1984 ist nun auch die Grundlage für einen weltweiten Verbund von elektronischen Postsystemen und damit für einen weltweiten elektronischen Postdienst geschaffen worden. Diese X.400 Serie von Empfehlungen von 1984 wird im vorliegenden Buch vorgestellt. Wir konnten hier auf Material für Seminare über X.400, die wir mit Kollegen in der GMD durchgeführt haben, zurückgreifen. Daneben haben wir auch selbst unser hauseigenes elektronisches Postsystem entsprechend dem Standard mit anderen Systemen vernetzt und konnten dadurch unsere Kenntnisse über X.400 vertiefen.

Unsere Erfahrungen bei Implementierungen sowie beim Praxiseinsatz von elektronischen Postsystemen haben wir in den Jahren 1985–88 in die Überarbeitung und Erweiterung der Empfehlungen eingebracht. Eine Neufassung von X.400 wurde 1988 com CCITT gemeinsam mit ISO als Standard verabschiedet. Die durch unsere Beteiligung gewonnenen Kenntnisse haben wir ebenfalls für dieses Buch aufbereitet.

X.400 von 1984 bildet heute die Grundlage für viele Implementierungen und Einsätze in der Praxis. X.400 bzw. die ISO-Norm 10021 von 1988 enthält wesentliche Erweiterungen und Ergänzungen. Wir behandeln in diesem Buch beide Versionen der Empfehlungen.

Wir haben versucht, vor allem auch die Konzepte und Modelle, die MHS zu Grunde liegen, zu erläutern und damit zum Verständnis beizutragen. Das vorliegende Buch stellt damit unsere Erfahrungen dar, die wir mit MHS in verschiedenen Projekten, die bei der GMD durchgeführt wurden, gewonnen haben.

Wir möchten uns bei der GMD, die uns die Erstellung dieses Buches ermöglicht hat, und vor allem bei unseren Kollegen bedanken, die an den entsprechenden Projekten und Seminaren mitgewirkt haben. Gleichzeitig danken wir Frau Münch, die uns durch die Anfertigung einiger Abbildungen geholfen hat.

GMD, St. Augustin
im Februar 1990

Robert Babatz
Manfred Bogen
Uta Pankoke-Babatz

Inhaltsverzeichnis

Einführung

Seit Anfang der 80er Jahre finden elektronische Kommunikationssysteme zunehmendes Interesse. Diese Systeme werden zur schnellen schriftlichen hausinternen Kommunikation und auch zur Kommunikation über Institutions- und Landesgrenzen hinweg benutzt.

Große Kommunikationsnetze (wie z.B. ARPA und CSNET) waren die ersten Vorreiter. Die Benutzung dieser Netze sowie einzelner lokaler oder öffentlicher Mailbox-Systeme eröffneten neue Einsatzbereiche für Computer und zeigten der Industrie gleichzeitig, daß sich in diesem Bereich neue Märkte erschließen lassen.

Lange Zeit war die Computerindustrie ausschließlich bemüht, ihre Kunden bei ihrer Firma zu halten. Von der Zentraleinheit bis zum Drucker sollte alles möglichst von einem Hersteller sein. Das Aufkommen öffentlicher Netze erforderte einiges Umdenken. Jetzt waren Lösungen und Anwendungen gefragt, die in der Lage sein sollten, mit Anwendungen anderer Hersteller über gemeinsame Protokolle zu kommunizieren. Dies wurde in den Konzepten zur Verbindung offener Systeme *(Open Systems Interconnection, OSI)* ermöglicht.

Mit dem Anwachsen der Zahl der autonomen Netze, die elektronische Post als Dienst anboten, wurde es zunehmend schwieriger, entweder ein anderes Netz zur Übernahme der eigenen Struktur und der eigenen Protokolle zu bewegen oder sich auf ein gemeinsames Verständnis von elektronischer Post zu einigen.

Es ist es als Verdienst der nationalen Postgesellschaften anzusehen, daß 1984 erstmals ein Standard für elektronische Kommunikationssysteme – die Serie X.400[1] von Empfehlungen für Message-Handling-Systeme – von den Postverwaltungen und Telematikdienst-Betreibern entwickelt und veröffentlicht wurde, der die Welt der elektronischen Post nachhaltig beeinflußt hat. Diese Empfehlungen bilden seitdem die Grundlage für weltweite neue Kommunikationsdienste, die die verschiedenen Post- und Telematikdienst-Betreiber öffentlich anbieten. Damit ist neben den anderen Telematikdiensten (Teletex, Telefax und Telefon, Telex) ein völlig neuartiger Dienst im Entstehen. Diese Empfehlungen sind Gegenstand der vorliegenden Studie.

[1] Die Serie X.400 besteht aus einem Satz von Empfehlungen, deren Numerierung von X.400 bis X.430 geht. Wenn im Text nicht ausdrücklich anderes vermerkt ist, bezeichnet X.400 den ganzen Satz von Empfehlungen.

Die Studie richtet sich an Entwickler, Betreiber und Benutzer von elektronischen Kommunikationssystemen. Wir wollen versuchen, die Ideen und Konzepte der X.400-Empfehlungen für MHS (Message-Handling-Systeme) kommentierend zu erläutern und den Lesern und Leserinnen zu vermitteln. Diese Studie ersetzt nicht das genaue Studium der Empfehlungen selbst, wie es benötigt wird, um z.B. Implementierungen durchzuführen. Sie soll aber den Zugang zu den Empfehlungen und deren Verständnis erleichtern.

Wir stützen uns in erster Linie auf die erste veröffentlichte Serie von Empfehlungen für Message-Handling-Systeme des *CCITT (Comité Consultatif International de Télégraphique et Téléphonique)* von 1984 (X.400–X.430). Diese Empfehlungen haben bereits heute in einer ganzen Reihe von Systemen Eingang gefunden.

Die ersten Jahre der praktischen Erprobung der Empfehlungen haben jedoch zu Verbesserungen und Erweiterungen der X.400-Empfehlungen geführt, die 1988 in die Veröffentlichung eines gemeinsamen Standards mit *ISO (International Organization for Standardization)* mündeten. Wir werden in dieser Studie die unseres Erachtens nach wesentlichen Änderungen und Erweiterungen separat darstellen.

Die Studie gliedert sich in drei Teile:

- Teil I behandelt die Serie der X.400-Empfehlungen von 1984,
- Teil II stellt die Änderungen der 88er X.400-Empfehlungen dar[2], und
- in Teil III werden die Möglichkeiten und Erfordernisse der Nutzung von Message-Handling-Systemen zur Gruppenkommunikation dargestellt.

Im folgenden Kapitel wird ein Einblick in die Arbeit und Zusammenarbeit der bei der Erarbeitung dieser Empfehlung beteiligten Gremien gegeben. Danach folgt eine Einführung in die grundlegenden Konzepte von Message-Handling-Systemen durch die Darstellung der Analogie zur gelben Post. Das Modell für Message-Handling-Systeme wird vorgestellt. Anschließend werden die Transferdienste und Protokolle des Message-Transfer-Systems sowie der *Interpersonal Message Service* (Mitteilungsdienst) eingeführt. Die Dienstleistungen eines Message-Transfer-Agenten (Nachrichtenvermittlers) und eines User-Agenten (Benutzeragenten) werden im einzelnen dargestellt. Im Anschluß daran wird der zum Nachrichtenaustausch benötigte *Reliable Transfer Service* (zuverlässiger Übertragungsdienst) und die Zugangsmöglichkeit zum Message-Transfer-System mittels *Remote Operations* (Fernaufträge) dargestellt. Die Kooperation zwischen Message-Transfer- und Teletexdienst wird ebenfalls erläutert.

Die Darstellung der X.400-Empfehlungen von 1984 bildet damit den zentralen Teil unserer Studie. Dies ist zum einen durch die Bedeutung und hohe Akzeptanz dieses Standards begründet und zum anderen dadurch, daß die Autoren hier durch eigene Erfahrungen bei der Implementierung von Teilen des Standards und bei der Durchführung von Seminaren zu diesem Thema vertiefte Kenntnisse erworben haben.

[2] Wenn hier und im folgenden von „84er“ oder „88er“ System, Norm usw. die Rede ist, so sind immer die Systeme, Normen usw. der CCITT-Serie X.400 von 1984 bzw. von 1988 gemeint.

Die X.400-Empfehlungen von 1984 waren auch Grundlage für den Aufbau des DFN (Deutsches Forschungsnetz), an dessen Aufbau die Autoren ebenfalls mitgewirkt haben [CKP*84, BCK*84, DFN84, BPS85, BB86a]. Im Rahmen der Kooperation mit dem DFN haben wir die Systeme EAN und KOMEX mit Schnittstellen *(Gateways)* zu 84er Message-Handling-Systemen versehen. KOMEX [BPST83a] ist ein elektronisches Kommunikationssystem, das von uns entwickelt wurde und bereits seit 1982 als hausinternes Kommunikationssystem in der GMD (Gesellschaft für Mathematik und Datenverarbeitung) eingesetzt wird und ebenfalls an das DFN angeschlossen ist.

Um den Lesern und Leserinnen unsere Erfahrungen bei der konkreten Nutzung dieser X.400-Empfehlungen bei der Vernetzung von Systemen zu geben, haben wir dies am Beispiel KOMEX als Abschluß des Teils über X.400 von 1984 dargestellt.

Die Beschäftigung mit dem Standard sowie die Erfahrungen, die wir bei Konzeption, Implementierung und Betrieb von elektronischen Kommunikationssystemen gewonnen haben, führte dazu, daß wir direkten Einfluß auf die weitere Entwicklung der Standards nehmen wollten. Indirekter Einfluß war bereits vorher durch unsere Mitarbeit bei der *IFIP (International Federation for Information Processing)* gegeben. Daher haben zwei der Autoren in der Studienperiode zwischen 1985 und 1988 an der Arbeit von ISO und CCITT teilgenommen. Bei der folgenden Darstellung der Erweiterungen von 1988 können wir auf diese durch direkte Beteiligung entstandenen Kenntnisse zurückgreifen.

Die Erfahrungen bei der Implementierung und beim Betrieb von X.400-84 entsprechenden Systemen hat zu einer Erweiterung der Anforderungen geführt. Auf die erste Veröffentlichung von X.400 sind viele Anregungen und Rückmeldungen für die Weiterentwicklung der Empfehlungen bei CCITT eingegangen. Diese haben ihren Niederschlag in der neuen Serie von Empfehlungen X.400-88 gefunden.

Wir werden diesen Standard von 1988 nicht so ausführlich wie den 84er Standard beschreiben, sondern nur die unseres Erachtens nach wichtigsten neuen Dienstleistungen erläutern (Teil II). Hierbei sind die neuen Möglichkeiten von Message-Handling-Systemen durch Einbindung von Directory-Systemen, durch Verbindung zu weiteren Telematikdiensten und zur gelben Post, sowie neue Endbenutzerleistungen durch die Verwendung von Verteilerlisten *(Distribution Lists)* und Nachrichtenspeichern *(Message Stores)* von zentralem Interesse.

Im letzten Teil der Studie wird die Relevanz von Message-Handling-Systemen für die Bürokommunikation aufgezeigt. Insbesondere der Bedarf der Benutzer[3] nach Unterstützung seiner Büroarbeit wird ausgearbeitet. Ein Vorschlag für die funktionale Gestaltung von Benutzerarbeitsplätzen für Mitteilungssysteme wird ausführlich dargestellt. Besondere Bedeutung hat hierbei die Archivierung von Mitteilungen und die Bildung von Beziehungen zwischen Mitteilungen. Außerdem wird die Verwendbarkeit von Verteilerlisten für die Gruppenkommunikation erläutert und Anwendungsbeispiele dafür gegeben. Am Schluß dieser Studie wird ein kurzer Ausblick auf wei-

[3] Wir möchten uns an dieser Stelle bei unseren Leserinnen und Lesern dafür entschuldigen, daß wir aus Gründen der besseren Lesbarkeit bei der Bezeichnung von Menschen immer nur die männliche Form gewählt haben (Benutzer, Absender usw.).

tere Einsatzmöglichkeiten von Message-Handling-Systemen im Bürobereich und zur Ausführung von kooperativen Arbeiten gegeben.

Wir haben in den folgenden Texten im wesentlichen die Terminologie der X.400-Empfehlungen von 1984 verwendet. In den meisten Fällen haben wir die englischen Fachbegriffe (jeweils *kursiv* gesetzt) verwendet, da diese exakt definiert sind. Die deutschen Übersetzungen sind meist sehr unhandlich und müßten als Neuschöpfungen von Fachwörtern doch in ihren Bedeutungen gelernt werden. Außerdem gibt es keine verbindliche Übersetzung, da es keine deutsche Norm gibt. Zum Nachschlagen haben wir im Anhang eine Liste der auftretenden Abkürzungen sowie der englischen Begriffe und ihrer Übersetzungen aufgenommen. An dieser Stelle sei darauf hingewiesen, daß es eine Übersetzung von X.400 und X.402 ins Deutsche gibt [Tie85, Tie89b, Tie89a].

Auf Standards und Empfehlungen wird mit der in dem jeweiligen Standardisierungsgremium üblichen Schreibweise verwiesen (z.B. CCITT: X.411, ISO: IS 7498, ECMA: ECMA-93). Im Anhang sind alle zitierten Normen und Empfehlungen getrennt vom Literaturverzeichnis aufgeführt.

Wir verweisen auf die MHS-Empfehlungen im Text immer mit der von CCITT vergebenen Bezeichnung X.400, denn diese waren 1984 nur bei CCITT veröffentlicht, die entsprechende ISO-Norm ist erst mit der Version von 1988 veröffentlicht worden. Auch andere gemeinsame Standards werden meist durch ihre CCITT-Bezeichnung benannt, die entsprechende Nummer des ISO-Standards wird nur an einigen Stellen zusätzlich aufgeführt. Dies tun wir, weil die von CCITT vergebene Bezeichnung der Empfehlungen nach einem festen Schema erfolgt und damit die gewählte Nummer auch eine inhärente Bedeutung hat und auch leichter merkbar ist.

Wir wünschen unsern Lesern und Leserinnen nun viel Spaß bei der Lektüre.

welche Dienste die einzelnen Systeme für den Verbund erbringen und welche Protokollvorschriften eingehalten werden müssen.

Die Standardisierungsgremien haben dieses Problem erkannt und sich der Entwicklung von Normen für computergestützte Nachrichtenübermittlungssysteme bereits Anfang der 80er Jahre angenommen. Zu diesem Zeitpunkt waren bereits eine Reihe sehr verschiedenartiger elektronischer Postsysteme, Kommunikationsnetze oder Computerkonferenzsysteme entwickelt und – vorwiegend im Forschungsbereich – auch genutzt worden.

Die Normung konnte jedoch nicht auf einem in der Praxis besonders geeigneten System aufsetzen und dies zur „Norm" erheben, wie es z.B. bei der Standardisierung von Programmiersprachen häufig der Fall ist, sondern sie mußte versuchen, aus den unterschiedlichen Ansätzen der einzelnen Systeme, den positiven oder negativen Erfahrungen mit diesen Systemen ein neues System zu konzipieren, dessen Komponenten dann genormt werden konnten. Diese Norm sollte geeignet sein, bereits vorhandene Mail-Systeme mit geringem Aufwand zu verbinden, und auch als Entwurfsrichtlinie für zukünftige Systeme verwendbar sein. Die Normen entstanden durch Kooperation verschiedener Gremien (siehe Bild 1.1).

Einfluß auf diese Normen nahmen Forschungsgruppen, die bereits Erfahrungen im Umgang mit derartigen Systemen hatten, und die sich z.B. seit 1979 in der *IFIP (International Federation for Information Processing)* in der entsprechenden Arbeitsgruppe *(Working Group 6.5, International Computer Message Systems)* zusammengefunden hatten. Die IFIP prägte den Begriff *CBMS: Computer Based Message Systems* (Computergestützte Nachrichtenübermittlungssysteme). Die in der Arbeitsgruppe diskutierten Modelle und Vorschläge wurden durch diejenigen Mitglieder weitergeleitet, die gleichzeitig in Standardisierungsgremien tätig waren.

Europäische Hersteller, die an der Entwicklung neuartiger Systeme interessiert waren, konnten ihre Vorstellungen in den Gremien der *ECMA (European Computer Manufacturers Association)* artikulieren. Von der ECMA wurde ebenfalls 1984 unter dem Titel *MIDA: Distributed Application for Message Interchange* (Verteilte Anwendung für den Nachrichtenaustausch, ECMA-93) ein Standard für Mitteilungssysteme entwickelt.

Die wichtigste Interessentengruppe an Normen für Mitteilungssysteme bilden jedoch die Postverwaltungen. Sie sind als Betreiber von Kommunikationsdiensten (Briefverkehr, Telefon, Telex, Teletex, Telefax, Btx usw.) an einer Erweiterung ihres Dienstleistungsangebotes um Mitteilungssysteme in besonderer Weise interessiert. Für sie ist, da sie internationale Dienste anbieten wollen, die Normung und die frühzeitige Verfügbarkeit derartiger Normen von großer Bedeutung. Im Rahmen des *CCITT (Comité Consultatif International Télégraphique et Téléphonique)* arbeiten sie daher sehr intensiv an der Entwicklung von Empfehlungen für *MHS: Message Handling Systems* (Nachrichtenübermittlungssysteme).

Internationale Normen im eigentlichen Sinne werden von der *ISO (International Organization for Standardization)* bzw. den nationalen Standardisierungsorganisationen verabschiedet. In ISO wird unter dem Namen *MOTIS: Message Oriented Text*

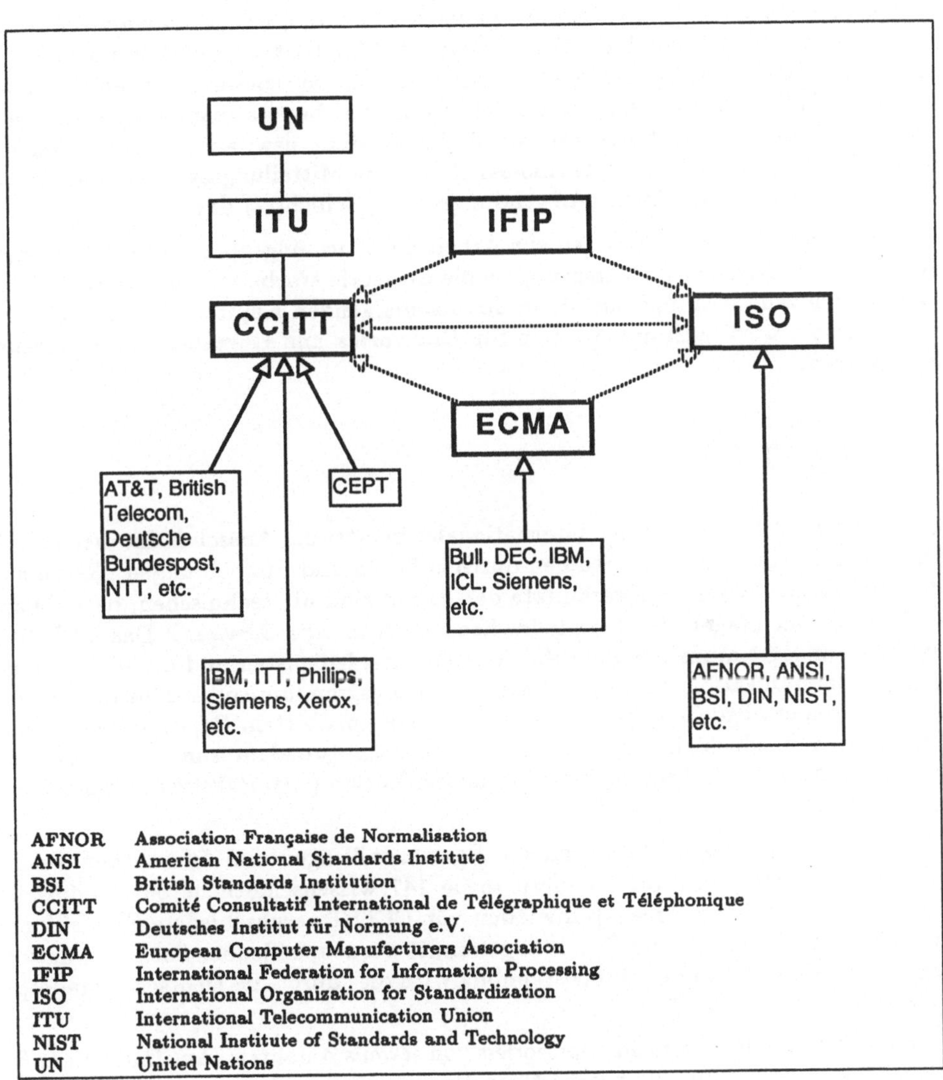

AFNOR	Association Française de Normalisation
ANSI	American National Standards Institute
BSI	British Standards Institution
CCITT	Comité Consultatif International de Télégraphique et Téléphonique
DIN	Deutsches Institut für Normung e.V.
ECMA	European Computer Manufacturers Association
IFIP	International Federation for Information Processing
ISO	International Organization for Standardization
ITU	International Telecommunication Union
NIST	National Institute of Standards and Technology
UN	United Nations

Bild 1.1: Die Normungsgremien

Interchange Systems (Nachrichtenorientierte Textaustauschsysteme, DIS 8505) an Standards für Mitteilungssysteme gearbeitet.

Grundlage für die Entwicklung von Normen für Mitteilungssysteme bildet das OSI-Referenzmodell der ISO (ISO-Schichtenmodell) *(Open Systems Interconnection, Basic Reference Model* IS 7498, siehe Abschnitt 3.7). Dieses Modell ermöglicht, daß zum Vernetzen verschiedener Anwendungen nur die anwendungsrelevanten Dienste und Protokolle genormt werden müssen, wobei auf bereits standardisierten unterliegenden Schichten für Transport, Verbindungsaufbau usw. aufgesetzt werden kann [GKS*84]. In dem ISO-Schichtenmodell stellen die Mitteilungssysteme eine Anwendung in der obersten Schicht (Anwendungsebene, Schicht 7) dar.

Die nachfolgenden Ausführungen zur Arbeit der Normungsgremien bezieht sich nur auf die Darstellung von Arbeitsgruppen, die Entwürfe erarbeiten, die für Mitteilungssysteme relevant sind und auf die in den nachfolgenden Kapiteln Bezug genommen wird. Hierbei wird auch auf Normen für *Directories* und Dokumentenarchitekturen hingewiesen.

1.2 CCITT

Das CCITT ist beauftragt, als internationaler beratender Ausschuß für den Telegraphen- und Fernsprechdienst Studien durchzuführen und Empfehlungen *(Recommendations)* zu erarbeiten. Schwerpunkte der Arbeit sind die technischen, betrieblichen und tariflichen Fragen der Fernmeldedienste *(Telematic Services)*. Das CCITT ist das Beratungsgremium der Betreiber von Fernmeldediensten und damit von öffentlichen Kommunikationsdiensten. Dieses Beratungsgremium soll Empfehlungen festlegen, die es ermöglichen, internationale Dienste anzubieten. Faktisch können diese Empfehlungen jedoch als Normen betrachtet werden, zumal internationale Kommunikation häufig auf der Nutzung internationaler Dienste (z.B. Paketvermittlungsdienst mit X.25) basiert.

An den Arbeiten des CCITT sind die Postverwaltungen und öffentlichen Telematikdienst-Betreiber von 159 Ländern sowie 147 wissenschaftliche oder industrielle Gesellschaften beteiligt [Tie85]. Inwieweit von CCITT verabschiedete Empfehlungen für öffentliche Dienste in der Praxis angewendet werden, ist jedoch Sache der nationalen Dienstbetreiber. In der Bundesrepublik wird dies durch die Deutsche Bundespost geregelt.

Das CCITT arbeitet in Studienperioden von jeweils 4 Jahren. Am Ende einer Studienperiode werden für alle bearbeiteten Bereiche Empfehlungen verabschiedet. Ein großer Teilnehmerkreis und gleichzeitig eine Aufteilung der Arbeit in kleine Untergruppen zu Spezialfragen ermöglicht eine relativ schnelle Fertigstellung. Gemäß den Richtlinien des CCITT erfolgt die Verabschiedung von Empfehlungen während einer Vollversammlung, so daß keine langfristige Ratifizierungsprozedur wie etwa bei ISO erforderlich ist. Die vorletzte Studienperiode wurde im Herbst 1984 auf der Vollversammlung des CCITT in Málaga-Torremolinos mit der offiziellen Verabschiedung eines Satzes von Empfehlungen beendet. Diese wurden in dem sog. *Red Book* Band VIII.7 *Message Handling Systems* (Anhang C) veröffentlicht. Sie sind in der folgenden Studienperiode überarbeitet und erweitert und 1988 verabschiedet worden. Sie sind im *Blue Book* erschienen.

Das CCITT organisiert seine Arbeit in Form von Studiengruppen *(Study Groups)*, die jeweils einen ganzen Themenbereich bearbeiten. Jede Studiengruppe teilt ihren Themenbereich in Einzelthemen *(Questions)* auf. Zu jedem Einzelthema wird eine Berichtsgruppe *(Rapporteurs Group)* eingesetzt, in der dieses Thema bearbeitet und ein Satz von Empfehlungen hierfür erarbeitet wird.

Die Festlegung und Beschreibung der von den Postverwaltungen angebotenen Dienste werden von der Studiengruppe I erarbeitet. Die Empfehlungen für die zugehörigen Systeme, Protokolle, Dienstelemente usw. werden thematisch geordnet in den entsprechenden Studiengruppen erarbeitet.

Die Entwicklung von Empfehlungen für Message-Handling-Systeme gehört zu dem Aufgabenbereich der Studiengruppe VII, die *Data Networks* (Datennetze) als generelles Thema hat. Sie bearbeitet die Bereiche

- *Network Service Classes and Facilities* (Netzdienstklassen und -einrichtungen),
- *Network Access Interfaces* (Netzzugriffs-Schnittstellen),
- *Network Interworking Switching and Signalling* (Netzverbindungen, -schaltungen und -signale),
- *Network Transmission and Maintenance* (Netzvermittlungen und -unterhalt) sowie
- *Network Aspects* (Netzaspekte).

Zu der letzteren Thematik gehören die Mitteilungssysteme, wofür eine eigene Berichtsgruppe zuständig ist.

Diese X.400-Empfehlungen bilden die Grundlage für alle weiteren Arbeiten auf dem Gebiet der Message-Handling-Systeme. In der vorliegenden Studie haben wir uns der vom CCITT verwendeten Terminologie angeschlossen.

In der letzten Studienperiode (1985–88) hat sich das CCITT damit beschäftigt, die Lücken in den vorliegenden Empfehlungen, die sich in der Praxisanwendung gezeigt haben, zu füllen und außerdem eine Erweiterung des Dienstleistungsumfangs für MHS zu erarbeiten. Hierzu gehören die Erarbeitung eines *Implementor's Guide* (Richtlinien für die Implementierung, [CCI86]) für die 84er Systeme sowie Erweiterungen wie die Verwendung von Directory-Namen, Einbindung eines Sicherheitsmodells, Nachrichtenspeicherdienste *(Message Store)* und Verteilerdienste *(Distribution List)*. Diese überarbeiteten und erweiterten Empfehlungen sind im *Blue Book* 1988 veröffentlicht. Im Teil II dieser Studie werden diese Erweiterungen erläutert.

Außerdem ist mit X.500–X.521 eine Serie von Empfehlungen für Directory-Dienste erarbeitet worden. Der Praxiseinsatz von MHS zeigt, daß Directory-Dienste, d.h.

Teilnehmerverzeichnisdienste, dringend erforderlich sind, da der Aufbau von Kommunikationsverbindungen zwischen neuen Partnern nur dann möglich ist, wenn diese – ähnlich wie mittels Telefonbuch – gegenseitig ihre MHS-Adressen herausfinden können. Gerade durch die technisch mögliche Erreichbarkeit von Teilnehmern in anderen Netzen ist das Adressierungsproblem erheblich größer geworden. Zum anderen ist die erforderliche Adreßangabe ohne *Directory* sehr aufwendig; sie ließe sich durch einen Directory-Dienst benutzerfreundlicher gestalten, was die Akzeptanz von MHS erheblich erhöhen würde.

Konkret hat sich die Studiengruppe VII in der Studienperiode 1985–88 mit insgesamt ca. 46 Fragen *(Questions)* beschäftigt, wobei die folgenden Fragestellungen für den MHS-Kontext relevant sind:

Question 33: *Message Handling Systems*

Question 35: *Directory Services*

Question 38: *Conversion (X.408)*

Question 39: *Document Architecture*

Mit dem Ende der Studienperiode sind zu diesen Fragen neue Empfehlungen vom CCITT verabschiedet worden. Diese Empfehlungen sind erstmals gemeinschaftlich mit ISO erarbeitet worden (s.u.).

1.3 ECMA

ECMA ist 1960 auf Initiative von IBM und BULL gegründet worden. An ECMA können Firmen teilnehmen, die in Europa Maschinen zur Datenverarbeitung oder zur Verarbeitung digitaler Informationen entwickeln, herstellen oder vermarkten (Maschinen für militärische Zwecke sind ausgenommen). ECMA hat ca. 31 ordentliche und ca. 15 assoziierte Mitglieder [ECM88]. Von der Zusammensetzung her (z.B. BULL, DEC, IBM, ICL, SIEMENS) ist ECMA faktisch der internationale Repräsentant für Standardisierungsvorschläge von Herstellern.

ECMA studiert und entwickelt Methoden und Verfahren zur Standardisierung der Anwendung von Datenverarbeitungssystemen und verbreitet Standards für die Funktionalität und Verwendung von Datenverarbeitungsanlagen. ECMA darf – laut Statuten – keinen Profit machen und keine kommerziellen Aktivitäten ausüben.

Ein Standard gilt als angenommen, wenn zwei Drittel der ordentlichen Mitglieder zugestimmt haben. Kein Mitglied ist jedoch verpflichtet, einen angenommenen Standard anzuwenden.

Die Arbeit an Standards wird in den *Technical Committees (TCs)* durchgeführt, wobei ein TC seine Arbeit in verschiedenen *Task Groups (TGs)* durchführen kann. Insgesamt hat es bisher 33 TCs gegeben; 1988 waren 13 TCs aktiv, die anderen haben ihre Aufgaben abgeschlossen.

Für Mitteilungssysteme relevante Normvorschläge wurden in TC29 für *Document Architecture and Interchange* (Dokumentarchitektur und -austausch, ECMA-101) und TC23 für *Open Systems Interconnection* (Verbindung offener Systeme) – hier in der *Task Group* für Message-Systeme – entwickelt.

Im TC29 sind z.B. Normungsvorschläge für die Strukturierung und Beschreibung von Textdokumenten und zum Austauschformat derartiger Dokumente 1985 (ECMA-101) verabschiedet worden *(ODA: Office Document Architecture* und *ODIF: Office Document Interchange Format).*

Die *Task Group* für Message-Systeme des TC23 hat unter dem Namen *MIDA: Distributed Application for Message Interchange* (Verteilte Anwendung für den Nachrichtenaustausch) ebenfalls Standards erarbeitet. Nach der Verabschiedung der CCITT-X.400-Empfehlungen wurde die MIDA-Norm (ECMA-93) an diese angeglichen, da eine von der CCITT abweichende ECMA-Norm nicht erforderlich schien.

Die Weiterentwicklung von MIDA liegt jetzt im Aufgabenbereich des TC32 *Communication, Networks and System Interconnection* in der *Task Group* 5 *Distributed Services* (Verteilte Dienste). Weitere Dienstleistungen für den Endbenutzer zur Standardisierung des Zugriffs zu einer *Mailbox* wurden unter dem Titel *Mailbox Service and Mailbox Access Protocol* (ECMA-122) erarbeitet. Die dafür erforderlichen technischen Zugriffsprotokolle sind unter dem Titel *ROS, Remote Operation Service* (ECMA-31) festgelegt.

1.4 ISO

Die ISO [ISO89] ist für die Standardisierung in allen Bereichen mit Ausnahme von Elektrik und Elektronik zuständig. Letztere werden von der *IEC (International Electrotechnical Commission)* bearbeitet. Die IEC existiert bereits seit 1906. ISO vereinigt die Interessen von Produzenten, Benutzern, Verbrauchern, Regierungen und der Wissenschaft in der Erarbeitung von internationalen Standards. Die ISO wurde 1946 in London gegründet. Insgesamt sind (Stand Januar 1989) 73 nationale Standardisierungsgremien Mitglieder der ISO (z.B. DIN – Deutsches Institut für Normung e.V.), *BSI – British Standards Institution, AFNOR – Association Française de Normalisation, ANSI – American National Standards Institute*). Bisher sind 7107 ISO Standards publiziert worden.

Die ISO gliedert sich in *Technical Committees (TCs),* die sich in *Subcommittees (SCs)* aufgliedern. Die Arbeit an Standards erfolgt dann in einzelnen *Working Groups (WGs).* Mehr als 20.000 Experten aus aller Welt nehmen an der ISO-Arbeit teil. Die *Working Groups* erarbeiten *Working Documents.* Diese *Working Documents* können durch das zuständige *Subcommittee* als *Draft Proposals (DPs)* veröffentlicht werden und erhalten dabei eine DP-Nummer. Nach Abstimmungsprozeduren durch Briefwahl der einzelnen nationalen Normungsgremien kann aus einem DP ein *Draft International Standard (DIS)* werden, der dann – nach Verstreichen einer Einspruchsfrist – zu einem *International Standard (IS)* werden kann. Diese Abstimmungsprozeduren sind relativ langwierig; sie ermöglichen jedoch auch die Verifizierung und

Überprüfung der verschiedenen Entwürfe durch die nicht an Sitzungen teilnehmenden Betroffenen, Firmen, Nutzer, Wissenschaftler usw., so daß diese ISO-Entwürfe meist sehr ausgereift sind. ISO-Normen werden regelmäßig (alle 5 Jahre) auf ihre Gültigkeit geprüft und ggf. revidiert.

Das TC97 beschäftigt sich mit der Standardisierung und der Terminologie im Bereich der informationsverarbeitenden Systeme einschließlich der Büromaschinen und -computer. Seit 1987 wird diese Arbeit in einem gemeinsamen Komitee mit der IEC – dem *ISO/IEC JTC1 (Joint Technical Committee)* – durchgeführt. Die Arbeit an Message-Systemen findet in dem *Subcommittee* SC18 *Text and Office Systems (TOS)*, statt. Die Arbeitsgruppe 4 für *Procedures for Text Communication* hat, als CCITT die ersten Empfehlungen für MHS 1984 verabschiedet hat, ebenfalls die ersten Normenentwürfe für *MOTIS: Message Oriented Text Interchange Systems* (nachrichtenbezogene Textaustauschsysteme, DIS 8505) erarbeitet. Diese Normenentwürfe entsprachen weitgehend den CCITT-Empfehlungen für MHS. Sie enthielten jedoch zusätzliche Regelungen für den Verkehr zwischen privaten Dienstbereichen und für den Verkehr innerhalb eines Dienstbereichs. Außerdem waren noch einige kleinere Erweiterungen gegenüber den CCITT-MHS-Empfehlungen enthalten. Trotz weitgehender inhaltlicher Übereinstimmung mit den CCITT-Empfehlungen waren diese jedoch textuell eigenständig formuliert. Eine Einigung, nur ein sog. Delta-Dokument zu veröffentlichen, in denen lediglich die Unterschiede zu CCITT verzeichnet waren, konnte anfänglich nicht getroffen werden.

Seit 1985 zeichnete sich die Möglichkeit ab, mit CCITT an gemeinsamen Entwürfen weiterzuarbeiten. Um dies auszunutzen, lehnten einige nationale Standardisierungsgremien die bereits vorliegenden Draft Proposals für MOTIS ab und unterstützten so die Kooperation mit CCITT. Die Norm ist unter der Bezeichnung IS 10021 *Information Processing Systems – Text Communication – MOTIS* festgelegt worden. Details dazu finden sich in Teil III dieser Studie.

Für die Gestaltung von Textdokumenten sind von den Arbeitsgruppen 3 und 5 des SC18 bereits Normen verabschiedet worden. Diese sind registriert unter:

IS 8613 *Information Processing – Text and Office Systems – Office Document Architecture (ODA) and Interchange Format (ODIF)*

- **Part 1** *Introduction and General Principles*
- **Part 2** *Document Structure Architecture*
- **Part 4** *Document Profile*
- **Part 5** *Office Document Interchange Format (ODIF)*
- **Part 6** *Character Content Architectures*
- **Part 7** *Raster Graphics Content Architecures*
- **Part 8** *Geometric Graphics Content Architectures*

Diese Norm ist gemeinsam mit CCITT erarbeitet und von CCITT im *Blue Book* in der T.410-Serie 1988 verabschiedet worden (siehe auch [App90]).

Für Textbeschreibungs- und -verarbeitungssprachen erarbeitet die Arbeitsgruppe 3 ebenfalls Entwürfe. Die Normen

IS 8879 *Information Processing – Text and Office Systems – Standard Generalized Markup Language* (SGML) und

IS 9069 *Information Processing – SGML Support Facilities – SGML Document Interchange Format (SDIF)*

sind bereits veröffentlicht.

Normen für Directory-Systeme sind in JTC1 vom SC21 *(Information Retrieval, Transfer and Management for Open Systems Interconnection)* gemeinsam mit der *CCITT Study Group VII Question 35* erarbeitet worden. Diese Norm besteht aus folgenden Teilen:

IS 9594 *Information Processing Systems – The Directory*

CCITT *Recommendations of the X.500 Series – The Directory*

- **Part 1** *Overview of Concepts, Models and Services* (**X.500**)
- **Part 2** *Models* (**X.501**)
- **Part 3** *Abstract Service Definition* (**X.511**)
- **Part 4** *Procedures for Distributed Operation* (**X.518**)
- **Part 5** *Access and System Protocol* (**X.519**)
- **Part 6** *Selected Attribute Types* (**X.520**)
- **Part 7** *Selected Object Classes* (**X.521**)
- **Part 8** *Authentication Framework* (**X.509**)

Der ISO-Standard wurde 1989 veröffentlicht. Die entsprechenden Empfehlungen werden vom CCITT im *Blue Book* dokumentiert.

1.5 Kooperation der Normungsgremien

Alle hier genannten Entwürfe oder Empfehlungen für Normen sind durch Kooperation der verschiedenen Gremien entstanden. Diese Kooperation erfolgte meist durch schriftliche *Liaison Statements* und durch offiziellen oder inoffiziellen Austausch der auf den Sitzungen jeweils erarbeiteten Arbeitspapiere. Darüberhinaus gibt es Mitglieder, die in mehreren dieser Gremien arbeiten, und es können auch offizielle Delegationen des einen Gremiums an den Sitzungen des anderen teilnehmen. Die Kooperation durch die direkte Teilnahme an den Sitzungen ist natürlich für die Erreichung kongruenter Normenentwürfe die effektivste Methode. Für alle beteiligten Gremien ist die Kompatibilitätserhaltung der Normungsvorschläge eine wichtige Grundvoraussetzung für ihre weitere Arbeit.

Für den Beobachter der Normungsszene zeigt sich, daß ECMA und CCITT häufig Vorreiter sind und frühzeitig neue Vorschläge einbringen, wobei es durchaus vorkommen kann, daß alte Vorschläge verworfen werden und wieder ganz neu begonnen wird. Die schnelle Realisierbarkeit und Praxisumsetzung stehen für diese beiden Gremien im Vordergrund. ISO dagegen versucht vor allem, die vorliegenden Vorschläge in klare Strukturen, Modelle und Architekturen einzupassen und auf die langfristige Stabilität und damit die Ausgewogenheit der Entwürfe zu achten.

Für CCITT steht der Bedarf der öffentlichen Postverwaltungen für den Dienstbetrieb im Vordergrund, und damit sind vor allem Schnittstellen zu den Diensten der anderen nationalen Postverwaltungen Gegenstand der Empfehlungen. Für CCITT sind insbesondere die Stellung der offiziellen Postverwaltungen und Telematikdienst-Betreiber relevant. Ebenso ist hier auch die Festlegung von Konformitätsbedingungen und -klassen sowie konkreter *Profiles*[1] wichtig. Für CCITT steht schließlich der konkrete Aufbau und Betrieb eines weltweiten Dienstes im Vordergrund.

ECMA und ISO dagegen entwickeln Normen, die bereits die Schnittstellen zwischen einzelnen Systemen betreffen und möglichst auch die Gestaltung und damit die Qualität der einzelnen Softwarepakete vergleichbar machen. Systeme unterschiedlicher Hersteller sollen vergleichbar und vernetzbar sein.

Diese unterschiedlichen Standpunkte lassen sich am einfachsten anhand der zentralen Fragestellungen beider Gremien klären. CCITT fragt: „Welche Dienstleistungen müssen erbracht werden?". ISO dagegen beschäftigt sich mit der Frage: „Wenn eine bestimmte Dienstleistung erbracht werden soll, wie muß diese dann aussehen, damit sie ins OSI-Referenzmodell paßt?"

Da jedes Standardisierungsgremium seine eigene Terminologie und seine eigene Darstellungsform von Normen bzw. Empfehlungen hat, unterschieden sich frühere Texte äußerlich u.U. erheblich, auch wenn die Inhalte nur geringe Abweichungen enthielten. Die Empfehlungen von 1984 von CCITT sind völlig in der CCITT-üblichen Form und Terminologie gehalten. Die damals gleichzeitig entstandenen Parallelentwürfe der ISO wurden dagegen entsprechend der OSI-Darstellung der ISO verfaßt.

Um Doppelarbeit und unbeabsichtigte Inkonsistenzen zu vermeiden, wurde in der letzten Studienperiode die Zusammenarbeit zwischen ISO und CCITT erheblich intensiviert. Eine offizielle Zusammenarbeit zwischen beiden Gremien ist im Bereich der Textautomation erfolgt. Bei der Erarbeitung der Directory-Normen wurde ein gemeinsamer Entwurf erarbeitet. Es wurden gemeinsame Sitzungen *(Joint Meetings)* der entsprechenden Arbeitsgruppen von CCITT und ISO durchgeführt, die jeweils abwechselnd von den Vorsitzenden beider Arbeitsgruppen geleitet wurden. Diese gemeinsame Arbeit war gar nicht so einfach zu organisieren, da beide Gremien unterschiedliche Regelungen zur Gestaltung solcher Sitzungen, Teilnahmeberechtigung usw. haben. Außerdem sind die Arbeitsgruppen auch sehr unterschiedlich zusammengesetzt. In CCITT sind Vertreter der jeweiligen Postverwaltungen, Telematikdienst-

[1] *Profiles* sind Ergänzungen zu den Standards, in denen u.a. die zu verwendenden Optionen und Parameter zu den Standards festgelegt werden. Siehe hierzu die Bemerkungen in Abschnitt 8.4.5.

Betreiber oder Hersteller vertreten, in ISO dagegen Experten, die von den jeweiligen nationalen Normierungsgremien delegiert werden.

Dennoch ist trotz dieser Unterschiede eine erfolgreiche Zusammenarbeit gelungen. Diese wurde in der vergangenen Studienperiode von anderen Arbeitsgruppen, z.B. von der Arbeitsgruppe zu ODA, übernommen. Bei der Überarbeitung und Erweiterung der X.400-Serie erfolgte die Zusammenarbeit beider Gremien etwas zurückhaltender. Seit 1986 wurden nur gemeinsame Arbeitspapiere *(Joint documents)* erarbeitet. Gemeinsame Sitzungen fanden nicht statt. Jedoch wurden starke Liaison-Delegationen ausgetauscht. Das allerdings bedeutete erhöhten Reiseaufwand für die Teilnehmer an den Sitzungen der Arbeitsgruppen beider Gremien, ermöglichte aber den fließenden Einstieg in die Zusammenarbeit ohne vorherige formelle organisatorische Absprachen.

Für die jetzt laufende Studienperiode (1989–92) wird jedoch versucht, in allen für beide Gremien relevanten Themenbereichen gemeinsame Dokumente möglichst auch auf gemeinsamen Sitzungen zu erarbeiten.

Die 1988 erarbeiteten gemeinsamen Dokumente entsprechen den ISO-Konventionen für OSI-Normen. In den erarbeiteten Entwürfen sind zwischen ISO und CCITT unterschiedliche Stellen durch Klammerung markiert. Außerdem gibt es zu jeder Norm einen Anhang (*Annex* bzw. *Appendix*), in dem die Unterschiede zur Norm/Empfehlung des jeweils anderen Gremiums aufgeführt sind. Aus diesem Entwurf hat dann – nach Klärung aller Details – jedes Gremium seine Norm/Empfehlung generiert, in der die eingeklammerten Stellen des anderen Gremiums ausgelassen wurden. Bei der Erarbeitung der Entwürfe ist darauf geachtet worden, daß nur dann Klammerungen verwendet wurden, wenn es unbedingt notwendig war. In der MHS/MOTIS-Norm von 1988 sind nur ganz wenige Stellen (z.B. die Namensgebung MOTIS/MHS, die Begriffe Norm/Empfehlung usw.) geklammert worden.

Diese Vereinheitlichung von Texten zwischen ISO und CCITT führt zu einer Verbesserung und Erleichterung der Einarbeitung in die Normenvielfalt. Die gemeinsame Erarbeitung – im Gegensatz zu einer ebenfalls möglichen Arbeitsteilung – führt zu Normen, die sowohl den Ansprüchen öffentlicher Dienstanbieter entsprechen als auch denen privater Hersteller und Betreiber privater Textkommunikationsdienste.

Die X.400-Empfehlungen von 1984 von CCITT sowie die dahinter stehenden Konzepte werden im folgenden Teil I ausführlich dargestellt. Die Änderungen und Erweiterungen des Standards für Message-Handling-Systeme, die in den X.400-Empfehlungen/ISO 10021-Normen von 1988 festgelegt sind, werden in Teil II vorgestellt und erläutert.

Teil I

X.400 1984: Standard für Message Handling Systeme

2 Einleitung

In diesem Teil der Studie werden die X.400ff-Empfehlungen von 1984, die im *Red Book* veröffentlicht worden sind (siehe Anhang C), ausführlich vorgestellt. Die Gliederung orientiert sich weitgehend an der Strukturierung der Empfehlungen.

Kapitel 3 geht ausführlich auf die Modellvorstellungen für ein Message-Handling-System ein, die dem gesamten Standard zugrunde liegen (siehe Bild 2.1). Das Modell

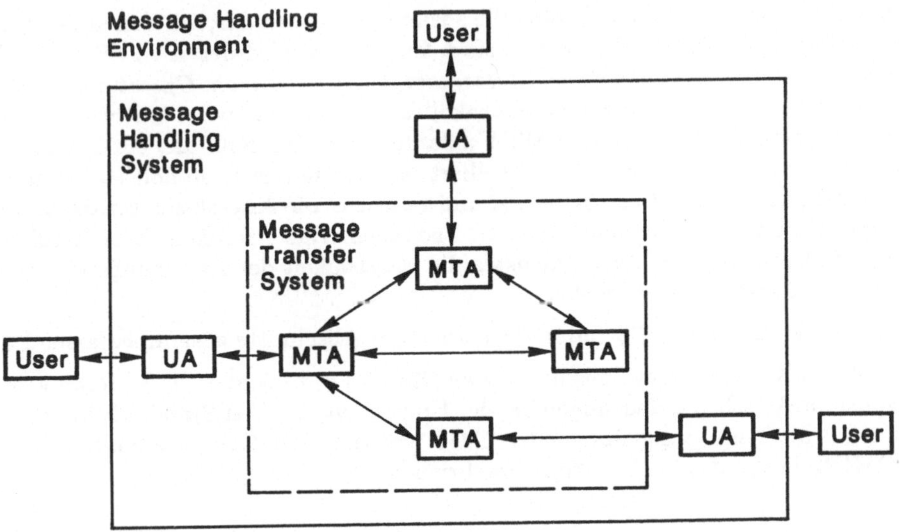

Bild 2.1: Das MHS-Modell (Figure 1/X.400)

wird am Beispiel der gelben Post erläutert. Die Namensgebung für Adressen im MHS wird näher beschrieben. Zum Abschluß wird ein kurzer Überblick über das OSI-Referenzmodell *(Open Systems Interconnection, Basic Reference Model)* der ISO gegeben, das Grundlage für die Standardisierung und Entwicklung von verteilten Diensten ist.

Der zentrale Dienst des MHS ist für die nationalen Postgesellschaften, die im CCITT zusammengefaßt sind, der *MTS (Message Transfer Service)*. Hier kann die Post ihrer klassischen Rolle als Dienstanbieter am meisten gerecht werden. Im Kapitel 4 wird dieser Transfer von Nachrichten beschrieben. Beliebige Inhalte *(Contents)* können, eingebettet in Nachrichten, von den *MTAs (Message Transfer Agents*, Nachrichtenübertragungsagenten) verschickt werden (Bild 2.1). Der *Message Transfer Service* nutzt seinerseits den *RTS (Reliable Transfer Server)*, der für den zuverlässigen Transport der Nachrichten der Anwendungsinstanzen zuständig ist.

Für die eigentlichen Benutzer wurde der *IPM-Service (Interpersonal Messaging Service*, Mitteilungsdienst) als Beispiel für einen Dienst, der auf dem *Message Transfer Service* aufbaut, definiert. In Kapitel 5 wird das MHS aus der Sicht eines Benutzers betrachtet, der mit anderen Benutzern kommunizieren will. Ein Benutzer möchte einen Text an seinem lokalen Arbeitsplatz auf einem Rechner über ein MHS, zu dem er Zugang hat, verschicken. Der IPM-Dienst eines MHS erlaubt dem Benutzer das Versenden und Empfangen von Mitteilungen. Dieser Dienst wird von den *UAs (User Agents*, Benutzeragenten) zur Verfügung gestellt (Bild 2.1). Die Benutzeragenten kommunizieren mittels *IP-Messages (Interpersonal Messages*, Mitteilungen) miteinander.

Kapitel 6 stellt Dienste und Protokolle zusammenfassend dar, mit denen verschiedenartige Zugänge zum MHS realisiert sind. Zum einen wird der *ROS (Remote Operation Service*, (Fern)Auftragsdienst) vorgestellt. Diese *Remote Operations* dienen der Strukturierung von interaktiven Protokollen, wie sie z.B. beim Nachrichtenversand zwischen einem UA und einem MTA ablaufen. Für den Fall, daß ein UA auf einem anderen Rechner als sein MTA installiert ist, wurde das Protokoll P3 definiert. Es baut auf den *Remote Operations* auf und realisiert die Interaktion zwischen den auf verschiedenen Rechnern residierenden Instanzen. Das Protokoll P5 schließlich bietet den Benutzern des Teletexdienstes die Möglichkeit der Kommunikation mit den MHS-Benutzern und umgekehrt.

Ein Beispiel in Kapitel 7 rundet die vorherigen Abschnitte zusammenfassend ab.

Im letzten Kapitel dieses Teils der Studie (Kapitel 8) berichten die Autoren von ihren eigenen praktischen Erfahrungen bei der Umsetzung der 84er Standards in die Praxis. Es wird die Anpassung des in der GMD entwickelten Computerkonferenzsystems KOMEX an die X.400-Protokolle beschrieben.

3 Das MHS-Modell

Mit den Empfehlungen des CCITT zu den Message-Handling-Systemen wurde versucht, eine technische Grundlage für die weltweite, offene Kommunikation zwischen Personen zu standardisieren. Dies ist beileibe kein einfaches Unterfangen, wenn man sich die Vielfalt der diversen existierenden Kommunikationssysteme und der benutzten Infrastruktur (Großrechner, Arbeitsplatzrechner *(PCs, Personal Computers)*, Übertragungswege usw.), zudem ganz unterschiedliche kulturelle, historische und sprachliche Hintergründe der potentiellen Kommunikationspartner vor Augen hält.

Das Ziel des CCITT war es, einerseits hersteller-, system- und umgebungsunabhängig zu sein, d.h. die Standards sollten auf allen Rechnern und Umgebungen umgesetzt und existierende Systeme sollten einbezogen werden können. Andererseits sollte es möglich sein, insbesondere sprachliche Eigenständigkeit zu erhalten, etwa durch Unterstützung der jeweiligen landesspezifischen Schriftzeichen (Umlaute, Akzente usw.). Zudem sollte die Kommunikation nicht auf Texte beschränkt bleiben, sondern vielfältige Darstellungsformen ermöglichen (Graphik, Sprache usw.).

Um diese komplexe Problemstellung in den Griff zu bekommen, hat das CCITT 1984 eine umfangreiche Sammlung von Empfehlungen verabschiedet, die die oberen Ebenen der allgemeinen Kommunikationsstruktur (OSI-Referenzmodell für offene Kommunikation, siehe Abschnitt 3.7) betrifft.

3.1 Das Modell

Als Rahmen für alle Funktionen, Dienste und Protokolle der Empfehlungen wurde ein Systemmodell entwickelt, das im Dokument X.400[1] vorgestellt wird. Es sei daran erinnert, daß den folgenden Ausführungen die 84er Version der Standards zugrunde liegt. Zwar bringt die 88er Version von X.400 wesentliche Erweiterungen (siehe Teil II), die aber betreffen nicht das Modell selbst.

Dieses Modell, das im folgenden ausführlich besprochen wird, orientiert sich an der bekannten und funktionsfähigen Struktur der Brief- und Paketpost („gelbe Post", Bild 3.1).

[1] Hier ist genau die Empfehlung X.400 gemeint, und nicht – wie es oft üblich ist – die X.400-Serie (X.400, X.401, X.402, ...), die in dieser Studie auch mit X.400ff angesprochen wird.

Um einen Nachrichtenaustausch zwischen verschiedenen Personen zu realisieren, müssen u.a. zwei Voraussetzungen erfüllt sein:

1. Es muß ein **Transportsystem** vorhanden sein, das den Transfer von Mitteilungen durchführt, d.h. eine Mitteilung von einem Absender *(Originator)* zu einem Empfänger *(Recipient)* transportiert.
2. Bei den Beteiligten an der Kommunikation muß ein **gemeinsames Verständnis** von den zu übermittelnden Nachrichten und Daten vorhanden sein.

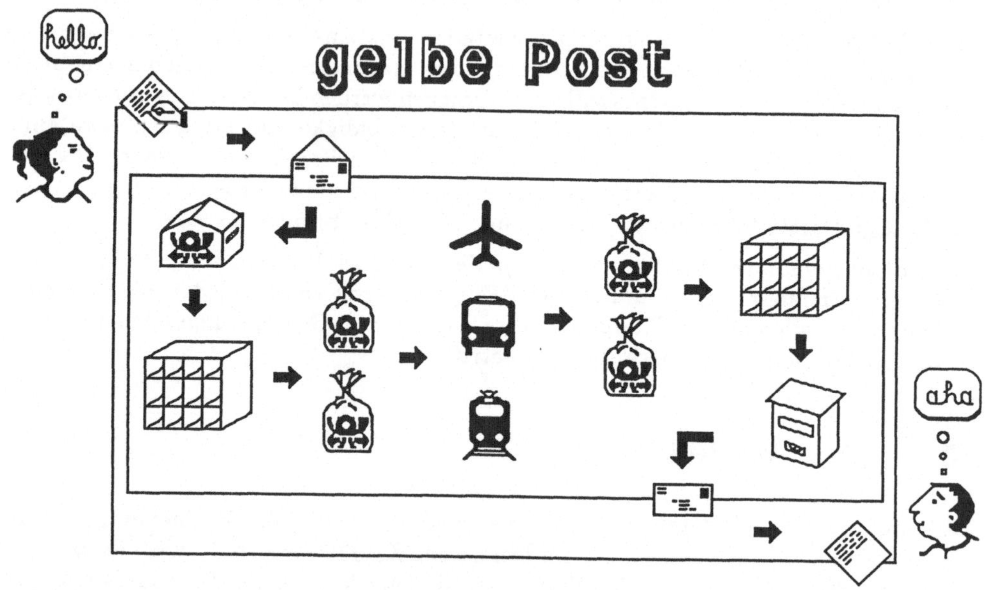

Bild 3.1: Gelbe Post

Bei der gelben Post gibt es das Transportsystem, beginnend mit einem Briefkasten der Post und endend mit dem privaten Briefkasten beim Empfänger (siehe Bild 3.1). Dazwischen befinden sich – für den normalen Postkunden meist unsichtbar – eine Reihe von Medien (Postbote, Postauto, Bahn usw.), die den Transport der Post durchführen. Die notwendigen Angaben für das Transportsystem wie Empfänger, Versandart usw. befinden sich auf dem Umschlag, der Inhalt des Briefes selbst ist hingegen für die Post (das Transportsystem) nicht sichtbar.

Es ist klar, daß bei Briefen ein gemeinsames Verständnis beim Absender und Empfänger vorhanden sein muß. Manchmal reicht es, daß die Sprache, in der der Brief abgefaßt ist, von beiden Kommunikationspartnern verstanden wird. In den meisten Fällen ist es jedoch so, daß ein Brief ohne den zugehörigen Kontext und ohne entsprechendes Vorwissen unverständlich oder zumindest mißverständlich ist. Im Geschäftsverkehr ist es allerdings üblich, die Menge dieses notwendigen Vorwissens mindestens zu reduzieren durch eine ganze Reihe von Zusätzen zum eigentlichen Brief, dem sog.

Briefkopf. Damit dieser Teil des Briefes von den Beteiligten auch in der gleichen Weise interpretiert werden kann, müssen die Angaben gewissen formalen Regeln genügen („Betreff“, „Ihr Zeichen“ usw.) oder aber explizit zwischen den Partnern verabredet sein.

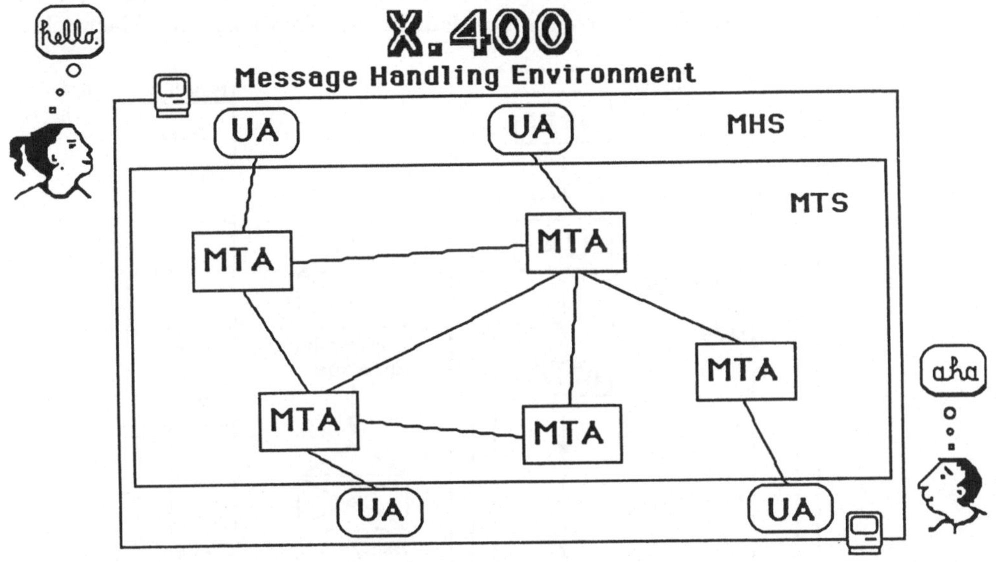

Bild 3.2: MHS-Modell (Figure 1/X.400)

An dem Grundprinzip der gelben Post orientiert sich auch das funktionale Modell für *MHS (Message Handling Systems*, Nachrichtenaustauschsysteme). Bild 3.2 zeigt die Funktionseinheiten des Systems. Das *MTS (Message Transfer System*, Nachrichtenübertragungssystem) bildet das Transportsystem. Es unterstützt einen allgemeinen, anwendungsunabhängigen und inhaltsunabhängigen Nachrichtentransfer. Es umfaßt eine Anzahl von *MTAs (Message Transfer Agents*, Nachrichtenübertragungsagenten), die miteinander gekoppelt sein können und Nachrichten untereinander weiterreichen.

Zugriff zu den MTAs – und damit zum MTS – haben die *UAs (User Agents*, Benutzeragenten). Sie bilden die Schnittstelle zwischen den Benutzern (Empfänger, Absender) und dem Transportsystem (MTS). Die Benutzeragenten bieten den Benutzern den *IPMS (Interpersonal Messaging Service*, Mitteilungsdienst). Die UAs zusammen mit den MTAs bilden das Message-Handling-System. Das *Message Handling Environment* (Umgebung des Nachrichtenaustauschsystems) besteht aus dem MHS einschließlich seiner Benutzer.

3.2 Das Message Transfer System (MTS)

Das MTS (Nachrichtenübertragungssystem) realisiert den Transportdienst. Dieser Dienst ist anwendungsunabhängig, d.h. es ist irrelevant, welche Art von Informationen er transportiert. Die eigentliche Information (Nachrichteninhalt) bleibt dem Transportsystem verborgen. Das Modell unterscheidet – ähnlich wie die gelbe Post – zwischen dem Umschlag *(Envelope)* und dem Inhalt *(Content)* einer Nachricht.

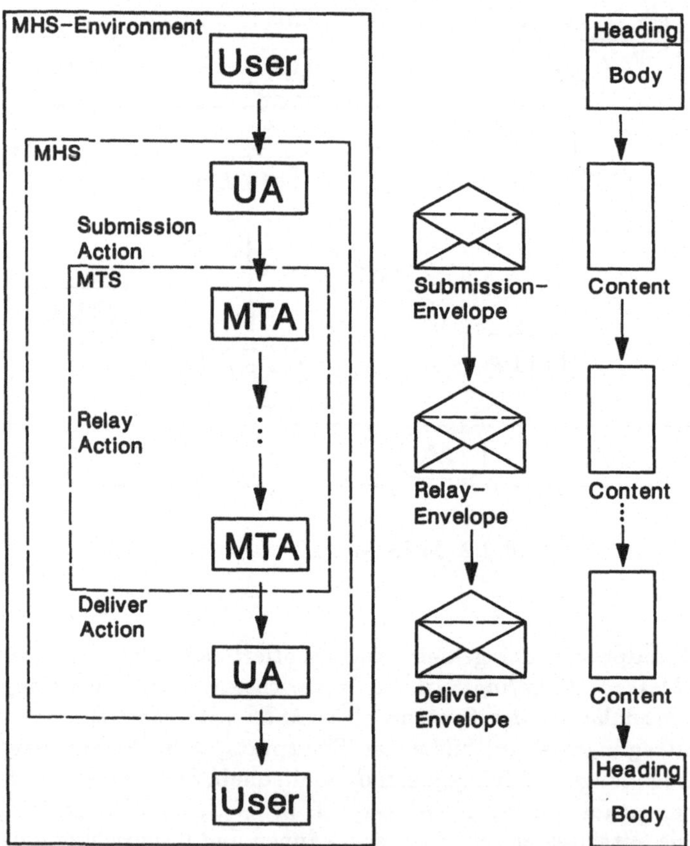

Bild 3.3: Delivery, Relay und Submission Action

Der Ablauf einer Nachrichtenübermittlung im MTS (von einem UA zu einem anderen) ist in Bild 3.3 dargestellt. Der Benutzer des Dienstes (also der *User Agent*) übergibt in einer *Submission Interaction* (Sendeübergabe) einem MTA des MTS diesen Inhalt zusammen mit einem *Submission Envelope* (Sendeumschlag).

Dieser Umschlag enthält alle Informationen, die das MTS benötigt, um den gewünschten Auftrag auszuführen, also hier den Inhalt zum Empfänger zu transportieren. Das

MTS bietet darüberhinaus eine ganze Reihe weiterer Dienste an, die später beschrieben werden.

Die MTAs leiten den Inhalt in einer *Relaying Interaction* (Weiterleitungs-Aktion) im MTS weiter, wobei der Inhalt mit einem *Relaying Envelope*[2] (Weiterleitungsumschlag) versehen wird. Dieser Umschlag enthält die Information, die für den Transport der Nachricht nötig ist, sowie die Dienstelemente, die der Absender zusätzlich angefordert hat. Bei jedem MTA wird die Nachricht so lange zwischengespeichert, bis sie fehlerfrei zum nächsten MTA übermittelt ist. Diese *Store-and-Forward*-Technik steht im Gegensatz zu den End-zu-End-Verbindungen wie etwa beim Telefon, Fax oder Teletex. Bei den End-zu-End-Verbindungen sind nur der Ursprungsrechner (Absender) und der Zielrechner (Empfänger) an der Kommunikation beteiligt. Beim *Store-and-Forwarding* können auf dem Weg zwischen Absender und Empfänger beliebig viele andere Rechner beteiligt sein, die die Nachrichten zwischenspeichern und bearbeiten. Damit ist ein Zeitversatz bei der Übermittlung von Nachrichten möglich. Diese Technik ermöglicht es zudem, alternative Wege für die Nachrichten vorzusehen (z.B. bei Ausfall eines MTAs).

Die Weiterleitung endet bei dem MTA, bei dem der Benutzeragent des Empfängers registriert ist. Dieser MTA versieht den Inhalt mit einem *Delivery Envelope* (Zustellumschlag) und übergibt ihn in einer *Delivery Interaction* (Zustellaktion) an den Benutzeragenten. Dieser Umschlag enthält Information, die mit der Übergabe der Nachricht zusammenhängen.

3.3 User Agents (UA)

Die *User Agents* (Benutzeragenten) stellen die Schnittstelle zwischen den Benutzern und dem MTS dar. Sie machen Gebrauch von dem *Message Transfer Service*, den das MTS zur Verfügung stellt. Benutzeragenten sind abstrakte Komponenten des MHS-Modells, die i.a. durch Anwendungsprozesse auf einem Computer realisiert werden.

Ein UA muß mindestens in der Lage sein, Nachrichten an das MTS zu übergeben *(Submission Interaction)* und Nachrichten vom MTS entgegenzunehmen *(Delivery Interaction)*. Auf der anderen Seite müssen UAs ihren „Benutzern" Möglichkeiten zur Interaktion anbieten.

Im allgemeinen kann ein „Benutzer" eine Person, aber auch eine Anwendung im Computer sein, so daß in den Standards über die Form der Interaktion wenig gesagt wird. Auf dieses Thema gehen wir im nächsten Abschnitt noch ausführlich ein.

Bestimmte UAs werden zu Klassen kooperierender UAs zusammengefaßt. Als Grundlage für die Klassifizierung dienen die Typen von Nachrichteninhalten *(Content Types)*, die die UAs miteinander austauschen können. Zwei Benutzeragenten können nur dann sinnvoll miteinander kommunizieren (Inhalte austauschen), wenn sie beide

[2]Dieser *Relaying Envelope* wird nur hier im Modell explizit eingeführt, in den Protokollen findet sich dieser Begriff nicht.

in der gleichen Klasse sind, d.h. der absendende UA genau den Inhaltstyp versendet, den der empfangende UA auch kennt und versteht.

In einer solchen Klasse kooperierender UAs finden wir das in Abschnitt 3.1 genannte gemeinsame Verständnis zwischen den Kommunikationspartnern wieder. Es handelt sich also um eine Menge von Vereinbarungen, die zwischen den kooperierenden UAs bestehen, so daß sie verständlich miteinander kommunizieren können.

Die einzige bisher im Standard definierte Klasse ist das *Interpersonal Messaging System (IPMS)*, das im folgenden Abschnitt beschrieben wird. Die Benutzeragenten dieser Klasse können Briefe austauschen, wobei die Struktur der Briefe vereinbart ist (Kopf, Rumpf).

Das MTS ist aber im Prinzip in der Lage, ohne Modifikationen auch andere Klassen von UAs zu unterstützen, also andere Inhaltstypen zu transportieren.

3.4 Interpersonal Messaging System (IPMS)

Das *IPMS (Interpersonal Messaging System)* umfaßt eine bestimmte Klasse kooperierender UAs. Die Benutzer des Systems sind normalerweise Personen, die miteinander kommunizieren wollen. Dazu bedienen sie sich der Möglichkeiten, die ihnen die UAs bieten, um Inhalte eines bestimmten Typs (Mitteilungen) auszutauschen. In dieser Klasse kooperierender UAs haben die Inhalte eine Form, die im wesentlichen von der Form herkömmlicher Briefe abgeleitet ist: er besteht aus dem Kopf *(Heading)* und dem Rumpf *(Body)*. Bild 3.4 zeigt diese Struktur des Inhalts einer Mitteilung.

Der Kopf enthält alle gewünschten Dienstelemente in standardisierter Form (er ähnelt einem herkömmlichen Briefkopf mit Empfängern, Versandart, Empfänger zur Kenntnis, Titel usw.), während der Rumpf den eigentlichen Inhalt der Mitteilung enthält. Dieser Rumpf kann beispielsweise ein Text sein, eine Graphik, oder sich aus mehreren Teilen zusammensetzen *(Multi-part Body)*. Jeder Teil kann wiederum ein Text usw. oder auch eine komplette Mitteilung sein, die vorher empfangen wurde und nun weiterversendet wird.

Der Typ des Rumpfes, also ob Text, Graphik oder Mitteilung, wird ebenfalls in standardisierter Form angegeben. Dies ist ja überhaupt die Voraussetzung dafür, daß z.B. ein Text auf verschiedenen Computern bzw. Medien richtig dargestellt werden kann.

Zusätzlich zu den UAs umfaßt das IPMS Zugänge zu anderen CCITT-Diensten (Telex, Teletex, ... (Telematikdienste), Bild 3.5). Dadurch wird von vornherein dafür gesorgt, daß kein isoliertes System entsteht und die große Zahl der Benutzer der Telematikdienste in den neuen Dienst eingebunden sind.

Es können natürlich UAs anderer Klassen ebenfalls mit diesen MTAs gekoppelt sein. Diese können aber nicht sinnvoll mit den UAs des IPMS kommunizieren.

Wie bereits vorher erwähnt, führen die UAs die Interaktion mit dem MTA durch. Darüberhinaus stellen sie den Benutzern weitere Dienste zur Verfügung. In der Emp-

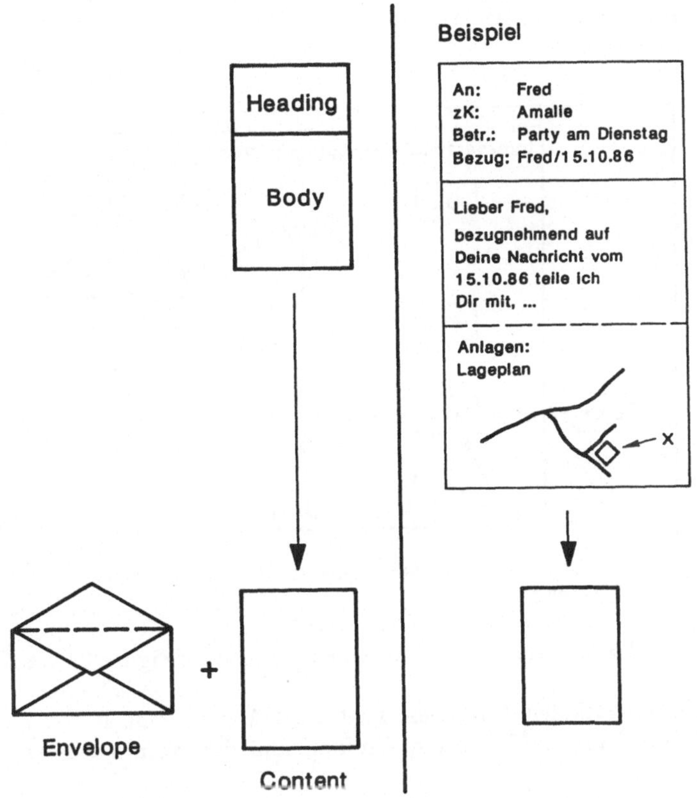

Bild 3.4: Heading und Body (Figure 4/X.400)

fehlung sind einige Mindestanforderungen an Benutzeragenten im IPMS genannt. Diese sind:

- Ein UA muß eine Mitteilung herstellen können, d.h. den Text eines Benutzers so vorbereiten, daß er dem MTS als Inhalt übergeben werden kann.
- Ein UA muß von seinem Benutzer den gewünschten Empfänger der Mitteilung und evtl. sonstige Wünsche etwa im Zusammenhang mit der Versandart entgegennehmen können.
- Ein UA muß den Inhalt einer Mitteilung zusammen mit dem Umschlag *(Submission Envelope)* dem MTS übergeben können. Diese Aktion heißt *Submission Interaction.*
- Ein UA muß den Inhalt einer Mitteilung zusammen mit dem Umschlag *(Delivery Envelope)* vom MTS entgegennehmen können. Diese Aktion heißt *Delivery Interaction.*

- Ein UA muß eine empfangene Mitteilung mitsamt dem Absender dem Benutzer präsentieren können.

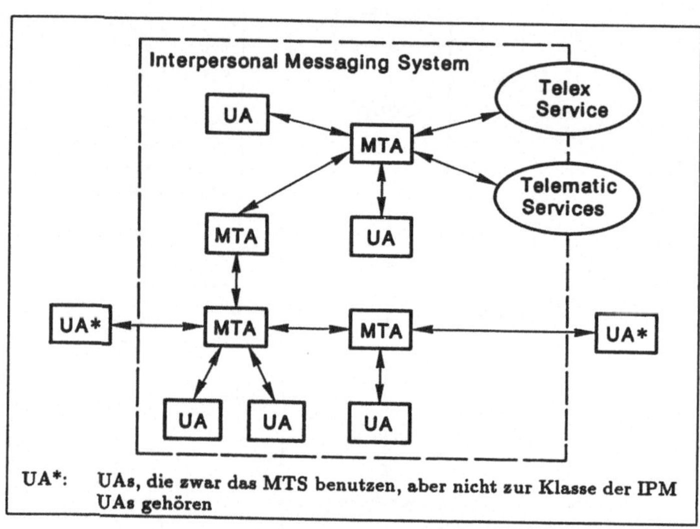

Bild 3.5: Interpersonal Messaging System (Figure 3/X.400)

Neben diesen essentiellen Aufgaben wird ein UA noch eine Reihe weiterer Dienste anbieten. Dabei kann natürlich der Umfang und der Komfort dieser Dienste stark schwanken.

Wir können zwei Typen von zusätzlichen Diensten unterscheiden. Zum einen sind da lokale Funktionen (vgl. Abschnitt 17.4) zu nennen. Sie sind nicht Gegenstand der Normung und sollen hier nur am Rande erwähnt werden. Trotzdem sei angemerkt, daß diese Dienste ausgesprochen wichtig sind und in keinem UA fehlen sollten, um dem Benutzer den Umgang mit den Mitteilungen zu erleichtern. Sie spielen eine wesentliche Rolle für die Akzeptanz eines Message-Handling-Systems. Zu ihnen gehören

- Textbe- und -verarbeitungskomponenten, etwa zur Eingabe von Texten über Tastatur, Spracherkennung, Klarschriftleser; zur Korrektur von Texten usw.;
- Speicherungskomponenten, etwa zur Speicherung von Texten oder Textbausteinen, von Mitteilungen, auch zur Ordnung von gespeicherten Mitteilungen (Aktenzeichen), zum Suchen von Texten oder Mitteilungen nach verschiedenen Kriterien usw.;
- Auskunftskomponenten, etwa zur Auskunft über andere Teilnehmer am IPMS, zur Auskunft über andere UA-Klassen usw.;
- Profilkomponenten, etwa zur Einstellung der Eigenschaften des eigenen (gerade benutzten) Ein-/Ausgabegeräts, zur Spezifikation der Eigenschaften eines lokal angeschlossenen Druckers usw.

Auf der anderen Seite sind in den Empfehlungen X.400 und X.401 eine ganze Reihe weiterer Dienste definiert, die die Benutzer des IPMS in Anspruch nehmen können. Teilweise sind es Dienste, die das MTS anbietet, die also speziell z.B. die Versandart betreffen. Und es gibt Dienste, die eher die Kommunikation zwischen den Partnern betreffen. Ausführlich werden sie in Abschnitt 4.1 und Kapitel 5 erläutert. Hier seien nur einige beispielhaft aufgezählt.

Non-delivery Notification
: Der Sender einer Nachricht kann vom MTS verlangen, daß es ihn davon in Kenntnis setzt, falls die Nachricht nicht an den Empfänger ausgeliefert werden konnte. Ein Grund hierfür wird vom MTS angegeben (etwa „Empfänger unbekannt").

Message-Identification
: Hierdurch wird der Nachricht eine eindeutige Identifikation gegeben, auf die später UAs und MTAs Bezug nehmen können, etwa im Zusammenhang mit der erwähnten *Non-delivery Notification*.

Expiry-Date
: Dieser Dienst erlaubt dem Sender einer Mitteilung, dem Empfänger mitzuteilen, bis wann diese Mitteilung gültig ist. (Eine Aktion des Empfängers bzw. seines UAs wird nicht impliziert).

Reply Request
: Hiermit bittet der Sender einer Mitteilung um eine Antwort des Empfängers.

Ganz besonders hervorzuheben ist, daß diese Dienstelemente nicht textuell dem Text angefügt werden (wie es in den Protokollen einiger bestehender Mail-Systeme der Fall ist), sondern als feste Protokollelemente in der Nachrichtenstruktur enthalten und somit für den UA (also für Computerprogramme) eindeutig und sprachunabhängig erkennbar und interpretierbar sind. So kann ein UA entsprechend reagieren (siehe Kapitel 17) oder auch nur dieses Dienstelement dem Empfänger entsprechend präsentieren.

3.5 Anwendung des Modells

Eine wichtige Frage ist die Abbildung des Modells auf real vorhandene Computersysteme.

UAs und MTAs lassen sich in verschiedenen Konfigurationen realisieren. UAs und MTAs können z.B. beide innerhalb eines Computers implementiert sein, die Benutzer stehen mit den UAs über Ein-/Ausgabegeräte in Verbindung. Ebenso läßt sich ein UA in einem intelligenten Terminal (PC) realisieren, während der zuständige MTA auf einem entfernten Großrechner installiert ist. Einige mögliche Konfigurationen zeigt Bild 3.6.

Zwangsläufig ergeben sich eine Menge organisatorischer und operationaler Probleme, wenn man versucht, ein weltweites standardisiertes System zu etablieren und zu

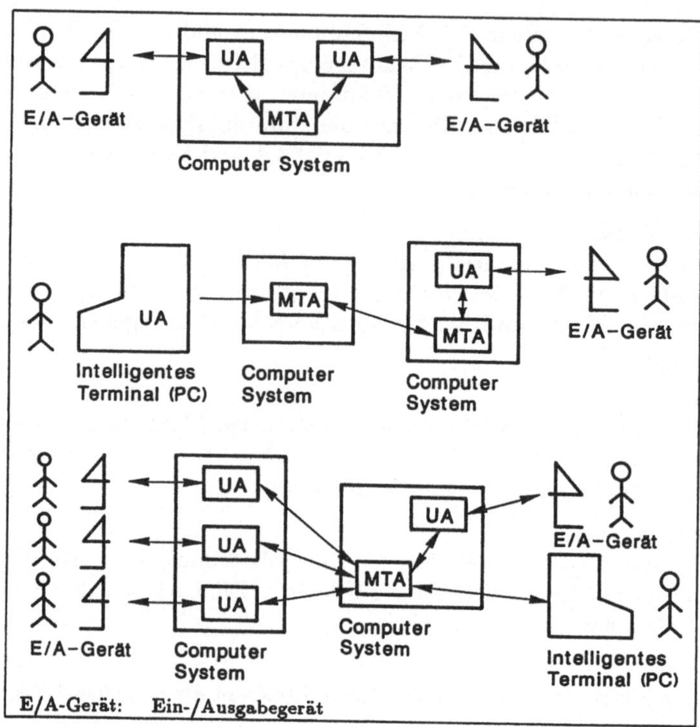

Bild 3.6: UA-MTA-Konfigurationen (Figure 5,6,7/X.400)

betreiben. Um den Aufwand hier erträglicher zu gestalten, werden die Message-Handling-Systeme in eigenständige Organisationseinheiten *(Management Domains, MDs,* Verwaltungsbereiche) aufgeteilt. Diese organisatorischen Einheiten erscheinen nach außen geschlossen und besitzen nach innen ein gewisses Maß eigener Verantwortung. Diese Verantwortung bezieht sich zum einen auf Teile der Namensgebung im MHS (siehe Abschnitt 3.6), zum anderen wird in den Empfehlungen von einem Verwaltungsbereich lediglich eine bestimmte Funktionalität (und Konformität mit den Standards) gefordert, ohne daß im einzelnen festgelegt ist, wie diese Funktionalität erbracht werden muß.

Es werden öffentliche und private Verwaltungsbereiche unterschieden *(ADMD, Administration Management Domain; PRMD, Private Management Domain).* Öffentliche Bereiche werden i.a. von den Postverwaltungen, private Bereiche von privaten Organisationen betrieben.

Die beiden wichtigsten Unterscheidungsmerkmale der öffentlichen und privaten Bereiche nach CCITT sind:

- Ein öffentlicher Verwaltungsbereich kann im Gegensatz zum privaten als *Relay Domain* d.h. sie kann Nachrichten von einem anderen Bereich zu einem dritten Bereich weiterleiten *(Third Party Traffic).*

– Ein öffentlicher Verwaltungsbereich kann im Gegensatz zum privaten staatsgrenzüberschreitend Nachrichten an andere ADMDs vermitteln.

PRMDs sind (nach CCITT)[3] nicht direkt, sondern nur über eine oder mehrere ADMD(s) miteinander verbunden. Sie können Nachrichten für in ihrem Bereich registrierte Benutzer empfangen und Nachrichten von diesen Benutzern an ADMDs senden. Von einer ADMD ankommende Nachrichten dürfen nicht an andere Bereiche weitergeleitet werden. Weiterleitung zwischen Bereichen – insbesondere über Ländergrenzen hinweg – erfolgt ausschließlich zwischen ADMDs. Der Betrieb innerhalb der Bereiche wird in den Standards nicht reglementiert. Dort wird lediglich der Nachrichtenverkehr zwischen den Bereichen behandelt.

Eine beispielhafte organisatorische Konfiguration zeigt Bild 3.7.

3.6 Namen und Adressen

Auch in der standardisierten Kommunikation gibt es weiterhin Probleme im Zusammenhang mit den Begriffen Namen und Adressen. Bei herkömmlichen Kommunikationssystemen haben sich hierfür verschiedene Konventionen etabliert. So ist es beispielsweise bei der gelben Post üblich, Name und („postalische“) Adresse des Empfängers zusammen anzugeben. Dies gibt der Post die Möglichkeit, den Brief korrekt zuzustellen, da die gesamte Welt ein einheitliches hierarchisches Adressierungsschema akzeptiert hat (u.a. Staat, Stadt, Straße, Hausnummer, Name), nach dem jeder Mensch eindeutig adressiert werden kann. Umzüge und Umbenennungen können allerdings auch bei diesem System zu Problemen führen.

Ein anderes System wurde beim Telefon eingeführt. Dort hat jeder Anschluß eine Nummer (auch weltweit eindeutig durch eine Hierarchie wie Staat-Nummer, Stadt-Nummer ...), die allerdings erst aufgrund anderer Informationen (z.B. Name und Adresse oder Branche und Name) in einem zentralen Verzeichnis (Telefonbuch, Auskunftsdienst) gefunden werden muß. Hier resultieren Probleme häufig aus dem Zeitverzug der Anschlußänderung und der Veröffentlichung in den Verzeichnissen.

Diese geschilderten Namenssysteme sind jedoch nur schwer auf den Bereich der elektronischen Kommunikation übertragbar. Die folgenden Merkmale der elektronischen Kommunikation mögen dies verdeutlichen.

– Mit dem Anschluß größerer Computersysteme an die Datennetze werden mitunter viele Benutzer gleichzeitig zu Teilnehmern der Kommunikationssysteme.
– Die Änderungsrate ist in diesem Bereich sehr viel höher als etwa bei der Wohnadresse.

[3] An dieser Stelle unterscheidet sich die CCITT-Empfehlung von dem ISO-Standard: Bei ISO können private Bereiche untereinander verbunden sein und somit auch als *Relay Domain* fungieren. Zudem können auch private Bereiche in verschiedenen Ländern miteinander verbunden sein und Nachrichten austauschen, ohne über eine ADMD gehen zu müssen.

- Aufgrund technischer Möglichkeiten ist die Kommunikationsrate erheblich höher als in herkömmlichen Medien, gerade auch mit neu hinzugekommenen Kommunikationspartnern. So ist auch die Zahl der Kommunikationspartner erheblich größer als bei anderen Medien. Eine langwierige Suche nach einer exakten Adresse wäre nicht zumutbar.
- Es müssen viele bereits existierende elektronische Kommunikationssysteme lokaler Ausprägung mit eigenem Adressierungsschema integriert werden.
- Der Mobilität von Mitarbeitern muß Rechnung getragen werden. So muß z.B. die Kommunikation möglich (und aktuell) sein trotz wechselnden Einsatzortes. Auch auf Dienstreisen o.ä. muß die Kommunikation gewährleistet werden.
- Die Anforderungen an die Zustellqualität sind sehr hoch; bei elektronischer Post ist – ähnlich wie bei der Briefpost – eine Fehlleitung einer Nachricht viel weniger akzeptabel als etwa beim Telefonieren (bei falscher Verbindung kann man wieder auflegen, die Nachricht als solche ist noch nicht übertragen worden).

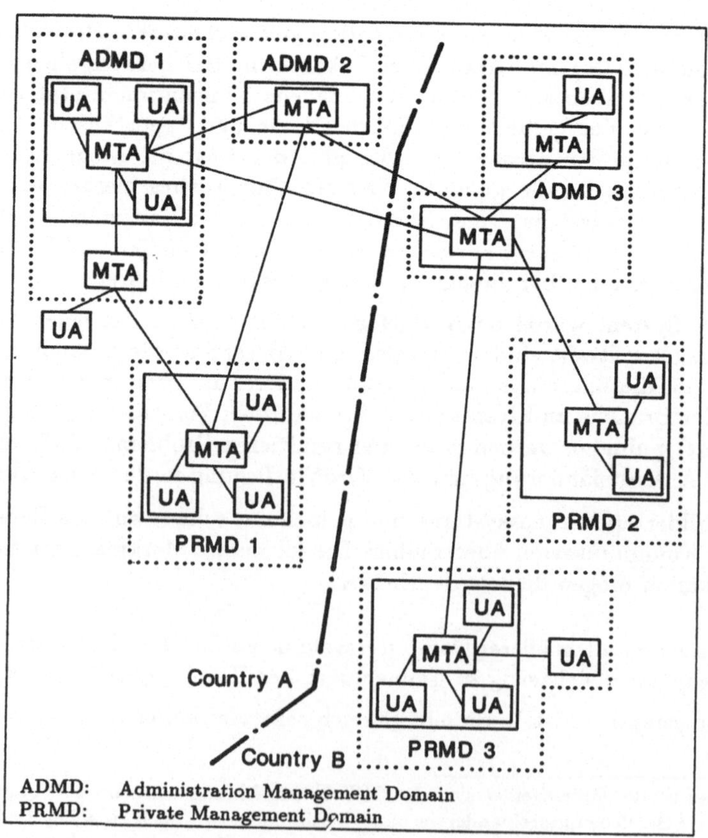

Bild 3.7: Management Domains (Figure 10/X.400)

Diese und weitere Gründe ließen es ratsam erscheinen, sich über diese Problematik eingehendere und grundsätzlichere Gedanken zu machen. Eine wesentliche Forderung ist die, daß die Benutzer ihre Kommunikationspartner auf möglichst einfache Art „benennen“ können sollen, dies aber weltweit eindeutig. Hierzu dienen Namen. Diese Namen dürfen in keiner Weise etwa den Weg, den eine Nachricht durch die diversen Rechner und Netze zu nehmen hat, widerspiegeln.

Auf der anderen Seite brauchen aber gerade die Rechner Informationen, an welchen Rechner eine Nachricht zu senden ist. Hier sind also technische Adressen gefragt, und nicht nur die Zieladresse, sondern jeder involvierte MTA braucht zusätzlich die Adresse des nächsten MTAs (Rechners), an den die Nachricht weiterzuleiten ist *(Routing)*.

3.6.1 O/R-Namen

Um diesen in gewissem Sinne gegensätzlichen Anforderungen gerecht zu werden, hat das CCITT ein eigenes Namens- und Adressierungsschema entwickelt, das eine einfache und eindeutige Namensgebung im Zusammenhang mit einer weltweiten offenen Kommunikation ermöglichen soll.[4] Jedem Benutzer – bzw. seinem Agenten – ist ein *O/R-Name (Originator/Recipient Name*, Absender-/Empfängername) zugeordnet. Hierbei handelt es sich um einen descriptiven Namen. Das bedeutet, ein O/R-Name bezeichnet genau einen Benutzer des MHS, indem er ein oder mehrere Attribute dieses Benutzers spezifiziert (ihn also beschreibt).

Beispiel: Leiter der Abteilung Verkauf der Firma XYZ

Ein O/R-Name besteht also aus einer Liste von Attributen mit jeweiligen Werten. In diesem Beispiel sind die Attribute „Funktion“, „Abteilung“ und „Firma“ jeweils mit den Werten „Leiter“, „Verkauf“ bzw. „XYZ“ belegt.

Eine solche Namensform ist einfach und übersichtlich, für menschliche Benutzer sofort einsehbar und leicht einzuprägen, da sie den menschlichen Denkkategorien in bezug auf Personen entspricht (Personen merkt man sich, indem man sich z.B. deren Namen oder bestimmte Eigenschaften oder andere „Merk“male merkt).

Es folgen einige Beispiele für Attribute. **Fett** gesetzte Attribute werden von X.400 unterstützt.

persönliche Attribute, wie z.B.

persönlicher Name (Nachname, Vorname(n), Initialen, Generation (z.B. Jr.))

geographische Attribute, wie z.B.

Straße und Hausnummer
Stadt
Region
Staat

[4] Diese Entwicklungen gehen zurück auf Überlegungen in der IFIP.

organisatorische Attribute, wie z.B.
Organisation
Organisationseinheit
Position oder Rolle

architekturelle Attribute, wie z.B.
X.121-Adresse[5]
eindeutiger UA-Identifier (numerisch)
Administration Management Domain Name
Private Management Domain Name

3.6.2 Directories

Den Maschinen hingegen nützt ein solcher O/R-Name unmittelbar nichts. Sie brauchen eine technische Adresse des nächsten Rechners oder MTAs. Hier muß also eine Zuordnung stattfinden. Geplant ist, einen weltweiten verteilten Directory-Dienst *(Directory Service)* einzurichten, der diese Zuordnung vornimmt, der also die technischen Instanzen des MTS mit den notwendigen Routing-Informationen zu den O/R-Namen versorgen kann, damit die Nachrichten korrekt zugestellt werden können.

Die Notwendigkeit eines verteilten Directory-Dienstes war den X.400-Normern schon bei der Erarbeitung der 84er Standards bewußt. Es finden sich deshalb Hinweise auf den Directory-Dienst im *Red Book*, doch jeweils mit dem Zusatz *„For Further Study"*. Mit den 88er X.500-Empfehlungen hat das CCITT hierfür – zusammen mit ISO – die Grundlagen geschaffen (siehe Abschnitte 10.1 und 10.2).

Da dieser Dienst weltweit ist, „kennt" er prinzipiell alle gültigen O/R-Namen. Somit kann er auch eine Prüfung auf Existenz und Korrektheit der Namen vornehmen.

Allerdings wird noch eine geraume Zeit vergehen, bis dieser Dienst in der Praxis zur Verfügung steht. Man mußte also nach praktikablen Lösungen des Adreßproblems ohne *Directory* suchen – zumindest für eine Übergangszeit.

3.6.3 O/R-Adressen

Um diesem Dilemma zu entkommen, hat das CCITT mit den O/R-Adressen einen Kompromiß vorgeschlagen. Eine O/R-Adresse ist ein O/R-Name, der zusätzliche Informationen enthält, die es dem MTS ermöglicht, die *Route* für eine Nachricht abzuleiten. Von der organisatorischen Aufteilung des MHS in Verwaltungsbereiche (vgl. Abschnitt 3.5) her gesehen muß aus der O/R-Adresse hervorgehen, in welchem Verwaltungsbereich der Empfänger einer Nachricht beheimatet ist. Aus dieser Information und der Kenntnis der Topologie des MHS (also der Länder und der Bereiche) kann ein MTA den nächsten Verwaltungsbereich für den Versand der Nachricht ableiten.

[5]Terminaladresse in öffentlichen Telematiknetzen, definiert in CCITT-Empfehlung X.121.

Um bestehende Mail-Systeme integrieren zu können, hat man noch weitere Attribute zugelassen, die domain-spezifisch sind, außerhalb einer *Domain* also keine Bedeutung haben, trotzdem aber versendet werden können *(domain defined attributes)*.[6]

Um Verwaltungsbereiche in jedem Fall eindeutig identifizieren zu können, fordert die X.400-Empfehlung, daß jede O/R-Adresse mindestens die Attribute enthält, die in einer sog. Basis-Attributmenge festgelegt sind. Diese Basis-Attributmengen garantieren, daß aus dem O/R-Namen der Bereich abgeleitet werden kann, zu dem der Träger des Namens gehört. Mögliche Basis-Attributmengen sind:

- kommerziell: Name der Organisation und des Landes
- regional: Name der Region und des Landes
- architekturell: Name des Landes und der *Management Domain*
- terminalorientiert: X.121-Adresse, Telexadresse oder Telematikkennung

Darüberhinaus wird verlangt, daß der Wertebereich mindestens eines Attributes einer Basis-Attributmenge durch eine MHS-weite Namensautorität festgelegt wird.

X.400 empfiehlt vorläufig zwei Formen von O/R-Namen (siehe Bild 3.8). In der ersten Form werden drei Varianten unterschieden.

Die genauen Details der MHS-Empfehlungen werden in Kapitel 4 und 5 ausführlich dargestellt. Zuvor wollen wir kurz auf die wesentlichen Aspekte des OSI-Referenzmodells der ISO eingehen, an dem sich alle Anwendungsnormen für verteilte Systeme – somit auch für X.400 – und damit alle Entwicklungen in der Praxis orientieren.

3.7 Das OSI-Referenzmodell der ISO

In den frühen 60er Jahren begann man mit der Standardisierung auf dem Gebiet der Informationssysteme und der Datenkommunikation. Bis Anfang der 70er Jahre lagen eine Reihe von Standards für die Übertragung von digitaler Information vor. Jedoch wurde schnell deutlich, daß die Normung der Bit-Übertragung noch lange nicht sicherstellt, daß die vielen unterschiedlichen Systeme in der Welt auch tatsächlich sinnvoll miteinander kommunizieren können. Es fehlte der umfassende Rahmen oder eine generelle Planung für alle Systemkomponenten, die an der Kommunikation beteiligt sind [Med83].

So begann die *International Organization for Standardization (OSI)* im Jahre 1977 die Arbeit an der *Open Systems Interconnection (OSI)*, um diese Lücke zu füllen. 1983 schließlich legte die ISO (zugleich mit dem CCITT) den International Standard 7498 (IS 7498, CCITT X.200) vor, der eine generelle Architektur für offene Kommunikationssysteme vorschlägt.

[6] Diese Attribute sollten nur für eine Übergangszeit Gültigkeit haben, sind allerdings auch im 88er Standard noch vorhanden.

Form 1 Variant 1[a]
Country name
Administration management domain name
[Private management domain name][b]
[Personal name]
[Organization name]
[Organizational unit names]
[Domain-defined attributes]
Variant 2
Country name
Administration management domain name
UA unique numeric identifier
[Domain-defined attributes]
Variant 3
Country name
Administration management domain name
X.121 address
[Domain-defined attributes]
Form 2
X.121 address
[Telematic terminal identifier]

[a] In dieser Variante muß mindestens eins der Attribute *Private management domain name, Personal name, Organization name* und *Organizational unit names* angegeben werden.
[b] Die Attribute in „[...]“ sind optional.

Bild 3.8: Von X.400 empfohlene Namensformen

Dieses *Reference Model for Open Systems Interconnection* (OSI-Referenzmodell) wird heute weltweit als grundlegende Architektur von Kommunikationssystemen bzw. allgemein von verteilten Systemen akzeptiert. Es definiert selbst keine Protokolle, sondern dient lediglich als Rahmen für die Einordnung und Entwicklung von Protokollen und Diensten in offenen Kommunikationssystemen.

Das Modell geht davon aus, daß jede Kommunikation in verschiedene Funktionsgruppen unterteilt werden kann. Jede dieser Gruppen hat eine spezifische Aufgabe im Rahmen des gesamten Kommunikationsvorgangs zu erfüllen. Die Gruppen bilden eine strenge Hierarchie, d.h. jede Gruppe baut auf der Leistung der unter ihr liegenden Gruppe auf. Diese Vorstellung legt die Verwendung des Begriffs Schicht *(Layer)* nahe, wie er aus dem Bereich des Software Engineering bekannt ist. Auf dieses Schichtungsprinzip gehen wir im nächsten Abschnitt noch näher ein.

Das Referenzmodell identifiziert 7 Schichten, denen in der Kommunikation jeweils eigene Aufgaben zufallen (Bild 3.9). Darunter liegt nur noch das eigentliche Übertragungsmedium, wie etwa ein Kabel oder eine Satellitenstrecke. Es folgt eine kurze Charakterisierung der einzelnen Schichten.

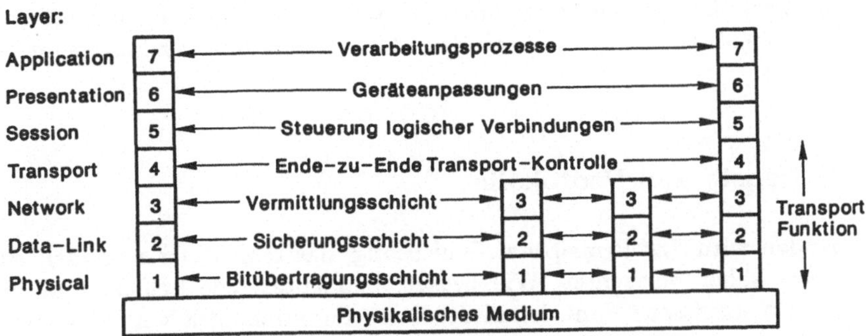

Bild 3.9: Das OSI-Referenzmodell der ISO

Schicht 1: Die Bitübertragungsschicht *(Physical Layer)* regelt die mechanische, elektrische, funktionale und prozedurale Nutzung des physikalischen Mediums. Hier laufen also die „Bitströme über das Kabel".

Schicht 2: Da die einfache Übertragung der Bitströme fehleranfällig ist, hat die Sicherungsschicht *(Data Link Layer)* die Aufgabe, Fehler bei der Übertragung zu erkennen und gegebenenfalls zu korrigieren.

Schicht 3: Durch die Vermittlungsschicht *(Network Layer)* wird die Kommunikation unabhängig vom jeweilig zugrunde liegenden Medium (etwa optische Übertragungskanäle, Satellitenkommunikation usw.). Zudem übernimmt diese Schicht das *Routing* zwischen den verschiedenen miteinander verbundenen Netzen.

Schicht 4: Während die Vermittlungsschicht Verbindungen jeweils zwischen den einzelnen Knoten eines Netzes sieht, etabliert die Transportschicht *(Transport Layer)* den transparenten Datentransfer zwischen den Endsystemen (End-to-End). In manchen Fällen entspricht die Trennlinie zwischen der Vermittlungs- und der Transportschicht (also zwischen 3 – 4) in etwa der Trennung zwischen Netzbetreiber und -anwender.

Schicht 5: Die wichtigste Aufgabe der Kommunikationssteuerungsschicht *(Session Layer)* ist es, die Kommunikation zwischen den Anwendungsprozessen in geordnete Bahnen zu lenken. Hierher gehört z.B. die Synchronisation der beiden Kommunikationspartner (wer darf wann etwas senden? bzw. dürfen beide gleichzeitig senden? usw.).

Schicht 6: In der Darstellungsschicht *(Presentation Layer)* wird die Präsentation der Daten vereinbart. Durch diese Schicht wird die darüberliegende Anwendungsschicht unabhängig von evtl. unterschiedlichen hardwareabhängigen Darstellungen der Daten (Beispiel: virtuelles Terminal).

Schicht 7: In die oberste, die Anwendungsschicht *(Application Layer)* schließlich werden die eigentlichen Anwendungen eingeordnet, wie z.B. der *File Transfer*, der komplette Dateien von einer Maschine auf eine andere transportiert und dabei die Dateistruktur erhält. Auch das Message-Handling-System gehört in diese Schicht.

3.7.1 Dienste und Protokolle

Im folgenden wird das Prinzip der Schichtung, das dem Referenzmodell zugrunde liegt, etwas näher beleuchtet. Wie gesagt, beinhaltet jede Schicht eine ganz bestimmte, fest umrissene Funktionalität. Diese Funktionalität wird der jeweils darüberliegenden Schicht als Dienst *(Service)* an den Dienstzugangspunkten *(SAPs, Service Access Points)* zur Verfügung gestellt. Jede Schicht greift dabei auf die Dienste zurück, die ihr von der darunter liegenden angeboten werden. Entsprechend bezeichnet man die Schichten auch jeweils als Diensterbringer *(Service Provider)* und Dienstnutzer *(Service User)*. Bild 3.10 zeigt diese Zusammenhänge. Die Grenze zwischen zwei Schichten wird als (Dienst-) Schnittstelle *((Service) Interface)* bezeichnet.

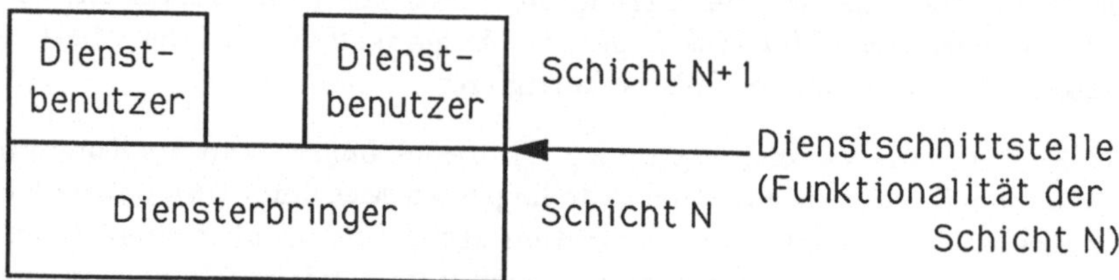

Bild 3.10: Dienste im OSI-Referenzmodell

Bei der Kommunikation zwischen zwei Instanzen werden Daten ausgetauscht. Dieser Austausch muß bestimmten Regeln und Formaten gehorchen. Diese werden für jede Schicht in den Protokollen *(Protocols)* definiert und festgelegt, über die die beiden Instanzen innerhalb dieser Schicht miteinander kommunizieren. Ein Protokoll beschreibt also die Kommunikation eingeschränkt auf die Funktionalität für eben die Schicht, für die es definiert ist. Die beiden Teilnehmer (innerhalb einer Schicht) an der Kommunikation werden als Partnerinstanzen *(Peer Entities)* bezeichnet. Eine Instanz kann man sich als das Programm vorstellen, das die Protokolle mit seinem Partnerprogramm (Partnerinstanz) austauscht. Bild 3.11 zeigt den Zusammenhang zwischen den Schichten des Modells, den Instanzen und Protokollen.

Die Dienstschnittstellen bieten Dienste an, die sich aus mehreren Dienstelementen *(Service Elements)* zusammensetzen. Die Aktionen an der Schnittstelle werden als Dienstprimitive bezeichnet. Ein Dienstelement läßt sich als atomare Operation zur Erbringung einer bestimmten Dienstleistung auffassen. In realen Implementationen gibt es häufig eine Entsprechung zwischen den Dienstelementen und Prozeduraufrufen im Programm.

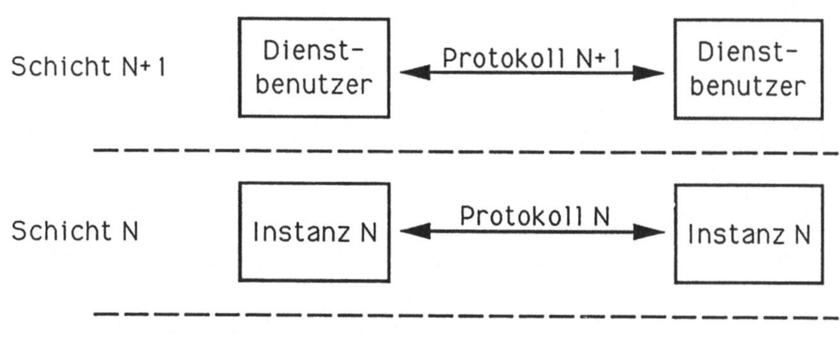

Bild 3.11: Instanzen und Protokolle

3.7.2 Zusammenhang zwischen MHS und dem Referenzmodell

Bisher sind die *User Agents* und *Message Transfer Agents* unter dem funktionalen Aspekt angesprochen worden. Unter dem Blickwinkel der Protokolle ist eine andere Sichtweise und somit auch ein anderer Sprachgebrauch üblich. Es gibt im MHS drei verschiedene Instanzen *(Entities)*:

- *User Agent Entity (UAE)*,
- *Message Transfer Agent Entity (MTAE)* und
- *Submission and Delivery Entity (SDE)*.

Die UAE realisiert die UA-Funktionalität, die weiter oben beschrieben wurde. Zwischen den UAEs laufen die End-zu-End-Protokolle P_c. P_c bezeichnet eine ganze Schar von Protokollen, die die Syntax und Semantik des Nachrichteninhalts definieren: jedes Protokoll gehört zu einer Klasse von kooperierenden UAs. Für die Klasse der UAs im Mitteilungsdienst (IPMS) wurde in den CCITT-Empfehlungen die Bezeichnung P2 vergeben (X.420).

Die MTAEs bieten den Message-Transfer-Dienst an. Zwischen je zwei MTAEs wird das Protokoll P1 eingesetzt (X.411).

Die SDE stellt den UAs die Dienste der Message-Transfer-Schicht zur Verfügung. Diese Instanz wird gebraucht, wenn ein UA in einem eigenständigen System ohne MTA implementiert ist. Dies dürfte häufig auf den immer mehr Verbreitung findenden PCs *(Personal Computer)* der Fall sein. Eine SDE bietet nicht den eigentlichen Transfer-Dienst, sondern nur einen Zugang zu einem MTA – und somit zum MTS. Das Protokoll zwischen SDE und MTAE ist P3 (X.411).

In den folgenden Kapiteln werden wir die Details der Dienste und Protokolle der Anwendungsschicht für MHS entsprechend dem Standard X.400ff von 1984 ausführlich darstellen.

4 Die Nachrichtenübertragung

Auf der obersten Ebene im MHS-Modell ist der *MTS (Message Transfer Service,* Nachrichtenübertragungsdienst) für den Transport der Nachrichten zuständig. Seine Dienstelemente werden in diesem Kapitel vorgestellt. Der MTS ist anwendungsunabhängig und Basis z.B. für den *Interpersonal Messaging Service (IPMS).* Allerdings werden die Möglichkeiten für seine Nutzung häufig unterschätzt, da er meistens nur zusammen mit dem IPMS betrachtet wird. Bereits in der Studienperiode 1989–92 wird die MTS-Nutzung für *Electronic Document Interchange* (*EDI*, [EDI89]) festgelegt.

Der MTS greift seinerseits für den Transport von Protokolldateneinheiten auf die Dienste des *Reliable Transfer Servers* zurück. Er wird in Abschnitt 4.2 beschrieben.

4.1 Der Message Transfer Service (MTS)

Der *Message Transfer Service* (Nachrichtenübertragungsdienst) wird in X.411 definiert. Er stellt seinen Benutzern, meistens also den *User Agents*, die Mittel zum Verschicken von Nachrichten zur Verfügung *(Message Transfer).* Die bearbeiteten Informationsobjekte sind hier also Nachrichten, im Gegensatz zu Mitteilungen, die zwischen Benutzeragenten über das Protokoll P2 ausgetauscht werden. Die aktiven Elemente bzw. Instanzen sind die *Message Transfer Agents (MTAs).* Sie nehmen die Nachrichten von den Benutzeragenten entgegen und leiten sie in Store-and-Forward-Technik zum Zielort: die MTAs speichern die Nachrichten so lange zwischen, bis sie diese zuverlässig an einen Partner-MTA weiterleiten können oder an einen Benutzeragenten zustellen können. Das Dienstangebot der MTAs wird modellhaft in Form von Dienstprimitiven beschrieben. Diese beschreiben die Interaktionen der beteiligten Instanzen und enthalten als Parameter die notwendigen Angaben für die ausgewählten Dienstelemente.

4.1.1 Die MT-Dienstelemente

Der Nachrichtenübertragungsdienst besteht aus Basisdienstelementen und optionalen Dienstelementen, die für eine bestimmte Nachricht oder für eine bestimmte Zeitdauer vereinbart werden können.

Wie der Postbenutzer und die Post arbeiten auch ein UA und ein MTA beim Aufgeben und beim Zustellen von Nachrichten zusammen. Dazu ist es erforderlich, daß sie miteinander Verbindung aufnehmen, daß sie gegenseitig ihre Fähigkeiten und ihr Leistungsvermögen kennen und daß sie jede Nachricht eindeutig identifizieren können. Ihre Zusammenarbeit kann vorübergehend eingeschränkt werden. Als Basis für diese Kooperation werden die folgenden MT-Dienstelemente genutzt (MT-Basisdienst):

Access Management (Zugangsverwaltung)
: Ein UA und ein MTA nehmen hierdurch miteinander Verbindung auf und bearbeiten Informationen zum Aufbau, zur Unterhaltung und zum Abbau dieser Verbindung (O/R-Namen, Paßwörter).

Registered Encoded Information Types (Registrierte Kodierungsarten)
: Ein UA informiert das MTS darüber, welche Kodierungsarten er in einer Mitteilung empfangen kann.

Hold for Delivery (Postlager)
: Ein Empfänger-UA kann vom MTS verlangen, Nachrichten und Bestätigungen, die für ihn ankommen, postlagernd bis auf weiteres aufzubewahren. Dieses Dienstelement ist optional.

Message Identification (Nachrichtenkennung)
: Das MTS stellt dem UA eine eindeutige Kennung für jede über das MTS gesendete oder empfangene Nachricht zur Verfügung *(submit-event-id, probe-event-id, deliver-event-id).*

So wie nicht jeder Postbenutzer ein Telex oder ein Telefax aufgrund der Ausstattung seines Arbeitsplatzes empfangen kann, kann auch ein UA in den meisten Fällen nicht alle Kodierungsarten von elektronischen Informationen verarbeiten. Deshalb kann er beim MTS registrieren lassen, welche Arten von Nachrichten er empfangen kann. Ein MTA wird über die Kodierungsarten in einer Nachricht informiert. Falls der Empfänger-UA eine Nachricht aufgrund der Kodierungsarten nicht verarbeiten kann, kann das MTS entweder Konvertierungen durchführen, falls dies vom Sender-UA erlaubt wurde, oder es kann die Nachricht nicht zustellen. Dieser Dienst wird durch folgende Dienstelemente realisiert:

Content Type Indication (Anzeige des Types des Inhalts)
: Ein Absender-UA gibt hierdurch den Typ des Inhalts *(Content Type)* einer Nachricht an. Der Inhaltstyp ist durch die Klasse der kooperierenden UAs bestimmt. Zur Zeit wird vom MHS nur der Inhaltstyp P2 unterstützt.[1]

Original Encoded Information Types Indication (Anzeige der Originalkodierung)
: Eine Nachricht kann aus mehreren Teilen verschiedener Kodierung bestehen. Ein Absender-UA gibt dem MTS bei der Sende-Übergabe die Kodierungsarten an, die in der Nachricht vorkommen.

Converted Indication (Konvertierungsanzeige)
: Wenn keine der registrierten Kodierungsarten eines Empfänger-UA mit der

[1] In den 88er Empfehlungen sind durch die Verwendung von *Object Identifiern* für die Identifizierung eine Vielzahl von Inhaltstypen vorgesehen.

Originalkodierung einer zuzustellenden Nachricht übereinstimmt, der UA diese Nachricht so also nicht empfangen kann, führt das MTS u.U. Konvertierungen durch und informiert den Empfänger-UA über die Kodierungsart der Nachricht nach der Konvertierung *(converted encoded information types)*. Dieses Dienstelement ist optional. Die Art und Weise der Konvertierung ist in der Empfehlung X.408 festgelegt.

Conversion Prohibition (Konvertierungsverbot)
Der Absender kann dem MTS für eine bestimmte Nachricht eine Konvertierung des Inhalts verbieten. Diese Nachricht kann somit nicht zugestellt werden, wenn der Empfänger-UA die ursprüngliche Kodierungsart nicht verarbeiten kann. Dieses Dienstelement ist optional.

Explicit Conversion (explizite Konvertierung)
Der Absender kann vom MTS eine spezielle Konvertierung verlangen. Dieses Dienstelement ist optional.

Implicit Conversion (implizite Konvertierung)
Das MTS führt automatisch für einen UA jede notwendige Konvertierung von versendeten Nachrichten durch, wenn die Konvertierung nicht ausdrücklich verboten wurde *(Conversion Prohibition)*. Dieser Dienst kann weder vom Sender-UA noch vom Empfänger-UA explizit angefordert werden.

Die *Original Encoded Information Types* in der Nachricht werden mit den *Registered Encoded Information Types* des Empfänger-UA verglichen. Die möglichen Konvertierungen sind in der Empfehlung X.408 beschrieben. Dieses Dienstelement ist optional.

Bei der normalen Briefzustellung kann der Empfänger den Zustellzeitpunkt durch einen Blick auf den Kalender und seine Uhr erfahren. Wenn dort ein Brief nicht beim beabsichtigen Empfänger, sondern statt dessen bei einem Nachbarn abgegeben wird, so wird dieser vom Postboten mündlich darüber informiert. Dies alles ist beim MHS komfortabler. Der Empfänger-UA erhält bei der Zustellung nicht nur die Nachricht, sondern als zusätzliche Dienstelemente noch weitere Informationen:

Delivery Time Stamp Indication (Zeitstempel für die Zustellung)
Das MTS informiert einen Empfänger-UA über das Datum und die Uhrzeit, zu dem eine Nachricht zugestellt wird.

Alternate Recipient Assignment (Zuordnung des Ersatzempfängers)
Ein UA kann als Ersatzempfänger Nachrichten empfangen, für die vom Sender *Alternate Recipient Allowed* angegeben worden ist. Nicht alle Attribute des UAs stimmen also mit den Attributen eines beabsichtigten Empfängers überein, sondern nur eine erforderliche Mindestmenge. Es wird ihm mitgeteilt, daß er die Nachricht als Ersatzempfänger erhält *(this recipient, intended recipient)*. Eine mögliche Anwendung dieses Dienstelementes: Wenn der Brief schon nicht an den Adressaten selbst zugestellt werden kann, dann doch zumindest an einen anderen Mitarbeiter der Firma. Dieses Dienstelement ist optional.

Bei der gelben Post werden Briefe, die nicht zugestellt werden können, automatisch als „unzustellbar“ zurückgeschickt. Beim MHS gibt es darüber hinausgehende Dienste. Der Sender-UA wird, falls er dies wünscht, vom MTS darüber informiert, was mit seiner Nachricht geschehen ist. Weiterhin kann ihm gleichzeitig damit der Inhalt seiner Nachricht zurückgeliefert werden.

Non-delivery Notification (Unzustellbarkeitsanzeige)
: Das MTS informiert einen Absender-UA darüber, daß die übertragene Nachricht nicht an den oder die angegebenen UA(s) zugestellt wurde.

Delivery Notification (Zustellbestätigung)
: Der Absender-UA kann eine explizite Bestätigung verlangen, wenn eine gesendete Nachricht erfolgreich an einen Empfänger-UA zugestellt worden ist. Dieses Dienstelement ist optional.

Im Gegensatz zu den *Delivery Notifications*, die eine Aussage darüber machen, ob einem Empfänger-UA eine Nachricht zugestellt werden konnte, machen die *Receipt Notifications* Angaben, ob ein Empfänger eine *IP-Message* empfangen konnte. Tabelle 4.1 zeigt die Zusammenhänge für die Kommunikationspartner. Sie zeigt nicht den vollständigen zeitlichen Ablauf, sondern hauptsächlich, welche Partner welche Informationsobjekte protokollgemäß austauschen.

Prevention of Non-delivery Notification (Unterdrückung der Unzustellbarkeitsanzeige)
: Ein Sender-UA erhält normalerweise immer eine Benachrichtigung, wenn eine Nachricht nicht zugestellt werden konnte (*Non-delivery Notification*, MT-Basisdienst). Dies kann der Originator mit diesem Dienstelement, das optional ist, unterdrücken.

Return of Contents (Rücksendeauftrag)
: Der Absender kann fordern, daß zusammen mit einer *Non-delivery Notification* der Inhalt *(Content)* einer gesendeten Nachricht an ihn zurückgeliefert wird. Dieses Dienstelement ist optional.

Tabelle 4.1: Instanzen und Objekte im MHS

Wer?	An wen?	Was?	In welcher Form?
Sender Sender-UA Sender-MTA	Empfänger Empfänger-UA Empfänger-MTA	Mitteilung *IP-Message* Nachricht	 IM-UAPDU UMPDU(IM-UAPDU)
Empfänger Empfänger-UA	Sender Sender-UA	Bestätigung *Receipt Notification* *Non-receipt Notification*	 SR-UAPDU SR-UAPDU
Empfänger-MTA	Sender-MTA	Nachricht	UMPDU(SR-UAPDU)
Empfänger-MTA	Sender-MTA	*Delivery Notification* *Non-delivery Notification*	SMPDU SMPDU

Bei der gelben Post hat ein Absender u.a. die Möglichkeit, einen Brief als Telegramm, als Eilbrief oder normal aufzugeben. Ähnliche Dienste werden auch beim MHS unterstützt. Auf der Senderseite werden konkrete Angaben gemacht, wie das

MTS eine Nachricht zuzustellen hat. Als Bestätigung für den Auftrag erhält der Sender-UA einen Stempel, der auch beim Empfänger-UA sichtbar ist. Die folgenden MT-Dienstelemente werden dazu in Anspruch genommen:

Submission Time Stamp Indication (Zeitstempel für die Sendeübergabe)
: Das MTS zeigt dem Sender-UA und dem Empfänger-UA das Datum und die Uhrzeit an, zu dem die Sendeübergabe der Nachricht an das MTS durchgeführt wurde.

Alternate Recipient Allowed (Ersatzempfänger zulässig)
: Der Sender einer Mitteilung kann es erlauben, die zu übermittelnde Nachricht an einen Ersatzempfänger zuzustellen. Dieses Dienstelement ist optional.

Deferred Delivery (Verzögerte Zustellung)
: Der Absender kann das MTS anweisen, eine zu sendende Nachricht nicht eher als zu einem angegebenen Zeitpunkt (Datum und Uhrzeit) zuzustellen. Dieses Dienstelement ist optional.

Deferred Delivery Cancellation (Annullierung des Zustellauftrags bei verzögerter Zustellung)
: Der Absender kann das MTS veranlassen, eine erfolgreich versendete Nachricht, die verzögert zugestellt werden sollte, nicht mehr zuzustellen *(cancel)*. Dieses Dienstelement ist optional.

Disclosure of Other Recipients (Bekanntgabe anderer Empfänger)
: Der Absender kann das MTS anweisen, bei der Übermittlung einer Nachricht an mehrere Empfänger jedem Empfänger auch die O/R-Namen der anderen Empfänger anzuzeigen. Dieser Dienst hat auch Rückwirkungen auf das Weiterleiten von Nachrichten. Dieses Dienstelement ist optional.

Grade of Delivery Selection (Wahl der Prioritätsklasse)
: Der Absender kann angeben, ob die Übertragung einer Nachricht dringend *(urgent)*, weniger dringend *(non-urgent)* oder ganz normal *(normal)* durchgeführt werden soll *(priority)*. Diese Angabe bezieht sich also auf die Geschwindigkeit, mit der eine Nachricht übertragen werden soll. Dieses Dienstelement ist optional.

Multi-destination Delivery (Zustellung an mehrere Empfänger)
: Der Absender kann eine zu sendende Nachricht gleichzeitig an mehrere Empfänger zustellen lassen. Trotzdem erhält die gesendete Nachricht systemweit nur eine Kennung. Dieses Dienstelement ist optional.

Wenn der Sender nicht genau weiß, ob eine Nachricht beim gewünschten Empfänger ankommen wird, kann er – bei geringeren Kosten – einen Probelauf starten. Diese Art der Überprüfung der Empfangsfähigkeiten gibt es so beim normalen Briefverkehr leider nicht.

Probe (Probeübermittlung)
: Dazu übergibt er eine Nachricht, die nur *Submission Information* (Tabelle 4.2) und keinen Inhalt enthält, an das MTS. Das MTS versucht, die Nachricht

zuzustellen, und erzeugt eine *Delivery-* oder *Non-delivery Notification*, um anzuzeigen, ob eine echte Nachricht mit identischer *Submission Information* den angegebenen Empfänger-UAs zugestellt werden könnte. Dieses Dienstelement ist optional.

Tabelle 4.2: Submission Envelope und MT-Dienstelemente

Submission-Envelope-Komponenten	MT-Dienstelemente
Recipient O/R-Names	Message Transfer
Originator O/R-Name	"
Content	"
Content Type	Content Type Indication
Encoded Information Types	Original Encoded Information Types Indication
NDN suppress	Prevention of Non-delivery Notification
Priority	Grade of Delivery Selection
Deferred Delivery Time	Deferred Delivery
Delivery Notice	Delivery Notification
Conversion Prohibited	Conversion Prohibition
Disclose Recipients	Disclosure of Other Recipients
Alternate Recipient Allowed	Alternate Recipient Allowed
UA Content ID	Message Identification
Content return	Return of Contents
Explicit Conversion	Explicit Conversion

4.1.2 Die MT-Dienste

Um die MT-Dienste zu beschreiben, werden sogenannte Dienstprimitive verwendet, die die Beschreibung der Parameter enthalten und die in bestimmter zeitlicher Reihenfolge von den Kommunikationspartnern (z.B. UA und MTA) angefordert bzw. ausgeführt werden müssen, um eine Nachricht zu verschicken oder zu empfangen. Welche Dienste stellt der Nachrichtenübertragungsdienst nun im einzelnen zur Verfügung?

1. Zwischen Dienstnutzer (z.B. Benutzeragent) und Dienstanbieter (MTA) muß ein Dialog auf- und abgebaut werden können. Dies wird durch die Dienstprimitive *LOGON* und *LOGOFF* beschrieben.
2. Parameter, wie akzeptable Kodierungsarten, die bei einem MTA für einen UA registriert sind, können geändert werden. Dies wird durch die Dienstprimitive *REGISTER* und *CHANGE-PASSWORD* beschrieben.
3. Temporäre, nur für die Dauer einer Sitzung gültige Parameter, die die Art und Länge der Nachrichten bestimmen, die empfangen werden können, können geändert werden. Dies wird durch das Dienstprimitiv *CONTROL* beschrieben.

4. Eine Nachricht kann an einen oder mehrere Empfänger geschickt werden. Dies wird durch das Dienstprimitiv *SUBMIT* beschrieben.

   Die für den Transport notwendigen Angaben werden in dem *Submission Envelope* zusammengefaßt (Tabelle 4.2). Der Benutzeragent seinerseits erhält die folgenden Werte sozusagen als Bestätigung seines Auftrags zurück:

   (a) die *UA-Content-ID (Message Identification)* und
   (b) die *Submission-Time (Submission Time Stamp Indication)*.

   Im Gegensatz zur *IP-Message-ID*[2], die den Inhalt einer Mitteilung identifiziert und mit einer Mitteilung geschickt werden muß, ist die *UA-Content-ID* eine zusätzliche Kennung der Nachricht, die nur zwischen UA und MTA bekannt ist. UAs und MTAs benutzen diese Kennung, um bei Bestätigungen *(Non-delivery* oder *Delivery Notification)* auf die zuvor versendete Nachricht Bezug nehmen zu können.

5. Es kann überprüft werden, ob eine Nachricht an einen oder mehrere Empfänger erfolgreich gesendet werden kann. Dazu wird das Dienstprimitiv *PROBE* benutzt.

   Die dazu notwendigen Angaben werden in dem *Probe Envelope* zusammengefaßt. Er besteht aus einer Untermenge der Komponenten des *Submission Envelope* und enthält zusätzlich eine Längenangabe *(Content Length*, Tabelle 4.3). Es wird kein eigentlicher Inhalt *(Content)* bei diesen Tests mitgeschickt.

6. Eine Nachricht kann an einen Empfänger zugestellt werden. Die für die Zustellung notwendigen Angaben sind in dem *Deliver Envelope* zusammengefaßt (Tabelle 4.4). Das zugehörige Dienstprimitiv heißt *DELIVER*.

7. Der Sender einer Nachricht kann eine Benachrichtigung darüber erhalten, daß eine Nachricht nicht an den beabsichtigten Empfänger zugestellt werden konnte. Dies wird im Dienstprimitiv *NOTIFY* beschrieben.

8. Ein Sender kann eine explizite Bestätigung der Zustellung anfordern *(Delivery Notification)*. Ihm wird dann mitgeteilt, wann die Nachricht zugestellt wurde und ob sie auf ihrem Weg zum Empfänger konvertiert werden mußte. Auch hierzu wird das Dienstprimitiv *NOTIFY* genutzt.

9. Ein Auftrag, eine Nachricht nicht sofort, sondern zu einem späteren Zeitpunkt zuzustellen, kann ganz zurückgezogen werden. Dieser Dienst wird durch das Dienstprimitiv *CANCEL* beschrieben.

Um die Aufgabenteilung in der Anwendungsschicht deutlich zu machen, wurden in den 84er Empfehlungen die UAs zu einer *Sublayer* (Teilschicht) innerhalb der Anwendungsschicht des OSI-Referenzmodells zusammengefaßt, der *User Agent Layer (UAL)* (Benutzeragentschicht), ebenso die MTAs und die SDEs, die in einem späteren Kapitel besprochen werden, zur *Message Transfer Layer (MTL)* (Nachrichtenübertragungsschicht).

[2]Die IP-Message-ID gehört zum P2-Protokoll. Sie wird in Abschnitt 5.1 erläutert.

Tabelle 4.3: Probe Envelope und MT-Dienstelemente

Probe-Envelope-Komponenten	MT-Dienstelemente
Recipient O/R-Names	Message Transfer
Originator O/R-Name	"
Content Length	"
Content Type	Content Type Indication
Encoded Information Types	Original Encoded Information Types Indication
Conversion Prohibited	Conversion Prohibition
Alternate Recipient Allowed	Alternate Recipient Allowed
UA Content ID	Message Identification
Explicit Conversion	Explicit Conversion

Tabelle 4.4: Deliver Envelope und MT-Dienstelemente

Deliver-Envelope-Komponenten	MT-Dienstelemente
Originator O/R-Name	Message Transfer
This Recipient O/R-Name	"
Other Recipient O/R-Names	Disclosure of Other Recipients
Content	Message Transfer
Content Type	Content Type Indication
Converted Encoded Information Types	Implicit Conversion, Converted Indication
Original Encoded Information Types	Original Encoded Information Types Indication
Delivery Time	Delivery Time Stamp Indication
Submission Time	Submission Time Stamp Indication
Priority	Grade of Delivery Selection
Intended Recipient O/R-Name	Alternate Recipient Assignment
Conversion Prohibited	Conversion Prohibition
Deliver Event ID	Message Identification

Tabelle 4.5: MTL-Dienstprimitive

Dienstprimitiv	UAL	MTL
LOGON	+	+
LOGOFF	+	
REGISTER	+	
CONTROL	+	+
SUBMIT	+	
PROBE	+	
DELIVER		+
CANCEL	+	
NOTIFY		+
CHANGE-PASSWORD	+	+

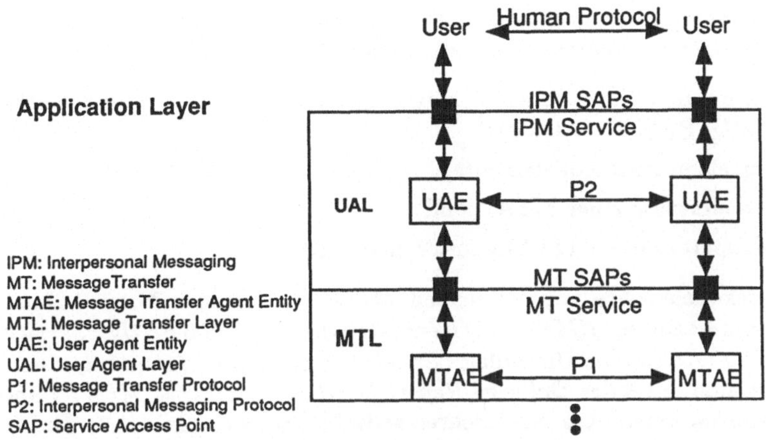

Bild 4.1: Kommunikation über Message Transfer Agent Entities

Tabelle 4.5 zeigt zusammenfassend die MTL-Dienstprimitive mit der Unterscheidung, ob sie von UA-Seite (UAL) oder von MTA-Seite (MTL) aus initiiert werden. Es fällt auf, daß es kein *MTL-LOGOFF* gibt, da der MTA den UA durch sein *LOGON* nur über die Zustellung einer Nachricht *(DELIVER.Indication)* informieren will. Diese Sitzung muß nicht durch *LOGOFF* beendet werden.

Das *Sublayering* wurde in den 88er Empfehlungen nicht mehr beibehalten, da dort nun das Konzept der *Application Service Elements (ASEs)*, die Kommunikationsmöglichkeiten oder Dienste in einem offenen System darstellen, eingeführt wurde (Abschnitt 13.2).

4.1.3 Das Nachrichtenübertragungsprotokoll P1

Bild 4.1 zeigt die Einordnung der Nachrichtenübertragungsschicht in die Anwendungsschicht. Es stellt sich nun die Frage, in welcher Form die Nachrichten zwischen den MTAs ausgetauscht werden.

Während im MHS-Modell bisher von MTAs gesprochen wurde, werden die zugehörigen Instanzen *(Entities)*, die die Dienste anbieten und die Protokolle benutzen, *MTAE (Message Transfer Agent Entity*, Nachrichtenübertragungsinstanzen) genannt (siehe auch Kapitel 3). Sie gehören demnach zur *MTL (Message Transfer Layer*, Nachrichtenübertragungsschicht) (Bild 4.1). Die Nachrichtenübertragungsinstanzen tauschen die Nachrichten als *MPDUs (Message Protocol Data Units*, Nachrichtenprotokolldateneinheiten) über das Protokoll *P1 (Message Transfer Protocol*, Nachrichtenübertragungsprotokoll) aus.

Die Nachrichtenübertragungsschicht stellt den Benutzeragenten verschiedene Dienste zur Verfügung. Einige Dienste können von einer einzelnen MTAE angeboten werden (z.B. *Hold for Delivery*), andere bedürfen der Kommunikation mit anderen MTAEs, auch in anderen Verwaltungsbereichen *(Management Domains)*. Diese Kooperation regelt das Nachrichtenübertragungsprotokoll P1. Es legt

- die Kommunikation von MTAEs in verschiedenen Verwaltungsbereichen (ADMD - ADMD, PRMD - ADMD)[3],
- die einzelnen Protokollelemente,
- die Arbeitsweise einer MTAE und
- die Kooperation der MTAEs untereinander fest.

Die Protokollelemente von P1 heißen *MPDUs (Message Protocol Data Units.* Sie werden unterteilt in *UMPDUs (User MPDUs)* und *SMPDUs (Service MPDUs).* UMPDUs bestehen aus Umschlag *(Envelope)* und Inhalt *(Content)* einer Nachricht. SMPDUs sind entweder *Delivery Report MPDUs* oder *Probe MPDUs* und enthalten somit Informationen über Nachrichten zwischen MTAEs (Bild 4.2). Die *User MPDU* besteht aus den Teilen *Envelope* und *Content.* Der *UMPDU Envelope* enthält die Informationen, die der MTL zum *Routen* bzw. Weiterleiten einer Nachricht benötigt, der *UMPDU Content* enthält die Mitteilung für den Benutzer.

```
MPDU: ist
  entweder UMPDU: besteht aus
                     UMPDU-Envelope
              und    UMPDU-Content
  oder     SMPDU: ist
              entweder Delivery Report MPDU
              oder     Probe MPDU

Probe-MPDU: besteht aus
            Probe-Envelope
```

Bild 4.2: Protokollelemente von P1

Die *Delivery Report MPDU* enthält den *Delivery-* oder *Non-delivery Report.* Sie besteht auch aus *Envelope* und *Content.* Der *Delivery Report Envelope* enthält die Informationen, die der MTL zum *Routen* des Reports benötigt, der *Delivery Report Content* enthält den eigentlichen *Report*, also was aus der versendeten Nachricht geworden ist (Bild 4.3). Die *Probe MPDU*, die nur aus einem *Probe Envelope* besteht, enthält die Informationen, mit denen getestet werden soll, ob eine gleichartige Nachricht, dann aber mit Inhalt, erfolgreich zugestellt werden kann (vgl. Tabelle 4.3, Seite 48).

Auf die formale Definition und die Kodierung der einzelnen Komponenten einer MPDU wird in dieser Studie nicht eingegangen. Es sei auf die entsprechende Literatur zu *ASN.1 (Abstract Syntax Notation One)* hingewiesen (X.409, IS 8824, IS 8825).

[3]Die Kommunikation PRMD – PRMD wird von CCITT nicht behandelt.

Delivery Report MPDU: besteht aus
- Delivery Report Envelope: enthält
  - Report MPDU Identifier
  - Originator O/R-Name
  - Trace Information

und
- Delivery Report Content: enthält
  - Original MPDU Identifier
  - Intermediate Trace Information
  - UA Content ID
  - Reported Recipient Infos
  - Returned UMPDU Content
  - Billing Information

Bild 4.3: Delivery Report MPDU

4.1.4 Die Partner beim Nachrichtentransfer

Die Aufgaben in einer MTAE können modellhaft zu folgenden funktionalen Komponenten zusammengefaßt werden:

- Nachrichtenverteiler *Message Dispatcher (MD)*,
- Verbindungsverwalter *Association Manager (AM)* und
- Zuverlässiger Transferdienst *Reliable Transfer Server (RTS)*.

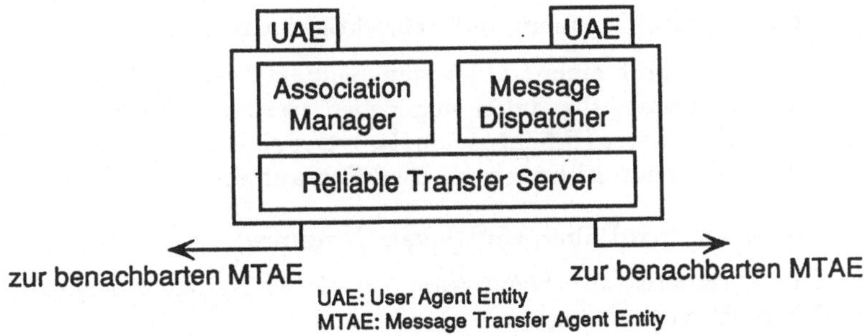

Bild 4.4: Modell einer MTAE (Figure 14/X.411)

Bild 4.4 (Figur 14/X.411) zeigt eine MTAE, die zwei UAEs bedient und mit zwei anderen MTAEs verbunden ist. Der Nachrichtenverteiler führt die P1-Aktionen aus, die in den MPDUs von anderen MTAEs oder in den Nachrichten der eigenen UAEs angezeigt werden. Der Verbindungsmanager errichtet, kontrolliert und löst die Verbindungen, die der zuverlässige Transferdienst (RTS) zur Verfügung stellt. Der RTS soll über sie z.B. die P1- oder P3-Protokollelemente zuverlässig und vollständig zu benachbarten MTAEs übertragen. Er nutzt die OSI-Standardprotokolle der darunterliegenden Schichten. Eine genauere Beschreibung erfolgt in Abschnitt 4.2.

An dieser Stelle sei ausdrücklich darauf hingewiesen, daß dieses MTAE-Modell nur zur logischen Beschreibung der Arbeitsweise dient und eine Implementierung in keiner Weise festlegt.

4.1.5 Die Nachrichtenverteilung

Der Nachrichtenverteiler *(Message Dispatcher)* ist zentraler Verteiler von Nachrichten und eine Protokollmaschine zur Bearbeitung des Protokolls P1, die durch verschiedene Ereignisse aktiviert werden kann:

- Ein zugeordneter UA möchte eine Nachricht verschicken *(SUBMIT, PROBE)*.
- Der RTS zeigt ihm an, daß er eine Nachricht von einem Partner-MTA empfangen soll *(TRANSFER)*.
- Der RTS meldet ihm eine Ausnahmesituation *(EXCEPTION)*.

Am Beispiel des Sendens und Empfangens einer Mitteilung soll im folgenden das Zusammenwirken der Komponenten gezeigt werden.

1. Der Sender macht bei seinem Benutzeragenten die Angaben für die zu transportierende Mitteilung und für den *Submission Envelope*.
2. Der Sender-UA konstruiert eine Protokolldateneinheit *(PDU, Protocol Data Unit)* für eine Mitteilung. Diese PDU ist für den MTA unsichtbar, d.h. sie steckt für ihn quasi in einem undurchsichtigen Umschlag.
3. Der Sender-UA gibt einem MTA den Sendeauftrag *(SUBMIT)*. Tabelle 4.6 zeigt die Parameter, die dabei angegeben werden müssen, die sogenannten *Mandatory*-Parameter (Pflichtparameter). Der Nachrichtenverteiler des Sender-MTAs führt folgende Aktionen als Reaktion auf einen Sendeauftrag aus:
   (a) Der Sender wird überprüft (lokale *Directory*).
   (b) Die Parameter des *Submission Envelopes* werden überprüft, eine neue UMPDU wird erzeugt.
   (c) Die *Submit-Event-Id* wird erzeugt.
   (d) Wurden die vorherigen Aktionen (3a–3c) korrekt ausgeführt, wird der UAE der Erfolg der Operation angezeigt, im anderen Falle der Mißerfolg.
   (e) Jede erfolgreich erzeugte UMPDU wird an den RTS übergeben.
4. Wenn der Sendeauftrag akzeptiert wurde, erhält der Sender-UA als Bestätigung die *Submission Time* und die *Submit-Event-Id*, die er an den Benutzer weitergeben kann.

5. Wenn der Auftrag zum Übertragen einer Nachricht vom MTL nicht akzeptiert wurde, erhält der Sender-UA eine Begründung und muß den Sender davon unterrichten.

Der Empfänger-MTA übergibt an den Empfänger-UA

- die eigentliche Mitteilung als Inhalt *(Content)* der Nachricht,
- den Absender-O/R-Namen,
- den Empfänger-O/R-Namen,
- den Inhaltstyp,
- die *Original-Encoded-Information-Types*,
- die *Submission-Time* und
- die *Delivery-Time.*

Alle Parameter des *Deliver Envelopes* sollten dem Empfänger präsentiert werden.

Tabelle 4.6: Submission Envelope und Content

Parameter	Protokollkomponenten (Basic)
Recipient-O/R-Names	O/R-Names der UAEs, zu denen die Mitteilung geschickt wird
Originator-O/R-Name	O/R-Name der UAE, die die Mitteilung schickt
Content	die eigentliche Mitteilung
Content-Type	P2 (als Content Type in diesem Fall)
Encoded-Information-Types	die Textarten, die die Mitteilung enthält
Disclose-Recipients	Yes: alle Empfänger sollen angezeigt werden
UA-Content-ID	eine lokale Nachrichtenidentifikation zwischen UA und MTA

4.1.6 Das Weiterleiten von Nachrichten

Mehrere MTAs können an der Weiterleitung und Zustellung einer Nachricht an mehrere Empfänger beteiligt sein *(Store-and-forward)*. Wenn die verschiedenen Empfänger verschiedenen MTAs zugeordnet sind, muß die Nachricht über verschiedene Wege im MTS transferiert werden (Bild 4.5). Zu diesem Zweck werden Kopien einer Nachricht vom Nachrichtenverteiler erzeugt, und jede wird über einen eigenen Weg zu den nächsten MTAs weitergeleitet. Das Kopieren und Verzweigen der Nachrichten wird so lange wiederholt, bis jede Kopie einen Ziel-MTA erreicht hat, an der die Nachricht an einen oder mehrere Empfänger-UAs zugestellt werden kann.

Die MTAs auf dem Weg einer Nachricht sind entweder für die Zustellung oder die Weitervermittlung verantwortlich. Sie erkennen dies an dem Umschlag der Nachricht

(Recipient Information, Responsibility Flag). Jeder weitervermittelnde MTA zeigt dem nächsten die Empfänger an, für die er selbst nicht verantwortlich ist, und die also in dessen Verantwortungsbereich fallen können.

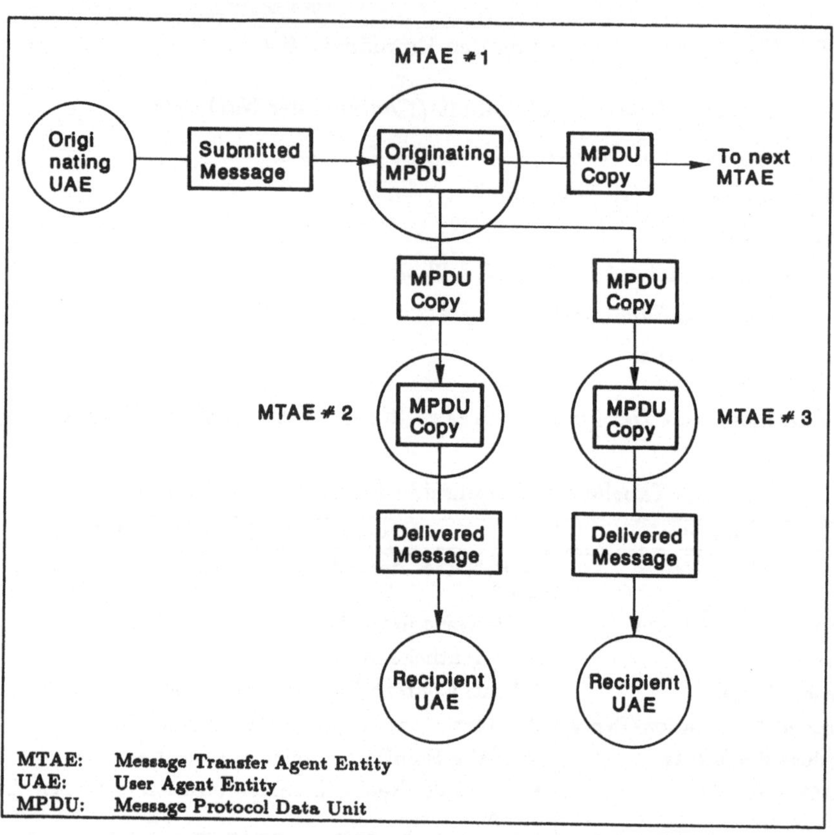

Bild 4.5: MTS Routing (Figure 15/X.411)

4.1.7 Bestätigungen

Die MTAs benachrichtigen UAs über die Nichtzustellung *(Non-delivery Notification)* oder auf Wunsch über die Zustellung von Nachrichten *(Delivery Notification)*. Das Protokoll P1 ermöglicht dies, indem SMPDUs – in diesem Fall in der Ausprägung von *Delivery Report MPDUs* – unter den Nachrichtenverteilern weitergeleitet werden. Ob *Delivery Report MPDUs* erzeugt werden, hängt vom Wert eines speziellen Parameters ab, der beim Sendeauftrag angegeben wird *(Report-Request, Recipient Information)*. *Reports*, die angefordert werden, können innerhalb des MTL oder zur Benachrichtigung von UAEs benutzt werden. Ein Nachrichtenverteiler erzeugt einen negativen *Delivery Report (Non-delivery Notification)*, wenn er die Nachricht nicht an den Empfänger-UA zustellen kann, oder wenn er keinen anderen MTA mehr findet, der für die Weiterleitung der Nachricht zuständig ist.

4.1.8 Die Konvertierung des Inhaltes

Ein Empfänger-MTA erkennt am Umschlag einer Nachricht ihre Originalkodierung zur Zeit der Sendeübergabe *(Original Encoded Information Types)* und ob zwischenzeitlich vom MTS Konvertierungen durchgeführt wurden *(Converted Encoded Information Types)*. Für den Fall, daß ein Empfänger-UA die Kodierungsart einer Nachricht nicht bearbeiten kann, führt der Nachrichtenverteiler in einem Empfänger-MTA eine Konvertierung des Inhalts der Nachricht durch, es sei denn, dies ist ausdrücklich im Sendeauftrag untersagt worden *(Conversion Prohibition)*.

Die Konvertierung bezieht sich auf Titel *(Subject)* und Inhalt *(Body)* einer Mitteilung und wird in der Empfehlung X.408 beschrieben.

An dieser Stelle endet die Beschreibung von UA und MTA, den eigentlichen MH-Komponenten. Der folgende Abschnitt stellt unterstützende Dienste und Komponenten dar.

4.2 Der Reliable Transfer Service (RTS)

Wie schon im Abschnitt über die Nachrichtenübertragung erwähnt, ist der *RTS (Reliable Transfer Server*, zuverlässiger Transferdienst) für den zuverlässigen Transport der Nachrichten zuständig. Seine Nutzer sind Anwendungsinstanzen *(Application Entities)* wie z.B. Message-Transfer-Agenten. In den 84er Empfehlungen wird der *Reliable Transfer Server* als Teil einer Anwendungsinstanz (z.B. MTAE) der Schicht 7 gesehen (X.411) und nutzt selbst die Dienste der unterliegenden Schichten (Schichten 6 und 5), die Darstellungs- und die Kommunikationssteuerschicht *Presentation, Session Service*, Bild 4.6, X.410). Die Verantwortlichkeiten im MTA wurden also zwischen Verbindungsverwalter, Nachrichtenverteiler und zuverlässigem Transferdienst aufgeteilt.

4.2.1 Die RTS-Nutzung des Session-Dienstes

Zum besseren Verständnis folgt zunächst eine kurze Erläuterung der wesentlichen Konzepte des Session-Dienstes (X.215, X.225, T.62).

Der Session-Dienst *(Session Service)* erlaubt den strukturierten und synchronisierten Austausch von Daten zwischen Nutzern des Session-Dienstes. Im einzelnen bietet er folgende Dienste an:

1. den Aufbau einer Verbindung zu einem Partner, den Austausch von Daten in synchronisierter Weise und das ordentliche Auflösen der Verbindung;

2. das Verhandeln von *Token* (Marken) für den Datenaustausch, die Synchronisation und das Auflösen der Verbindung und das Verhandeln der Betriebsart *(half-duplex, duplex)*;
3. die Definition von Synchronisationspunkten innerhalb von Dialogeinheiten, so daß Dialogeinheiten an jedem Synchronisationspunkt wieder aufgenommen werden können;
4. das Unterbrechen und Wiederaufnehmen eines Dialogs.

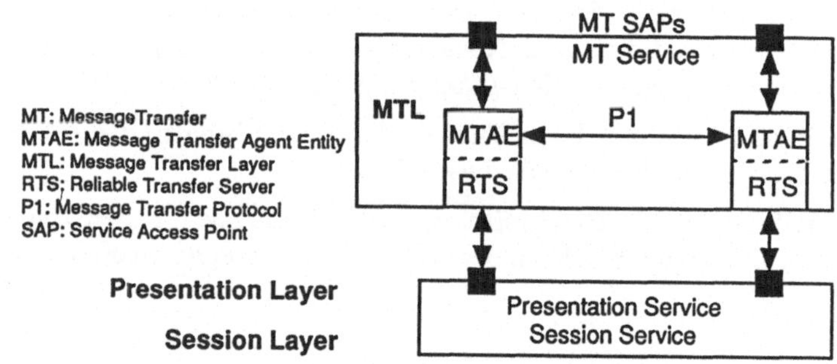

Bild 4.6: Nutzung unterliegender Dienste durch RTS

Token sind Berechtigungsmarken, die aus dem Bereich der Betriebssysteme und Petrinetze [Rei82] bekannt sind. Dort werden sie benutzt, um den exklusiven Zugriff auf ein Hilfsmittel *(Resource)* zu synchronisieren: Nur derjenige Prozeß, der im Besitz dieser Marke ist, hat das Recht, das Hilfsmittel zu nutzen. Alle anderen Prozesse sind von der Nutzung vorübergehend ausgeschlossen. Die *Token* können nach verschiedenen Strategien vergeben werden.

Im Session-Dienst wird das Recht, einen Dienst zu benutzen, mittels *Token* synchronisiert. Es gibt *Token* für den Datenaustausch *(data token)*, für das Lösen einer Verbindung *(release token)*, für die Nebensynchronisationspunkte *(synchronize-minor token)* und für die Hauptsynchronisationspunkte *(major/activity token)*.

Session-Dienstnutzer können in die zu übermittelnden Daten Synchronisationspunkte einfügen. Es gibt Hauptsynchronisationspunkte *(major synchronization points)* und Nebensynchronisationspunkte *(minor synchronization points)*. Hauptsynchronisationspunkte unterteilen die Kommunikation in eine Reihe von Dialogeinheiten *(dialogue units)*, wobei die Kommunikation innerhalb einer Dialogeinheit vollständig von der nächsten Dialogeinheit getrennt ist. Nebensynchronisationspunkte strukturieren den Datenaustausch innerhalb einer Dialogeinheit.

Eine Aktivität *(activity)* besteht aus einer oder mehreren Dialogeinheiten. Auf einer Session-Verbindung gibt es gleichzeitig nur eine Aktivität, aber möglicherweise mehrere Aktivitäten nacheinander. Eine Aktivität kann sich auch über mehrere Session-Verbindungen hinziehen.

Tabelle 4.7: RTS-Nutzung des Session-Dienstes

Subset	Dienstelement	Dienstprimitiv
Kernel	Session Connection	S-CONNECT
	Normal Data Transfer	S-DATA
	Orderly Release	S-RELEASE
	U-Abort	S-U-ABORT
	P-Abort	S-P-ABORT
Exceptions	User Exception Reporting	S-U-EXCEPTION-REPORTING
	Provider Exception Reporting	S-P-EXCEPTION-REPORTING
Activity Mgmt	Activity-Start	S-ACTIVITY-START
	Activity-Resume	S-ACTIVITY-RESUME
	Activity-End	S-ACTIVITY-END
	Activity-Interrupt	S-ACTIVITY-INTERRUPT
	Activity-Discard	S-ACTIVITY-DISCARD
	Please Tokens	S-TOKENS-PLEASE
	Give Tokens	S-TOKEN-GIVE
	Give Control	S-CONTROL-GIVE
Half-duplex	Give Tokens	
	Please Tokens	
Minor Synchronize	Minor Synch. Point	S-SYNC-MINOR
	Give Tokens	
	Please Tokens	

Die Dienste der Session-Schicht werden in sogenannte Funktionseinheiten *(Functional Units)* unterteilt: es gibt Funktionen, die für das Angebot des Session-Dienstes implementiert sein müssen *(Kernel)*, und zusätzliche Funktionseinheiten, die angeboten werden können.

RTS nutzt als Session-Dienst eine Untermenge des *Basic Activity Subsets (BAS)*, die die Funktionseinheiten

- *Kernel*,
- *Exceptions*,
- *Activity Management*,
- *Half-duplex* und
- *Minor Synchronize*

enthält (Tabelle 4.7). Die Schnittstelle zwischen RTS und Session-Dienst ist im Gegensatz zu den Schnittstellen UAE/MTAE oder MTAE/RTS genau definiert. Die einzelnen Parameter müssen bei den Dienstprimitiven in bestimmter Reihenfolge in bestimmter Form vorhanden sein. Eine detaillierte Aufzählung der Parameter wird hier unterlassen, die Session-Dienst-Primitivoperationen folgen in der nächsten Auflistung in Klammern.

Der RTS nutzt folgende Session-Dienstelemente:

Aufbau einer Session-Verbindung *(S-CONNECT)*
Dies kann als Reaktion auf ein *OPEN.Request* des RTS-Nutzers oder aus internen Gründen zum Wiederherstellen einer Session-Verbindung, die unterbrochen wurde *(RECOVER)*, geschehen.

Beginn der Übertragung eines neuen RTS-Protokollelements *(S-ACTIVITY-START)*
Die RTS-Protokollelemente heißen *APDUs (Application Protocol Data Units)*. Dabei werden in den APDUs entweder *OPDUs (Operation Protocol Data Units*, P3[4]) oder *MPDUs (Message Protocol Data Units*, P1) transportiert, je nachdem ob eine *SDE (Submission and Delivery Entity)* oder eine *MTAE (Message Transfer Agent Entity)* RTS-Nutzer ist. Jede APDU, die in einem *TRANSFER.Request* an den RTS gegeben wurde, wird in einer Session-Aktivität *(Activity)* übertragen.

Übertragen einer APDU *(S-DATA)*
Eine APDU wird als eine *SSDU (Session Service Data Unit)* verschickt, wenn keine Synchronisationspunkte benutzt werden *(No checkpointing)* oder wenn die APDU kleiner als die Datenmenge ist, die zwischen zwei Synchronisationspunkten übertragen werden darf (Verhandlungssache).

Einfügen von *Checkpoints (S-SYNC-MINOR)*
Das *Checkpointing* wird in der Aufbauphase der RTS-Verbindung verhandelt. Ein bestätigter *Checkpoint* bedeutet, daß die Daten bis zu diesem *Checkpoint* gesichert wurden und nicht wieder übertragen werden müssen.

Normale Beendigung der Übertragung einer APDU *(S-ACTIVITY-END)*
Hier wird wieder ein Hauptsynchronisationspunkt definiert, nach dessen Bestätigung die APDU als korrekt übertragen gilt. Dies meldet der sendende RTS seinem RTS-Nutzer *(TRANSFER.Confirmation)*.

Anfordern der Kontrolle über die Session-Verbindung *(S-TOKEN-PLEASE)*

Übergabe der Kontrolle über die Session-Verbindung *(S-CONTROL-GIVE)*

Ordentliches Lösen einer Session-Verbindung *(S-RELEASE)*

Zur Reaktion auf Ausnahmesituationen stehen dem RTS weitere Dienstprimitive zur Verfügung:

- *S-ACTIVITY-INTERRUPT* zum Unterbrechen einer Aktivität,
- *S-ACTIVITY-DISCARD* zum Abbrechen einer Aktivität,
- *S-ACTIVITY-RESUME* zum Wiederaufnehmen einer unterbrochenen Aktivität,
- *S-U-ABORT* zum Abbruch einer Session-Verbindung und

[4]Die genaue Beschreibung dieser Protokollelemente folgt im Abschnitt 6.2.

– *S-U-EXCEPTION-REPORT* zur Anzeige eines Fehlers, der vom sendenden RTS möglicherweise behoben werden kann.

4.2.2 Die RTS-Nutzung des Presentation Service

Die Darstellungsschicht im OSI-Referenzmodell *(Presentation Layer*, Schicht 6) bietet den Instanzen in der Anwendungsschicht *(Application Layer*, Schicht 7) Dienste an, die ihnen die Verantwortung für der Darstellung der Informationen, die ausgetauscht werden sollen, abnehmen (vergl. auch Abschnitt 3.7).

Die Nutzung der Darstellungsschicht im RTS beschränkt sich auf die Tatsache, daß beim Aufbau von Session-Verbindungen *(S-CONNECT)* ein *PConnect-*, ein *PAccept-* oder ein *PRefuse*-Protokollelement in kodierter Form (ASN.1) als *Session User Data* transparent transportiert werden. Diese Protokollelemente enthalten Angaben, die die RTS-Verbindung bestimmen, und werden zwischen einem sendenden RTS und einem empfangenden RTS ausgehandelt:

Data Transfer Syntax
: Der einzige derzeit definierte Wert (0) für die *Data Transfer Syntax* bezieht sich auf die *Presentation Transfer Syntax*, also die Regeln, nach denen die *Session User Data* kodiert werden. Die *Presentation Transfer Syntax* ist ASN.1 (X.409), so daß also hier die gleichen Regeln wie für die Kodierung von Mitteilungen (P2) und Nachrichten (P1) gelten.

Checkpoint Size
: Die *Checkpoint Size* gibt an, wieviele Zeichen höchstens verschickt werden dürfen, bevor wieder ein Synchronisationspunkt durch entsprechende Protokollelemente definiert werden muß. Sie wird in Einheiten von 1024 Zeichen angegeben. Der empfangende RTS muß einen Wert zurückschicken, der kleiner oder gleich dem empfangenen Wert ist. Bei Erhalt des Wertes 0 darf der empfangende RTS bestimmen, welcher Wert für die Verbindung gelten soll. Bei verhandelter *Checkpoint Size* 0 wird ohne Synchronisationspunkte gearbeitet, die Daten werden „in einem Rutsch" übertragen.

Window Size
: Die *Window Size* gibt an, wieviele Synchronisationspunkte maximal zu einer Zeit unbestätigt sein dürfen. Hat die *Window Size* den Wert 1, so bedeutet dies also, daß jeder Synchronisationspunkt sofort bestätigt werden muß, bevor die Übertragung der Daten fortgesetzt werden kann. Der empfangende RTS darf wiederum nur eine Angabe zurückschicken, die kleiner oder gleich der empfangenen *Window Size* ist.

Dialogue Mode
: Der *Dialogue Mode* gibt an, ob auf einer Verbindung die Daten nur in eine Richtung geschickt werden dürfen *(monologue)*, oder ob das Recht zum Senden von einem RTS an den Partner-RTS übergehen kann *(two-way-alternate)*. Diese Angabe wird nicht verhandelt; bei Nichtakzeptieren des Dialogmodus wird der

Verbindungsaufbau mit entsprechender Fehlermeldung *(Unacceptable Dialogue Mode)* abgelehnt.

MTA Name, Password
: *MTA Name* und *Password* dienen beim Aufbau einer neuen RTS-Verbindung zur gegenseitigen Autorisierung und Identifizierung zweier Partner-MTAs.

Session Connection Identifier
: Beim Wiederaufnehmen einer zuvor unterbrochenen RTS-Verbindung wird die alte Verbindung durch den *Session Connection Identifier* identifiziert.

Application Protocol
: Die Anwendungsinstanz, die die RTS-Dienste nutzt, wird durch den Application-Protocol-Parameter identifiziert: für die 84er Empfehlungen sind P1- oder P3-Anwendungen vorgesehen.

4.2.3 Die Schnittstelle zum Reliable Transfer Server

Die Aktionen an der Schnittstelle zwischen RTS und RTS-Nutzer werden wie die UAL-MTL-Schnittstelle durch Dienstprimitive beschrieben. Die Freiheit der Implementierung soll dadurch nicht eingeschränkt werden: ob die Dienstprimitive als Prozeduraufrufe mit den entsprechenden Parametern, mit Operatoren oder auf andere Weise implementiert werden, bleibt offen. Die Parameter geben lediglich an, welche Informationen der RTS erhalten muß, um die gewünschten Operationen ausführen zu können. Auf eine Aufzählung der einzelnen Parameter wird verzichtet. Die zugehörigen Primitivoperationen stehen in Klammern.

Welche Dienste stellt der RTS seinen Nutzern wie z.B. den MTAs zur Verfügung?

Aufbau von Verbindungen *(OPEN)*
: Über eine Verbindung *(association)* können mehrere Sitzungen *(sessions)* nacheinander stattfinden.

Abbau von Verbindungen *(CLOSE)*
: Dies ist nur möglich, wenn der RTS die Kontrolle über diese Verbindung hat. Ein RTS hält entweder alle oder kein *Token*.

Wechsel der Kontrolle über eine Verbindung *(TURN-PLEASE)*
: Dies ist nur möglich, wenn die Verbindung im *Two-way-alternate-Mode* betrieben wird und wenn der Partner-RTS die Kontrolle über die Verbindung hat. Die Kontrolle wird zum Übertragen von Daten oder zum Lösen der Verbindung angefordert.

Die Übergabe der Kontrolle an den Partner-RTS *(TURN-GIVE)*
: Dies ist als Reaktion auf ein *TURN-PLEASE* des Partner-RTS möglich.

Der zuverlässige Transport einer APDU über eine Verbindung *(TRANSFER)*
: Hier werden die eigentlichen Informationsobjekte (schrittweise) übertragen.

Der RTS selbst kann auf Ereignisse in der Kommunikation mit dem Partner-RTS reagieren, indem er dem RTS-Nutzer meldet,

- wenn er eine APDU nicht vollständig versenden kann *(EXCEPTION)* oder
- wenn er einen Zwischenfall entdeckt, der es ihm nicht erlaubt, die Verbindung aufrechtzuerhalten *(ASSOCIATION-ABORT)*.

RTS-Nutzer können nicht nur Message-Transfer-Agenten (P1) und *Submission and Delivery Entities* (P3), sondern beliebige Anwendungsinstanzen sein. Dies wird allzu leicht vergessen, da der RTS durch die Anordnung der 84er Empfehlungen an das MHS gebunden zu sein scheint.

Im folgenden Kapitel wird der Mitteilungsdienst von MHS, der das MTS als Transfersystem benutzt, beschrieben.

5 Die Kommunikation der Benutzer

Im vorliegenden Kapitel wird der *Interpersonal Messaging Service* (interpersoneller Mitteilungsdienst, IPMS) mit seinen Dienstelementen und dem zugehörigen Protokoll *P2* vorgestellt (X.420).

Die Kommunikation zwischen Menschen mit Hilfe von Rechnern besteht im wesentlichen aus dem Versenden und Empfangen von Nachrichten. Die Nachrichten, die Benutzer untereinander austauschen, werden in diesem Kapitel Mitteilungen *(IP-Messages)* genannt, um sie von den Nachrichten *(Messages)*, die MTAs austauschen und deren Inhalt sie sind, zu unterscheiden. Gleichzeitig soll die etwas umständliche Nutzung der entsprechenden englischen Fachwörter eingeschränkt werden.

Mitteilungen können z.B. persönliche Schreiben, Antworten oder Bezüge auf frühere Mitteilungen sein. Auf der anderen Seite gibt es Bestätigungen *(Receipt Notifications)*, die Aussagen darüber machen, ob eine Mitteilung beim gewünschten Empfänger angekommen ist oder nicht.

Ein Benutzer im MHS, der eine Mitteilung bearbeiten (erstellen, weiterleiten, beantworten usw.) will, nimmt dazu die lokalen Dienste seines Rechners, wie das Editieren und Speichern von Texten, und die standardisierten Dienste des Mitteilungsdienstes in Form von Dienstelementen in Anspruch. Dies kann auch über ein interaktives Protokoll wie X.29 geschehen.

Die Empfehlung X.420 von 1984 ist Grundlage dieses Abschnitts. Sie stellt dar, wie die Dienstelemente den Nutzern des IPM-Dienstes angeboten werden, und definiert die Protokollelemente, die Benutzeragenten miteinander austauschen, die *UAPDUs (User Agent Protocol Data Units)*.

5.1 Der Mitteilungsdienst

Zunächst erstellt ein Benutzer die Mitteilung, die er verschicken möchte. Der Mitteilungsdienst bietet ihm viele Möglichkeiten zur Strukturierung. Der Benutzer kann Text, Sprache, Graphik, formatierte oder verschlüsselte Texte und auch Mitteilungen, die er selbst empfangen hat, verwenden. Das Schreiben kann entweder aus einem einzigen Teil *(Body)* oder aus mehreren Teilstücken verschiedenen Typs *(Body Parts)* bestehen. Bild 5.1 zeigt neben anderen Sachverhalten, die später erklärt werden, wie die einzelnen *Body Parts* logisch in einer Mitteilung bzw. Nachricht eingebettet sind.

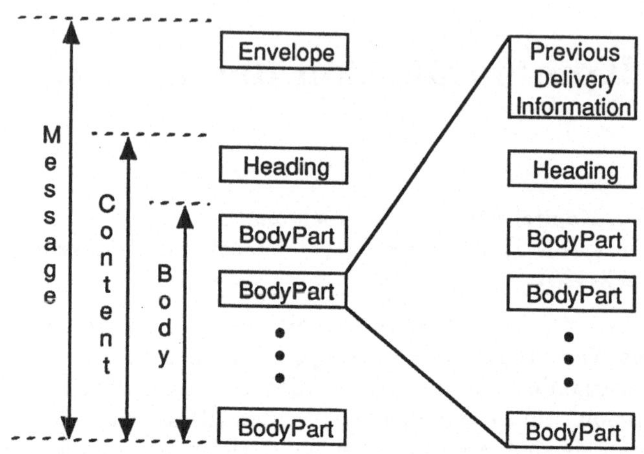

Bild 5.1: Forwarded IP-Message (Figure 11/X.400)

Um eine Mitteilung zu verschicken, benennt der Absender *(Originator)* den Empfänger *(Recipient)* der Mitteilung mit dessen O/R-Namen. Er macht bei seinem UA (IPM-UA) die Angaben, die sich auf den Inhalt und Transport der Mitteilung beziehen. Mit Hilfe der Angaben des Benutzers vervollständigt der Benutzeragent als Sender-UA die Mitteilung und leitet sie über das Nachrichtenübertragungssystem *(Message Transfer System, MTS)* an den UA des Empfängers. Nach erfolgreicher Zustellung an den Empfänger-UA kann die Mitteilung vom Empfänger an seinem Benutzerarbeitsplatz gelesen und wiederum bearbeitet werden (Bild 5.2). Tabelle 5.1 zeigt zunächst alle Dienstelemente im Mitteilungsdienst, die sich auf den Kopf einer Mitteilung beziehen.

Das OSI-konforme Verständnis von Dienstelementen mag an manchen Stellen dem Verständnis von Diensten im täglichen Leben widersprechen. So wird z.B. die einfache Anzeige eines Absenders in einer Mitteilung und ggf. am Bildschirm im OSI-Sinne als Dienstelement *Originator Indication* verstanden, während eine derartige Information in der täglichen Briefpost lediglich als Teil der Struktur eines Briefes angesehen wird. In den weiteren Kapiteln werden jedoch die OSI-konformen Begriffe Dienst/Dienstelement beibehalten.

Um bei der heutigen Brief- oder Paketpost einen Brief zu identifizieren, steht dem Empfänger lediglich der Absender und evtl. ein Absendedatum zur Verfügung. Nichtstandardisierte Felder wie Betreff oder Bezug werden nur in Ausnahmefällen benutzt. Für die Identifizierung der Mitteilungen im MHS stehen folgende Dienstelemente zur Verfügung:

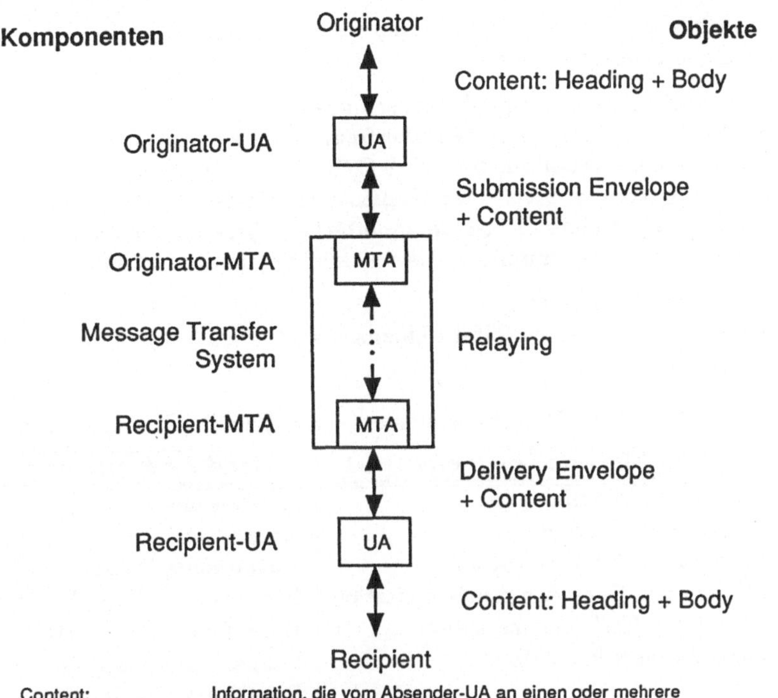

Content:	Information, die vom Absender-UA an einen oder mehrere Empfänger-UAs verschickt wird.
Submission Envelope:	Information, die sich auf die Sendeübergabe bezieht
Deliver Envelope:	Information, die sich auf die Empfangsübergabe bezieht
Relaying Envelope:	Information, die sich auf die Operation des MTS und auf die Dienstelemente bezieht, die vom Absender-UA angefordert werden

Bild 5.2: Objekte und Komponenten im Message Handling Environment

IP-Message Identification (Mitteilungskennung)

Verschickte oder empfangene Mitteilungen erhalten eine *IP-Message-ID* genannte Kennung *(Identifier)*. Sie enthält eine Zeichenfolge *(Printable String*[1]), die vom Benutzer oder dessen UA erzeugt wird und in der Umgebung des Benutzers eindeutig sein sollte. Weiterhin kann sie einen O/R-Namen enthalten, durch den die Mitteilungskennung auch global eindeutig wird. Der O/R-Name ist also optionaler Bestandteil einer *IP-Message-ID*.[2]

Es ist empfehlenswert, daß die *IP-Message-ID* nur vom Benutzeragenten erzeugt wird, da der UA ihre Eindeutigkeit eher gewährleisten kann als ein

[1] *Printable String* ist in X.409 definiert. Er kann neben den kleinen und großen Buchstaben und Ziffern folgende Sonderzeichen enthalten: `'()+,-./:=?` und Leerzeichen (Blank).

[2] Der O/R-Name ist in den 84er Empfehlungen noch optional, in den 88er dagegen ist er als notwendiger Bestandteil einer *IP-Message-ID* festgelegt *(mandatory)*. Konzepte für die Herstellung von Kommunikationskontexten (Konversationen) auf der Basis einer eindeutigen *IP-Message-ID* werden im Kapitel 18 vorgestellt.

menschlicher Benutzer. Somit kann sie für Bezüge und Verweise zwischen Mitteilungen genutzt werden.

Originator Indication (Anzeige des Absenders)
Der Empfänger kann eine benutzerfreundliche Präsentationsform der Identität des Absenders erhalten. Sie wird O/R-Descriptor genannt und kann aus einem O/R-Namen oder einer Namensform bestehen, die nicht den syntaktischen Zwängen eines O/R-Namen unterliegt *(free form name)*. Darüber hinaus ist auch eine Telefonnummer als weiterer Bestandteil möglich.

Subject Indication (Betreff)
Der Sender kann einen Titel (Thema o.ä.) für seine Mitteilung angeben.

Tabelle 5.1: IPM-Dienstelemente und Heading-Komponenten

IPM-Dienstelement	Heading-Komponente
IP-Message Identification	IP-Message-ID
Originator Indication	Originator
Authorizing Users Indication	Authorizing Users
Primary and Copy Recipients Indication	Primary and Copy Recipients
Blind Copy Recipient Indication	Blind Copy Recipients
Reply Request Indication	Primary and Copy Recipients
	Blind Copy Recipients
	Reply By
	Reply To Users
Receipt Notification	Primary and Copy Recipients
	Blind Copy Recipients
Non-receipt Notification	Primary and Copy Recipients
	Blind Copy Recipients
Replying IP-Message Indication	In Reply To
Obsoleting Indication	Obsoletes
Cross Referencing Indication	Cross References
Subject Indication	Subject
Expiry Date Indication	Expiry Date
Importance Indication	Importance
Sensitivity Indication	Sensitivity
Autoforwarded Indication	Autoforwarded

In der heutigen Briefpost gibt es die Möglichkeit, im Auftrag von einer Person zu handeln („i.A."). Auch können weitere Empfänger eines Briefes aufgelistet sein. Diese Dienstelemente werden im IPMS ebenfalls unterstützt:

Authorizing Users Indication (im Auftrag von)
Der Empfänger erhält den oder die Namen der Personen, die den Sender beauftragt haben, die Mitteilung zu schicken.

Primary and Copy Recipients Indication (Anzeige der Erst- und Kopieempfänger)
Der Sender kann die Empfänger in Erst- und in Kopieempfänger unterteilen. Es muß mindestens ein Erstempfänger angegeben werden.

Blind Copy Recipient Indication (Verdeckter Empfänger)
Der Sender kann einen oder mehrere zusätzliche Empfänger einer Mitteilung angeben, deren Namen aber den Erstempfängern und den Empfängern einer Kopie nicht angezeigt werden.

Während bei der gelben Post erwünschte Reaktionen auf einen Brief schriftlich in Worten formuliert werden müssen, gibt es im MHS zu diesem Zweck die folgenden Dienstelemente:

Reply Request Indication (Antwortaufforderung)
Der Sender kann vom Empfänger eine Antwort auf seine Mitteilung erbitten und dabei angeben, bis wann die Antwort eintreffen sollte *(Reply By Time)* und an welche Benutzer die Antwort geschickt werden soll *(Reply To Users)*.

Receipt Notification (Empfangsbestätigung)
Der Sender kann verlangen, informiert zu werden, wenn eine Mitteilung von dem angegebenen Empfänger empfangen werden konnte.

Non-receipt Notification (Benachrichtigung über Nichtannahme/Nichtempfang)
Der Sender kann verlangen, informiert zu werden, wenn eine Mitteilung nicht von dem angegebenen Empfänger empfangen werden konnte.

Die Angaben zur Auswahl von

- *Reply Request Indication*,
- *Receipt Notification* und
- *Non-receipt Notification*

können für jeden einzelnen Empfänger *(Primary, Copy* oder *Blind Copy)* gemacht werden.

Bei der heutigen Briefpost kann es im Kopf eines Schreibens Felder wie „Ihre Nachricht vom“ geben, um Bezüge zwischen Briefen herzustellen. Im IPMS gibt es zu diesem Zweck darüber hinausgehende Dienstelemente:

Replying IP-Message Indication (Antwort)
Der Sender kann die versendete Mitteilung als Antwort auf eine vorherige Mitteilung kennzeichnen *(In Reply To)*.

Obsoleting Indication (Anzeige der zu ersetzenden Mitteilung)
Der Sender kann zuvor versendete Mitteilungen für veraltet erklären.

Cross-referencing Indication (Bezüge)
Hierdurch kann der Sender einen Bezug der zu versendenden Mitteilung zu anderen, vorher versendeten Mitteilungen über die Mitteilungskennung *(IP-Message-ID)* herstellen.

Briefe werden häufig mit Vermerken wie „Vertraulich“, „Geheim“ oder „Nur für den Dienstgebrauch“ gekennzeichnet. Auch im IPMS kann angegeben werden, wie eine Mitteilung zu behandeln und einzuordnen ist:

Expiry Date Indication (Anzeige des Verfallszeitpunktes)
Der Sender kann dem Empfänger anzeigen, ab wann (Datum, Uhrzeit) eine Mitteilung überholt ist.

Importance Indication (Anzeige der Wichtigkeit)
Der Sender kann (zur Information der Empfänger) seine Einschätzung der Wichtigkeit einer Mitteilung angeben.

Sensitivity Indication (Anzeige der Vertraulichkeit)
Der Sender kann Richtlinien für die vertrauliche Behandlung einer Mitteilung spezifizieren (Geheimhaltungsgrad).

Auto-forwarded Indication (Automatische Weiterleitung)
Ein Empfänger kann hierdurch feststellen, daß eine Mitteilung automatisch weitergeleitet worden ist. Dieses Dienstelement kann zur Vermeidung von Schleifen auf dieser Ebene genutzt werden: Der Empfänger sollte diese Mitteilung nicht an den Absender weiterleiten.

Wie der Name *Indication* bei den einzelnen Dienstelementen schon aussagt, besteht die Nutzung dieser Dienstelemente darin, daß auf Senderseite die Inhalte in diese Felder eingegeben werden und daß sie auf Empfängerseite angezeigt werden. Um diese Dienstelemente zur Verfügung zu stellen, werden die Komponenten im Kopf *(Heading)* einer Mitteilung genutzt (Tabelle 5.1). Der Empfänger sieht sie also als Informationen an seinem Benutzerarbeitsplatz.

Die einzige Angabe, die im *Heading* einer Mitteilung enthalten sein muß *(mandatory)*, ist die *IP-Message-ID*. Darüber hinaus gibt es noch einige weitere Dienstelemente, die den Rumpf *(Body)* der Mitteilung betreffen (Tabelle 5.2). Die Angaben befinden sich bei den jeweiligen *Body Parts*.

Typed Body (Rumpftyp)
Art und Attribute des Rumpfes *(Bodies)* einer Mitteilung werden zusammen mit dem Rumpf übertragen (z.B. unstrukturierter IA5-Text, Teletexdokument, G3 Faksimile Seite).

Forwarded IP-Message Indication (Hinweis auf Weiterleitung)
Eine weitergeleitete Mitteilung kann (mit oder ohne vorherige Zustellinformationen, *Delivery Information*) als *Body* oder *Body Part* einer neuen Mitteilung verschickt werden. Dieses Schachteln wird als *Encapsulation* bezeichnet (Bild 5.1, Seite 64).

Body Part Encryption Indication (Anzeige über Verschlüsselung von Rumpfteilen)
Der Sender kann dem Empfänger einer Mitteilung mitteilen, daß Teile des Rumpfes verschlüsselt worden sind *(Encryption)*. Dies wird bei den jeweiligen *Body Parts* angezeigt.

Multi-part Body (Mehrteiliger Rumpf)
Ein Sender kann eine Mitteilung verschicken, die unterschiedliche Teile im

Rumpf enthält (Bild 5.1, Seite 64). Die Art, die Attribute und der Typ jedes *Body Parts* wird im *Body Part* angezeigt *(Typed Body)*. Dieses Dienstelement taucht nicht als Komponente in *Heading* oder *Body* auf.[3]

Tabelle 5.2: IPM-Dienstelemente und Body-Komponenten

IPM-Dienstelement	Body Type
Typed Body	IA5 Text (ASCII)
	TLX (Telex)
	Voice
	G3Fax
	TIF0 (G4Fax)
	TTX (Teletex)
	Videotex
	Nationally Defined
	SFD (Simple Formatable Documents)
	TIF1 (Mixed Teletex (G4Fax + Text))
Body Part Encryption Indication	Encrypted
Forwarded IP-Message Indication	Forwarded IP-Message
	⋮

Die Basiselemente des Mitteilungsdienstes umfassen die Basiselemente des Nachrichtenübertragungsdienstes, die im Abschnitt 4.1 über die Nachrichtenübertragung besprochen wurden, und die Dienstelemente *IP-Message Identification* und *Typed Body (mandatory)*. Alle anderen bisher besprochenen Dienstelemente sind *optional* und können für eine bestimmte Mitteilung ausgewählt werden. Die Angaben des Benutzers zur Auswahl der Dienstelemente können durch Voreinstellungen am Benutzerarbeitsplatz erleichtert werden *(Defaults)*.

An dieser Stelle ist zu sagen, daß die derzeit existierenden Message-Handling-Systeme i.a. nicht alle Dienstelemente anbieten. Entweder wurde bei der Implementierung ein internationaler Funktionaler Standard berücksichtigt oder es wurde eine eigene Auswahl getroffen. Im Kapitel 8 wird unser eigener Ansatz hierzu präsentiert. Weiterhin ist zu sagen, daß Konformitätstests für Message-Handling-Systeme, bei denen überprüft wird, ob die implementierten Systeme dem Message-Handling-Standard entsprechen, derzeit noch eher selten durchgeführt werden. Dennoch nimmt der nach X.400 standardisierte Electronic-Mail-Verkehr weltweit von Monat zu Monat zu.

[3]Die Liste der möglichen *Body Types* in dieser Tabelle war nur eine erste Festlegung. Während der Studienperiode 85–88 wurde sie verlängert, die Identifizierung der einzelnen *Body Parts* geschieht nun über *Object Identifier*. Um Mißverständnissen vorzubeugen, sei angemerkt, daß ein UA nicht jeden *Body Type* verarbeiten können muß. Derzeit werden meist nur ASCII-Texte unterstützt.

5.2 Das Mitteilungsprotokoll P2

Nun stellt sich die Frage, in welcher Form die Mitteilungen zwischen den Benutzeragenten ausgetauscht werden. Die Protokollinstanzen, die die kodierten Mitteilungen

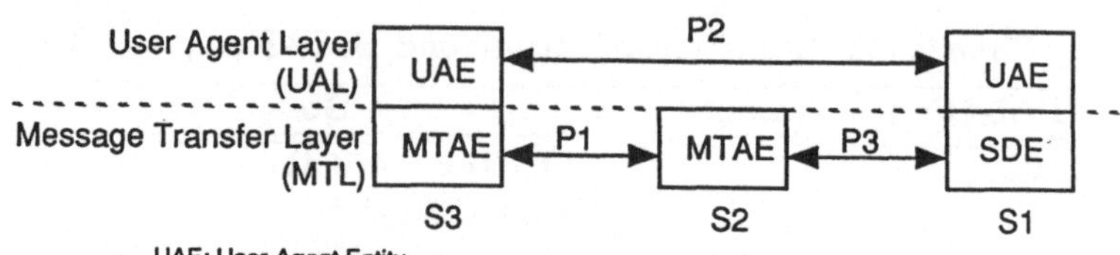

Bild 5.3: Schichten im IPM-System (Figure 13/X.400)

verarbeiten können müssen, heißen *UAEs (User Agent Entities*, Benutzeragentinstanzen) und befinden sich in einer gemeinsamen Schicht, der *UAL (User Agent Layer*, Benutzeragentschicht, Bild 5.3). Benutzeragentinstanzen tauschen die Mitteilungen als *UAPDUs (User Agent Protocol Data Units*, Benutzeragent-Protokolldateneinheiten) über das Protokoll *P2 (Interpersonal Messaging Protocol*, Mitteilungsprotokoll) aus. Den Zusammenhang zwischen den Dienst- und den Protokollelementen zeigt Bild

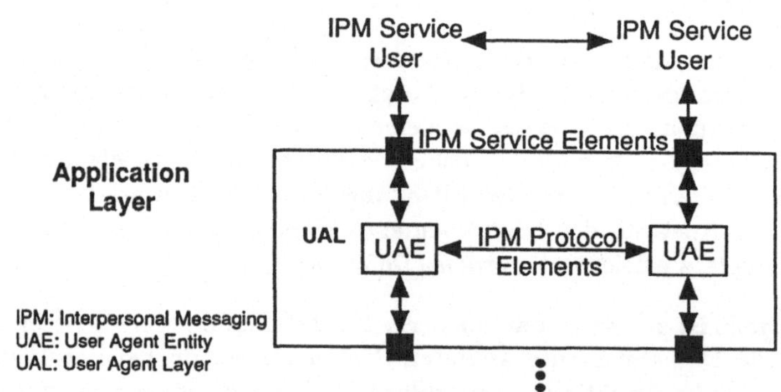

Bild 5.4: Dienst- und Protokollelemente

5.4. Möchte ein Benutzer mit einem anderen Benutzer kommunizieren, so nimmt er dazu den *Interpersonal Messaging Service* in Anspruch, der ihm von den Benutzeragenten zur Verfügung gestellt wird und der aus mehreren Dienstelementen besteht. UAs realisieren die ausgewählten Dienstelemente, in dem sie die zugehörigen Protokollelemente erzeugen oder interpretieren oder indem sie den Nachrichtenübertragungsdienst in Anspruch nehmen.

Wenn zum Beispiel der Sender das Dienstelement *Authorizing Users Indication* in Anspruch nehmen will, um dem Empfänger mitzuteilen, wer ihn autorisiert hat, die

Mitteilung zu verschicken, so wird die zugehörige Beschreibung für den Autor (O/R-Descriptor) in der Komponente *Authorizing Users* des Kopfes der entsprechenden Mitteilung transportiert. Auf Empfängerseite kann diese Information dann am Benutzerarbeitsplatz angezeigt werden.

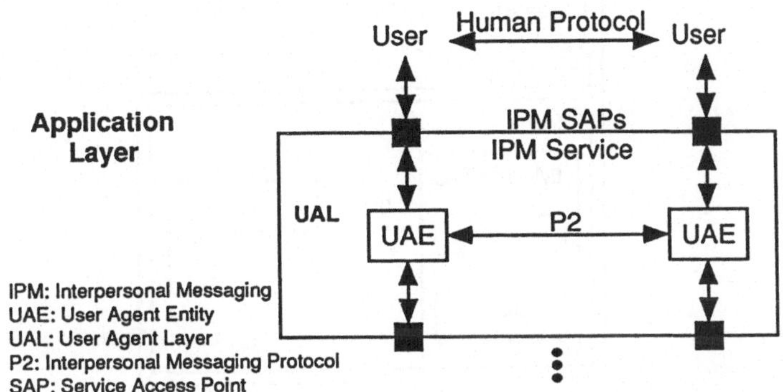

Bild 5.5: Die Benutzeragentschicht in der Anwendungsschicht

Bild 5.5 zeigt die Einordnung der Benutzeragentschicht in die Anwendungsschicht gemäß dem OSI-Referenzmodell (IS 7498, X.200). Das *Interpersonal Messaging Protocol* P2 legt fest,

- wie die Protokollelemente oder Komponenten aussehen, aus denen die *User Agent Protocol Data Units (UAPDUs)* bestehen, die die Mitteilungen enthalten,
- was ein IPM-UA machen muß, um diese Protokollelemente austauschen zu können, und
- wie ein IPM-UA, der den IPM-Dienst zur Verfügung stellt, den MT-Dienst nutzen kann.

Die Struktur der Mitteilungen *(Contents)*, die zwischen den IPM-UAs ausgetauscht werden, zeigt Bild 5.6. Es gibt zwei Arten von Mitteilungen:

- die *IP-Message* und
- den *IPM-Status-Report.*

Die Protokollelemente, in denen sie befördert werden, heißen

- *IP-Message UAPDUs (IM-UAPDUs)* bzw.
- *IPM-Status-Report UAPDUs (SR-UAPDUs).*

Die IM-UAPDU befördert eine Mitteilung des Benutzers. Sie ist eine Folge von Kopf *(Heading)* und Rumpf *(Body)*. Die Komponenten im Kopf einer IM-UAPDU und die entsprechenden Elemente des Mitteilungsdienstes zeigt Tabelle 5.3[4]. Der Rumpf einer IM-UAPDU besteht aus einem oder mehreren unabhängigen Teilen *(Body Parts)*, die von unterschiedlichem Typ sein können (Tabelle 5.2).

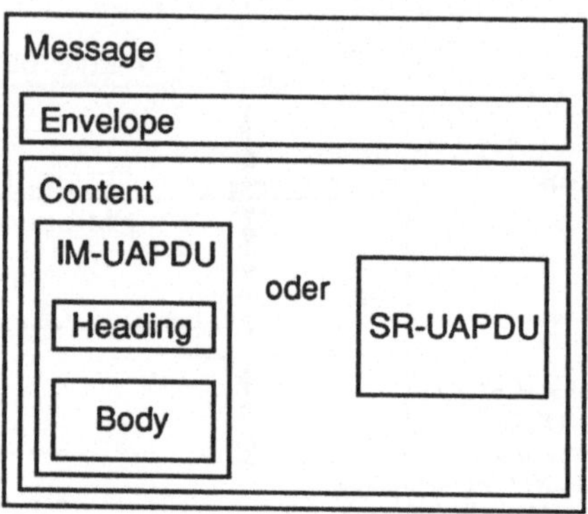

Bild 5.6: Nachrichten zwischen IPM UAEs (Figure 2/X.420)

5.2.1 Der IPM-Status-Report

Der *IPM-Status-Report* wird dazu benutzt, *Receipt-* oder *Non-Receipt Notifications* für eine Mitteilung *(IP-Message)* an ihren Sender zurückzuliefern. Das zugehörige Protokollelement, die SR-UAPDU, besteht aus folgenden Komponenten:

- *Non Receipt Information*
- *Receipt Information*
- *Reported IPMessageId*
- *Actual Recipient*
- *Intended Recipient*
- *Converted Encoded Information Types*

Wenn eine Mitteilung nicht empfangen werden konnte, ist eine *Non-receipt Information* in einer SR-UAPDU enthalten. In diesem Fall gibt sie an, ob die Mitteilung aus lokalen Gründen vom UA nicht empfangen werden konnte, oder ob die Mitteilung zu einem anderen UA automatisch weitergeleitet wurde *(Autoforwarding)*. Wenn der Sender eine nicht zustellbare Mitteilung zurückgeschickt haben möchte, enthält die SR-UAPDU natürlich die gesamte IM-UAPDU.

Die *Receipt Information* ist nur dann in einer SR-UAPDU enthalten, wenn eine Mitteilung empfangen wurde. Dabei wird unterschieden, ob die SR-UAPDU automatisch

[4]Tabelle 5.3 entspricht Tabelle 5.1, nur daß es sich hier um syntaktische Elemente handelt und daß die Zuordnung in umgekehrter Richtung erfolgt.

ohne Anforderung vom UA erzeugt oder explizit vom Sender angefordert wurde. Sie enthält den Zeitpunkt, zu dem die Mitteilung vom UA empfangen wurde.

Die *Reported IPMessageId* stellt den Bezug zur ursprünglichen Mitteilung her.

Die *Actual-Recipient*-Komponente identifiziert den UA, der die Mitteilung erhalten und die SR-UAPDU produziert hat. Dies kann der UA sein, der ursprünglich vom Sender angesprochen wurde, oder ein aktueller UA, der die Mitteilung nach automatischem Weiterleiten erhalten hat.

Die *Intended-Recipient*-Komponente wird nur zurückgeschickt, wenn die Mitteilung nicht beim beabsichtigten Empfänger angekommen ist, und zeigt an, wohin die Mitteilung eigentlich gelangen sollte.

Die *Converted-Encoded-Information-Types*-Komponente enthält nach einer möglichen Konvertierung die neue Kodierungsart einer IM-UAPDU. Der Sender wird also darüber informiert, in welcher Form seine Mitteilung (Typ) beim Empfänger angekommen ist.

Das hier vorgestellte *Interpersonal Messaging* ist die derzeit einzige vollständig definierte Anwendung oberhalb des Message-Transfer-Dienstes. Sie nimmt somit eine wichtige Rolle in der Benutzerkommunikation ein; ihr werden jedoch in Zukunft weitere Dienste als MTS-Nutzer folgen.

Tabelle 5.3: Heading-Komponenten und Dienstelemente (Table 1/X.420)

IM-UAPDU Heading-Komponente	**IPM-Dienstelement**
IPMessageId	IP Message Identification
originator	Originator Indication
authorizingUsers	Authorizing Users Indication
primaryRecipients	Primary and Copy Recipients Indication
copyRecipients	Reply Request Indication
	Receipt Notification
	Non-receipt Notification
blindCopyRecipients	Blind Copy Recipient Indication
	Reply Request Indication
	Receipt Notification
	Non-receipt Notification
inReplyTo	Replying IP-Message Indication
obsoletes	Obsoleting Indication
crossReferences	Cross Referencing Indication
subject	Subject Indication
expiryDate	Expiry Date Indication
replyBy	Reply Request Indication
replyToUsers	"
importance	Importance Indication
sensitivity	Sensitivity Indication
autoforwarded	Autoforwarded Indication

6 Zugangsmöglichkeiten zum MHS

Bisher sind die Protokolle P1 und P2 im MHS beschrieben worden, die von gleichberechtigten, gleichmächtigen Partnern wie MTAs und UAs für ihre Kommunikation benutzt werden. Nun gibt es aber auch den Fall, daß eine Instanz wie ein *Stand-Alone-UA*, der sich nicht zusammen mit einem MTA in einem System befindet, die Dienste eines Message-Transfer-Systems (MTS) in Anspruch nehmen will. Die Schnittstelle zwischen UA und MTA im MTS ist nicht lokal in einem System, so daß der UA erstens eine Instanz, die für ihn die Kommunikation mit einem Nachbar-MTA abwickelt, und zweitens ein Protokoll braucht, um dem Nachbar-MTA seine Wünsche bzw. Aufträge mitzuteilen und die Ergebnisse abzuholen. Der UA wird zum Kunden *(Client)* des MTAs, beide Instanzen treten in ein Auftraggeber-Auftragnehmer- oder Kunde-Kundendienst-Verhältnis zueinander *(Client-Service Relationship)*.

In diesem Abschnitt wird die Sprache beschrieben, in der z.B. der UA seine Aufträge zu spezifizieren hat, um die gewünschten Ergebnisse zu erzielen. Die zugrundeliegenden Konzepte sind jedoch wiederum MHS-unabhängig.

6.1 Aufträge im MHS

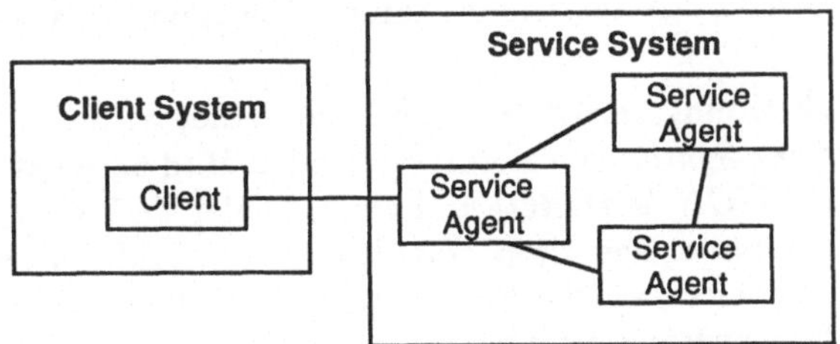

Bild 6.1: Client-Service Relationship

Bild 6.1 zeigt ein Service-System, das aus mehreren Service-Agenten besteht und einen bestimmten Dienst anbietet (ECMA-122). Der Kunde *(Client)* muß über ein Zugriffsprotokoll *(Access Protocol)* mit einem Service-Agenten Kontakt aufnehmen, wenn er einen Dienst in Anspruch nehmen will. Es gibt Dienste, die nur von mehreren Service-Agenten zusammen angeboten werden können. Sie kooperieren dann über ein spezielles internes Protokoll *(System Protocol)*. Ein Kunde des Service-Systems kann ein Benutzer oder ein Service-Agent eines anderen Service-Systems sein.

Der Kunde kann warten, bis sein erster Auftrag ausgeführt wurde, bevor er einen neuen Auftrag vergibt (synchron), oder aber er kann mehrere Aufträge direkt nacheinander erteilen, ohne auf die Ausführung eines einzelnen Auftrages zu warten (asynchron). Der Kunde erhält eine Antwort auf seinen Auftrag, die ihm sagt, ob sein Auftrag ausgeführt werden konnte oder nicht.

Das Zugriffsprotokoll ist interaktiv und asymmetrisch und wird mittels *Remote Operations* und *Remote Errors (Macros)* beschrieben.

6.1.1 Remote Operations

Der *Remote Operation Service (ROS)* unterstützt interaktive Anwendungen in einem verteilten offenen System, er wird zum ersten Mal in X.410 definiert. Die Interaktionen unter den verteilten Anwendungsinstanzen werden durch *Remote Operations* realisiert. Ein Wesensmerkmal der Kommunikation mittels *Remote Operations* ist es, daß die Anwendungsinstanzen nicht mehr ausschließlich während einer aufgebauten *Session* miteinander kommunizieren, sondern es kann durchaus sein, daß an einem Tag ein Auftrag spezifiziert wird, die Ergebnisse aber z.B. erst am nächsten Tag zur Verfügung stehen. Dies erfordert natürlich spezielle Mechanismen, um die Beziehung zwischen Auftrag und Ergebnis herstellen zu können.

Durch die *Remote Operations* wird einerseits das Verhalten der beteiligten Partner festgelegt, andererseits wird das Format der auszutauschenden Protokollelemente bestimmt.

Eine Operation hat einen Namen, einen Code, der sie von anderen Operationen eindeutig unterscheidet, und Argumente, die beim Aufruf der Operation als Parameter an den Partner übergeben werden müssen. Sie liefert entweder ein Ergebnis oder einen Fehler, der wiederum aus einem Namen, Zusatzinformation und einem Code besteht.

Zur formalen Beschreibung der Operationen und Fehler wird das Macro-Konzept der *Presentation Transfer Syntax* von X.409 verwendet. Bild 6.2 zeigt die Macros für eine Operation *(OPERATION MACRO)* und einen Fehler *(ERROR MACRO)*. Nach dem Aufruf einer *Remote Operation (Invoke-OPDU)* Bild 6.3 zeigt „an einem Beispiel des täglichen Lebens", welche *Remote Operations* beim Vergeben von Aufträgen benutzt werden. Eine Instanz erteilt einer anderen Instanz Aufträge, indem sie *OPDUs (Operation Protocol Data Units)* austauscht. Es gibt im wesentlichen drei Arten von OPDUs:

die *Invoke OPDU*,
: die die Ausführung einer Operation anfordert und aus den Komponenten *Invoke Identifier*, *Operation* und *Argument* besteht,

die *Return Result OPDU*,
: die die erfolgreiche Ausführung einer Operation anzeigt und aus den Komponenten *Invoke Identifier* und *Result* besteht, und

```
OPERATION MACRO ::=
   BEGIN
      TYPE NOTATION     ::= „ARGUMENT" NamedType Result Errors | empty
      VALUE NOTATION    ::= value(VALUE INTEGER)
      Result            ::= empty | „RESULT" NamedType
      Errors            ::= empty | „ERRORS" „{" ErrorNames „}"
      NamedType         ::= identifier type | type
      ErrorNames        ::= empty | IdentifierList
      IdentifierList    ::= identifier | IdentifierList „," identifier
   END

ERROR MACRO ::=
   BEGIN
      TYPE NOTATION     ::= „PARAMETER" NamedType | empty
      VALUE NOTATION    ::= value(VALUE INTEGER)
      NamedType         ::= identifier type | type
   END
```

Bild 6.2: OPERATION- und ERROR-Macro

Auftragsnummer Auftrag Zusatzinformation	Invoke ID Operation Argument	BOGEN–90–1 30000 km Inspektion kein Ölwechsel, Preislimit: 1000,– DM
Auftragsnummer Ergebnis	Invoke ID Result	BOGEN–90–1 inspizierter PKW, Rechnung
Auftragsnummer Fehler Zusatzinformation	Invoke ID Error Error Parameter	BOGEN–90–1 Inspektion nicht vollständig durchgeführt Ersatzteilbeschaffung, Neuer Termin
Auftragsnummer Problem	Invoke ID Problem	BOGEN–90–1 Auftrag nicht verstanden

Bild 6.3: Auftragsvergabe im täglichen Leben

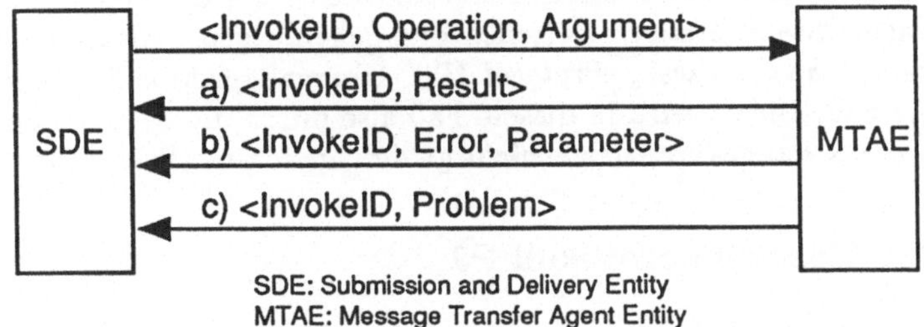

Bild 6.4: Operation Protocol Data Units (OPDUs)

die *Return Error OPDU*,
: die anzeigt, daß eine Operation nicht ausgeführt werden konnte, und aus den Komponenten *Invoke Identifier, Error* und *Parameter* besteht.

kann der Aufrufende folgende Protokollelemente zurückerhalten (Bild 6.4):

eine *Return Result OPDU*,
: wenn die *Remote Operation* erfolgreich ausgeführt werden konnte,

eine *Return Error OPDU*,
: wenn die *Remote Operation* selbst nicht erfolgreich durchgeführt werden konnte oder

eine *Reject OPDU*,
: wenn der Aufruf inkorrekt war (Syntax!).

Jeder Aufruf einer Operation hat eine Auftragsnummer *(Invoke Identifier)*, die es ermöglicht, einen Bezug zwischen Aufruf und Ergebnis herzustellen.

Das Konzept der *Remote Operations* wird im nächsten Abschnitt noch weiter verdeutlicht.

6.2 Ein Zugangsprotokoll für den autonomen UA

Wie schon erwähnt, muß ein UA nicht unbedingt zusammen mit einem MTA auf einem System implementiert sein *(Stand-alone UA)*. Dafür kann es mehrere Gründe geben. Die Maschine, auf der ein Benutzeragent installiert ist, ist zu klein, um noch einen MTA aufzunehmen. Hierzu gehören z.B. *Personal Computer (PC)*, die zudem auch nicht ständig erreichbar sind. Oder aber ein MTA ist für mehrere Benutzeragenten zuständig, deren Benutzer z.B. in einem Versicherungsunternehmen ständig mit ihrem transportablen Kleinrechner *(Hand-held, Laptop)* unterwegs sind und in regelmäßigen Abständen Kontakt mit dem Hauptsitz der Firma aufnehmen.

Dennoch ist es möglich, den Benutzern die Dienste des Message-Handling-Systems zur Verfügung zu stellen (siehe Bild 5.3, Seite 70). Zu diesem Zweck existiert auf dem System des Benutzeragenten (S1) eine *SDE (Submission and Delivery Entity*, Übergabeinstanz), die die fehlende Verbindung zwischen UA und MTA herstellt (X.411). Sie kommuniziert direkt mit einem zugeordneten MTA auf einem anderen System S2. Den Nachrichtenaustausch zwischen den zugehörigen Protokollinstanzen regelt das *Submission and Delivery Protocol* (P3, Übergabeprotokoll). Der Zugang zum Message-Transfer-Dienst wird in diesem Fall also durch die *Submission and Delivery Entity*, die zur Message-Transfer-Schicht gehört, geboten. (Bild 6.5).

6.2.1 Das Übergabeprotokoll P3

Das Übergabeprotokoll P3 ist in X.411 definiert. Es regelt die Kommunikation zwischen SDE und MTAE. Die SDE benutzt als Anwendungsinstanz den Reliable-Transfer-Dienst, um Verbindungen zur MTAE herzustellen und Protokollelemente

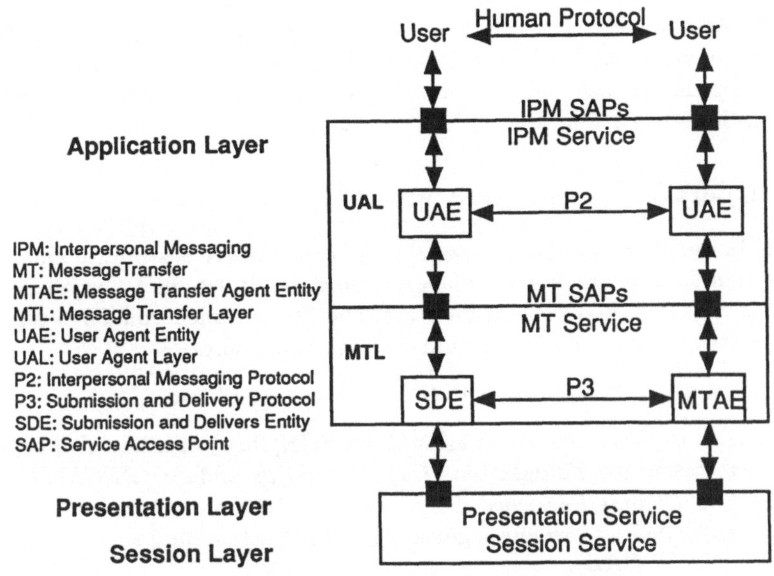

Bild 6.5: Kommunikation über eine SDE

vollständig und zuverlässig über diese Verbindungen zu übertragen (Bild 6.6). P3 basiert auf dem Konzept der *Remote Operations* und ist somit nicht verbindungsorientiert und ein Beispiel für ein interaktives Protokoll. Dies bedeutet, daß Aufträge abgegeben werden können, ohne die Antwort abwarten zu müssen, d.h. der Auftrag wird in einer Sitzung erteilt, die Antwort kommt in einer späteren Sitzung.

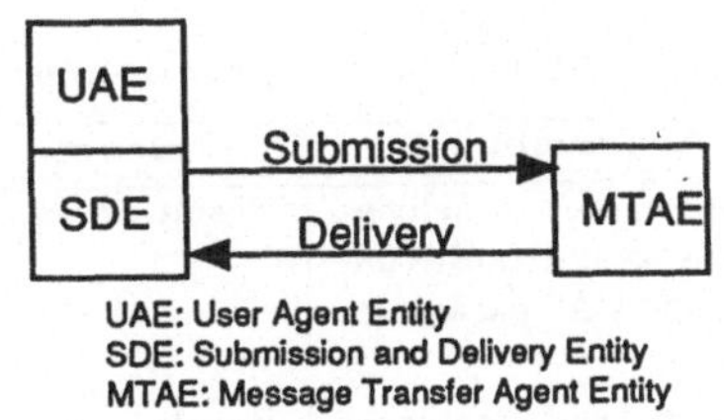

Bild 6.6: Submission and Delivery

Die *Remote Operations* in P3 umfassen den Transfer von Nachrichten und der Verantwortung dafür von SDE an MTAE während der Sendeübergabe *(Submission)* und von MTAE an die SDE während der Zustellung *(Delivery)* einer Nachricht (Bild 6.6). Dabei verlangt eine Instanz – entweder MTAE oder SDE – von der anderen, daß eine bestimmte *Remote Operation* ausgeführt werden soll *(Invoke)*. Die angesprochene Instanz versucht, diese Operation auszuführen, und berichtet dann vom Ergebnis dieses Versuches *(Report)*. Das Client-Server-Verhältnis ändert sich entsprechend der auszuführenden Operation.

Die Protokollelemente, die zwischen SDE und MTA ausgetauscht werden, heißen *OPDUs (Operation Protocol Data Units)*. Sie enthalten die erforderliche Information, um entweder eine *Remote Operation* aufzurufen oder um das Ergebnis der Operation zu liefern. Sie werden über den RTS übertragen.

6.2.2 Operationen von SDE und MTAE

So wie es in der Kommunikation zwischen UA und MTA bestimmte Dienstprimitive gibt, die den Dialog der Instanzen bestimmen, so findet im Übergabeprotokoll P3 der Dialog zwischen SDE und MTA statt. Die Operationen von P3 entsprechen den MTL-Dienstprimitiven, die in Klammern angegeben sind.

1. Er wird durch 3 *Management Operations* kontrolliert.
   (a) Die *Register Operation* erlaubt der SDE, ihre augenblicklich bei dem MTA registrierten Fähigkeiten *(Capabilities)* zu ändern *(REGISTER)*.
   (b) Die *Change-Password Operation* erlaubt dem UA bzw. dem MTA, das aktuelle Paßwort zur gegenseitigen Authentisierung zu ändern *(CHANGE-PASSWORD)*.
   (c) Die *Control Operation* schränkt die Möglichkeiten des Partners ein, bestimmte Operationen auszuführen *(CONTROL)*.
2. Durch 3 verschiedene *Submission Operations* kann die SDE die Nachrichten mit oder ohne Inhalt *(Content)* zur MTAE senden.
   (a) Durch die *Submit Operation* kann die SDE eine komplette Nachricht *(Envelope und Content)* an den MTA senden *(SUBMIT)*.

Tabelle 6.1: SDE- und MTAE-Operationen (Table 2/X.411)

Operation	Argument	Outcome	Result Information
Register	Information about deliverable messages, default controls, and UA parameter settings	Result or error	*None*
Control	Operations and messages to be held	Result or error	Information about held operations and messages
Change-Password	Old and new passwords	Result or error	*None*
Submit	Envelope and content	Result or error	Event ID, time, and content identifier
Probe	Envelope	Result or error	Event ID, time, and content identifier
Cancel	Event ID	Result or error	*None*
Deliver	Envelope, content, event ID and time	Error	*Not Applicable*
Notify	Delivery or non-delivery notification	Error	*Not Applicable*

(b) Durch die *Probe Operation* kann die SDE eine verkürzte Nachricht, die nur einige der Envelope-Parameter enthält, versenden, um die Zustellparameter eines Empfängers zu überprüfen *(PROBE)*.

(c) Durch die *Cancel Operation* kann die SDE beim MTA anfordern, eine zuvor erfolgreich gesendete Nachricht mit zeitverzögerter Zustellung *(Deferred Delivery Message)* nicht mehr zu transportieren oder zuzustellen *(CANCEL)*.

3. Durch die *Deliver Operation* kann der MTA Nachrichten an die SDE zustellen *(DELIVER)*.

4. Durch die *Notify Operation* kann der MTA *Delivery-* oder *Non-Delivery-Notifications* an die SDE verschicken *(NOTIFY)*. Die SDE erhält dadurch einen Hinweis auf das erfolgreiche oder nicht erfolgreiche Zustellen einer Nachricht.

Tabelle 6.1 zeigt die P3-Operationen mit den zugehörigen Parametern. Tabelle 6.2 zeigt die P3-Operationen mit den entsprechenden MTL-Dienstprimitiven. Bemer-

Tabelle 6.2: P3- und MTL-Operationen

P3-Operation	MTL-Dienstprimitiv
–	LOGON
–	LOGOFF
Register	REGISTER
Control	CONTROL
Submit	SUBMIT
Probe	PROBE
Deliver	DELIVER
Notify	NOTIFY
Cancel	CANCEL
Change-Password	CHANGE-PASSWORD

kenswert ist an dieser Tabelle, daß die LOGON- und LOGOFF-Dienstprimitive des MTL nicht als *Remote Operations* unterstützt werden, sondern direkt auf die Primitivoperationen *RTS.OPEN* und *RTS.CLOSE* abgebildet werden.

Bild 6.7 zeigt, welche Instanzen welche Operationen aufrufen können.

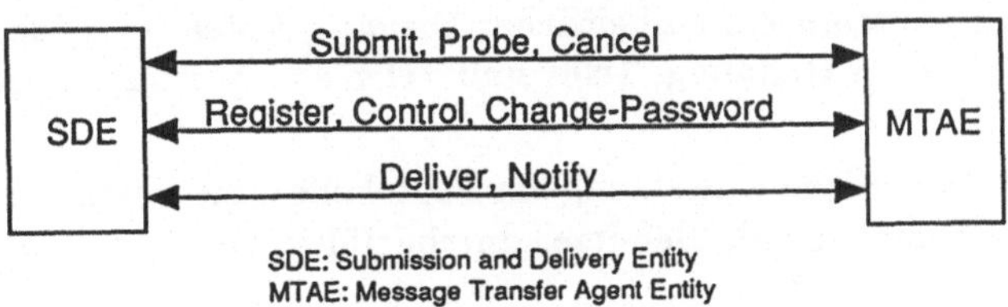

Bild 6.7: Remote Operations in P3

Wie soeben geschildert, können also auch Benutzer, die nicht auf dem System eines MTAs ihren UA haben, am Message-Handling-Dienst teilnehmen. Darüberhinaus gibt es aber auch für Nutzer von anderen standardisierten Diensten der Post Kommunikationmöglichkeiten mit MHS-Nutzern. Diese werden im nächsten Kapitel beschrieben.

6.3 Der Teletex-Zugang

6.3.1 Telex und Teletex

Telex (TLX) und Teletex (TTX) – zwei weltweit standardisierte Fernmeldedienste – dienen dem fernschriftlichen Austausch von Texten [Sch84].

Beim Telexdienst wird jedes auf der schreibmaschinenähnlichen Tastatur getippte Zeichen nicht nur auf dem eigenen, sondern – um Sekundenbruchteile später – auch auf dem fernen Fernschreiber ausgedruckt. Zum Zeitpunkt des Erscheinens der 84er Empfehlungen existierten weltweit ca. 1.6 Millionen Telexanschlüsse in 205 Ländern, davon im Bereich der deutschen Bundespost 167000 Anschlüsse.

Im Teletexdienst, der zu den Telematikdiensten wie Bildschirmtext und Telefax gezählt wird, ist jedes Teletexendgerät funktional aufgeteilt in einen Lokalteil, an dem Texte geschrieben und elektronisch gespeichert, be- oder verarbeitet werden, und einen Kommunikationsteil, der die Übermittlung eines elektronisch vollständig abgespeicherten Textes an ein anderes Teletexgerät über das Fernmeldenetz (Teletexnetz) automatisch abwickelt.

Das deutsche Teletexnetz umfaßte 1984 15500 Hauptanschlüsse und 18500 Endgeräte. Durch den über das Netz ermöglichten Dienstübergang von und zum Telexdienst gibt es aber eine Kommunikationsmöglichkeit mit der großen Zahl der Telexpartner, soweit diese per automatischer Wahl erreichbar sind.

6.3.2 Die Anbindung

Es war ein Hauptanliegen der Post, mit MHS nicht eine neue Kommunikationsinsel zu schaffen, sondern die bereits existierenden Postdienste weitgehend einzubeziehen. Das MHS-Modell mußte demnach erweitert werden,

- damit den Benutzern ein einheitlicher Dienst geboten wird, der mit den Definitionen für Message Handling, Telex und Telematik verträglich ist (siehe Bild 6.8), und
- damit die erforderliche Umsetzung der Protokolle ohne wesentliche Einschränkung der Funktionalität für die Benutzer durchgeführt werden kann.

In den 84er Empfehlungen wird in X.430 nur der Anschluß von Teletexterminals an das MHS beschrieben. Sie benutzen das Teletex-Zugangsprotokoll P5, wenn sie neben

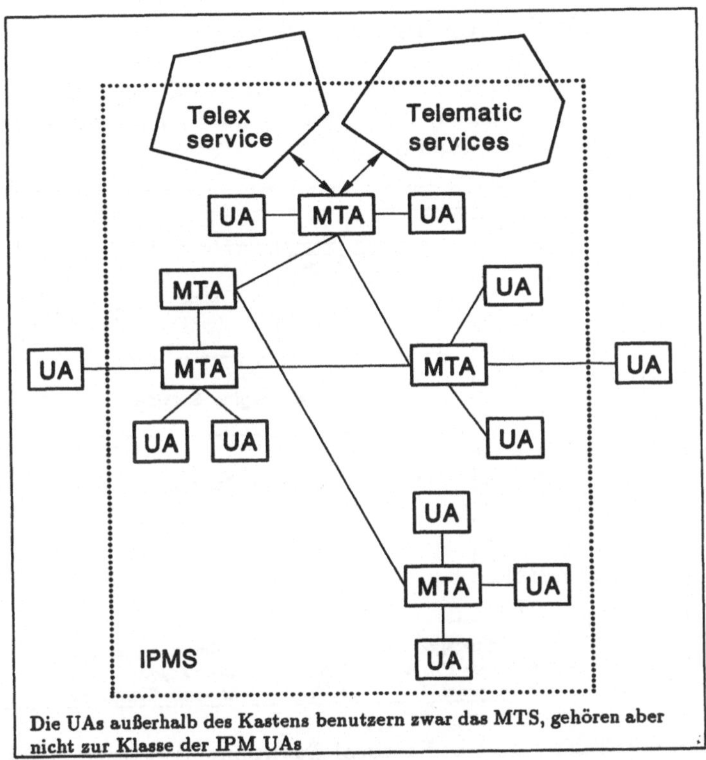

Die UAs außerhalb des Kastens benutzern zwar das MTS, gehören aber nicht zur Klasse der IPM UAs

Bild 6.8: Das Interpersonal Messaging System (Figure 3/X.400)

den Teletexdiensten die Dienste des Message-Handling-Systems nutzen wollen. Es ist darauf hinzuweisen, daß eine Benutzung des MHS über Teletex eine Einschränkung des Funktionsumfangs bedeutet, da Dokumente/Nachrichten nur in lesbarer Form *(human readable form)* übermittelt und somit *Body Parts* wie *Voice*, *G3Fax* und *Videotex* nicht unterstützt werden. Ferner gestattet P5 die Adressierung von Benutzern (Sender/Empfänger) über O/R-Namen Form 2 (Section 3.3.3 in X.400, Kapitel 3, Bild 3.8, Seite 36), der einer Telematikadresse entspricht. Diese Adressierungsform ist nicht sehr benutzerfreundlich.

Weiterhin war die rechtliche Problematik der Kommunikation von offiziellen Benutzern des Teletexdienstes z.B. der Deutschen Bundespost mit Teletexbenutzern an nicht öffentlichen Teletexterminals z.B. innerhalb einer Organisation 1984 noch nicht geklärt.

6.3.3 Das Modell für den Teletex-Zugang

Zur Anpassung eines TTX-Terminals an das MHS wird eine *TTXAU (Teletex Access Unit*, Teletex-Zugangseinheit) bereitgestellt, die Verbindung zu einem Message-Transfer-Agenten (MTA) hat (Bild 6.9).

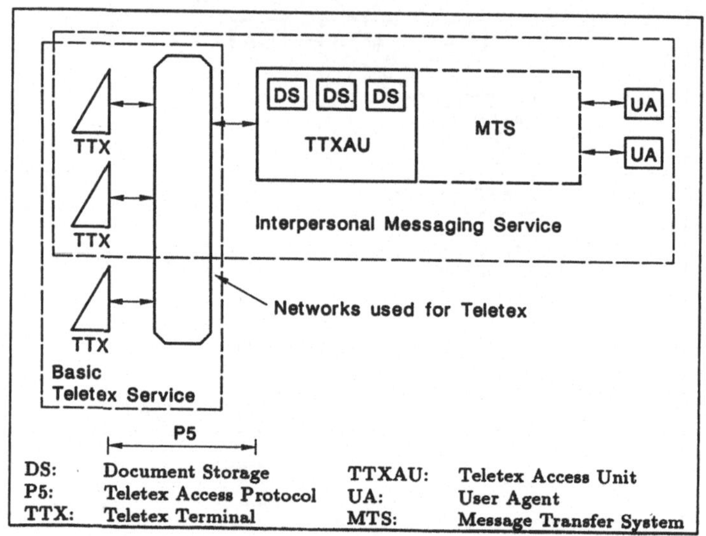

Bild 6.9: Teletex Access Protocol Environment (Figure 1/X.430)

Eine Instanz in einer TTXAU unterstützt logisch ein einzelnes TTX-Terminal. Unter den TTX-Terminals können die Nachrichten nicht weitergeleitet werden.

Das Teletexterminal und die TTXAU können über die Kontrollprozeduren des Teletexdienstes miteinander kommunizieren. Entweder das Teletexterminal oder die TTXAU eröffnet die Verbindung. Das Teletex-Zugangsprotokoll P5 regelt die Kommunikation, wenn die Verbindung hergestellt ist. Es basiert auf der CCITT-Empfehlung T.62 (Session Service für die Telematikdienste).

Die Kommunikation zwischen TTX und TTXAU über das *Teletex Access Protocol* P5 ähnelt der Kommunikation zwischen SDE und MTA über das *Submission and Delivery Protocol* P3. In beiden Fällen ist auf einem System (der SDE oder des TTX) keine MTA-Funktionalität vorhanden, so daß die Kommunikation über ein spezielles Nicht-P1-Protokoll erfolgen muß, mit dessen Hilfe Aufträge an das Message-Transfer-System erteilt werden können.

Innerhalb der TTXAU kann es einen Dokumentenspeicher *(Document Storage, DS)* geben, in dem für einen einzelnen eingetragenen TTX-Benutzer Speicherplatz zur Verfügung gestellt wird, um vom MTS zugestellte Nachrichten abzuspeichern. Die Nachrichten werden entweder explizit vom TTX-Benutzer aus seinem individuellen Speicher abgeholt *(retrieval mode)* oder die TTXAU stellt die Nachrichten automatisch zu *(auto-output mode)*.

6.3.4 Die Aktionen des Teletex-Zugangsprotokolls P5

P5 definiert verschiedene, voneinander unabhängige Aktionen, die nach dem Aufbau einer Verbindung zwischen TTXAU und TTX-Terminal ausgeführt werden können (Bild 6.10). Die entsprechenden Message-Transfer-Dienstprimitive, die ja schon beschrieben wurden, sind – falls vorhanden – in Klammern angegeben.

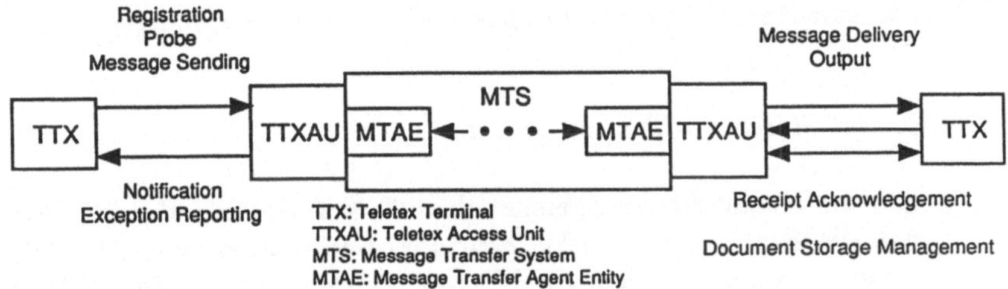

Bild 6.10: Aktionen zwischen TTX und TTXAU

Registration Action (REGISTER)
Das TTX-Terminal sendet der TTXAU Kontrollinformation, die die Beziehung zwischen TTX-Terminal und TTXAU beschreibt *(Encoded Information, DS Retrieval Mode, DS Auto-output Mode).*

Probe Action (PROBE)
Das TTX-Terminal prüft, ob eine Nachricht mit bestimmter Übermittlungsinformation zugestellt werden kann, indem es Kontrollinformation, die die Nachricht beschreibt und sich auf die Elemente des Nachrichtenübertragungsdienstes bezieht, zur TTXAU schickt.

Message Sending Action (SUBMIT)
Das TTX-Terminal sendet der TTXAU Kontrollinformation und ein oder mehrere TTX-Dokumente. Die Kontrollinformation enthält die vom Benutzer ausgewählten Elemente des Mitteilungsdienstes und des Nachrichtenübertragungsdienstes und bildet den Kopf *(Heading)* des Inhalts *(Content)* der übermittelten Nachricht. Die TTX-Dokumente bilden den Rumpf *(Body).*

Message Delivery Action (DELIVER)
Diese Aktion ist das Pendant zur *Message Sending Action.* Die TTXAU sendet Kontrollinformation oder ein oder mehrere TTX-Dokumente an das TTX-Terminal.

Notification Action (NOTIFY)
Die TTXAU sendet eine *Delivery-* oder eine *Receipt-Status Information* an das TTX-Terminal. Die *Delivery-Status Information* kann angeben,

1. daß eine Nachricht zum Senden nicht angenommen wurde,
2. daß eine Nachricht erfolgreich zugestellt wurde,
3. daß der Versuch, eine Nachricht zuzustellen, fehlgeschlagen ist – hierbei können auch lokale TTX-spezifische Probleme zwischen TTXAU und TTX-Terminal vorliegen –, oder
4. daß eine Nachricht im Dokumentenspeicher des Empfängers abgelegt wurde.

Die *Receipt-Status Notification* gibt an,

1. daß die Nachricht im Speicher des TTX-Terminals abgelegt wurde und daß die Bestätigungen *(Notifications)* automatisch von der TTXAU erzeugt wurden, nachdem die Nachricht erfolgreich an das TTX-Terminal ausgegeben wurde oder
2. daß die Nachricht explizit vom Empfänger mit einer *Receipt Acknowledgement Action* bestätigt wurde.

Receipt Acknowledgement Action
Ein TTX-Benutzer kann ein *Receipt Acknowledgement* erzeugen, nachdem er eine Nachricht gelesen hat – wenn der Sender eine solche Bestätigung *(Receipt Notification)* angefordert hatte.

Document Storage Management Action
Das TTX-Terminal fragt nach, ob im DS Nachrichten zur Ausgabe vorliegen. Die TTXAU gibt dem TTX-Terminal einen *DS Report*, der Informationen über die gespeicherten Nachrichten enthält, sowohl nach einer Anfrage des TTX-Terminals als auch aufgrund eines automatischen Mechanismus. Das TTX-Terminal kann dann die Ausgabe einer oder mehrerer Nachrichten aus dem DS verlangen *(Output Request Action)*.

Output Action
Die TTXAU sendet dem TTX-Terminal die Nachrichten im DS als Antwort auf eine *Output Request Action*, wenn das TTX-Terminal die Nachrichten ausdrücklich abholen will *(Retrieval Mode)*. Wenn das TTX-Terminal die Nachrichten automatisch zugestellt haben will *(Auto-Output Mode)*, versucht die TTXAU, die Nachrichten automatisch an das TTX-Terminal zu senden.

Exception Reporting Action
Die TTXAU kann den Empfang eines ungültigen Aktionselements oder die Tatsache anzeigen, daß ein nur teilweise empfangenes Aktionselement nicht weiter bearbeitet wird.

6.3.5 Arbeitsweise einer Teletex-Zugangseinheit

Die TTXAU muß sowohl auf Aktionen des TTX-Terminals als auch auf Ereignisse vom MTA reagieren. TTXAU und MTA werden zusammen als ein System betrachtet. Die TTXAU repräsentiert das TTX-Terminal bzw. dessen Benutzer gegenüber dem MHS. Die Struktur einer TTXAU und ihre Umgebung zeigt Bild 6.11.

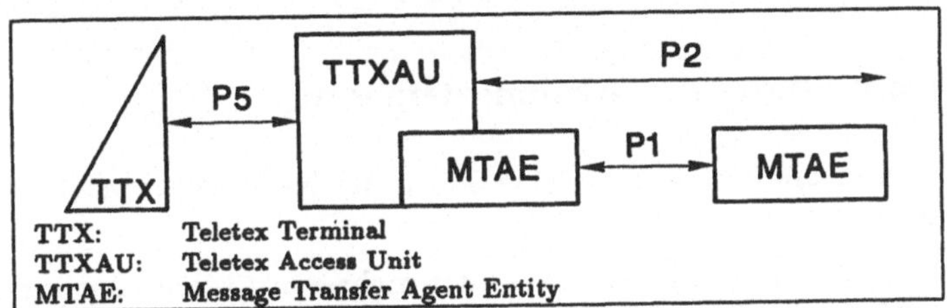

Bild 6.11: TTXAU Protokollübersicht (Figure 2/X.430)

Als allgemeine Operationen kennt P5

- *Registration* und
- *Exception Reporting.*

Als Operationen ohne Dokumentenspeicher

- *Message Sending* und *Probe* und
- *Message Delivery.*

Die Operationen mit Dokumentenspeicher (DS) sind von besonderem Interesse, da sie in den 84er Empfehlungen schon einen einfachen Dokumentenspeicher beschreiben, wie er in den 88er Empfehlungen unter dem Begriff *Message Store* mit erheblich mehr Leistungen definiert ist.

Message Sending und *Probe*
: Der Unterschied zum Versenden einer Nachricht ohne Dokumentenspeicher besteht darin, daß anstatt einer Benachrichtigung an das TTX-Terminal *(Notification action)* eine Nachricht *(Notification message)* an den DS gerichtet wird (Bild 6.9, Seite 84).

Message Output
: Nach der Zustellung einer Nachricht durch den MTA wird die Nachricht des MTAs (Mitteilung oder Bestätigung) von der TTXAU im Dokumentenspeicher abgelegt. Abhängig von der Regelung zwischen TTX-Terminal und TTXAU sendet die TTXAU dem TTX-Terminal die Nachricht automatisch *(Output Action)*, oder sie führt die Ausgabe unter der Kontrolle des TTX-Terminals durch *(Document Storage Management Action)*. Sobald die Nachricht im DS

ist, meldet die TTXAU dem MTA ihre Zustellung. Wenn es zwischen TTX-Terminal und TTXAU eine Regelung gibt, kann die TTXAU nach erfolgreicher Zustellung einer Nachricht automatisch eine Bestätigung erzeugen *(Receipt Status Report)* und an den MTA schicken *(SUBMIT)*. Wenn der TTX-Terminal-Benutzer selbst eine solche Bestätigung erzeugt *(Receipt Acknowledgement Action)*, schickt die TTXAU diese an den MTA.

6.3.6 Beschreibung der Aktionselemente

Es stellt sich nun die Frage, in welcher Form die Nachrichten nach P5-Syntax verschickt werden.

Eine Aktion *(action)* besteht aus einem oder mehreren Aktionselementen *(action elements)*. Ein Aktionselement ist entweder aus einem einzelnen Dokument, das Kontrollinformation enthält, oder aus einer Folge von Dokumenten zusammengesetzt. Dabei enthält das erste Dokument auch die Kontrollinformation. Tabelle 6.3 zeigt alle Aktionselemente. Die meisten Aktionselemente enthalten TTX-spezifische, MT- und IPM-relevante Informationen:

- *Control Information Reference*
    1. *Action Element Identifier*
    2. *Number of Associated Documents*
- *Message Transfer Parameters*
- *Interpersonal Messaging Parameters*

Die MT- und IPM-relevanten Informationen sind dabei im P1- und P2-Protokoll definiert. Einige Aktionselemente haben zusätzliche Kontrollinformationen:

Delivery Status Notification:	*Correlation Information*
Output Message:	*Retrieval Identifier*
Exception Reporting:	*Correlation Identifier* und *Reason Code*

Das *Probe Action Element* enthält keine IPM-Parameter und Probe-spezifische MT-Parameter. Das *Delivery Status Notification Action Element* und das *Document Store Report Action Element* enthalten natürlich keine IPM-Parameter. Das *Output Request Action Element* und das *Output Message Action Element* enthalten statt bzw. zusätzlich zu MT- und IPM-Parameter spezielle Message-Parameter (*Message Selector* (Liste von Retrieval-Identifiern)). Das *Registration Action Element* hat statt IPM- und MT-Parameter Registration-Parameter. Das *Explicit Receipt Acknowledgement Action Element* hat neben den Kontrollinformationen nur IPM-Parameter und das *Exception Reporting Action Element* besteht nur aus Kontrollinformationen.

Tabelle 6.3: Teletex Access Protocol Action Elements (Table 1/X.430)

Action	Action Elements	Transfer Direction
Message sending	Send	TTX ⟶ TTXAU
Probe	Probe	TTX ⟶ TTXAU
Message delivery	Message delivery	TTX ⟵ TTXAU
Notification	Delivery Status Notification	TTX ⟵ TTXAU
	Receipt Status Notification	TTX ⟵ TTXAU
Document Storage Management	DS Query	TTX ⟶ TTXAU
	DS Report	TTX ⟵ TTXAU
	Output Request	TTX ⟶ TTXAU
Output	Output	TTX ⟵ TTXAU
Registration	Registration	TTX ⟶ TTXAU
Receipt Acknowledgement	Explicit Receipt Acknowledgement	TTX ⟶ TTXAU
Exception Reporting	Exception Reporting	TTX ⟵ TTXAU

6.3.7 Die Informationsdarstellung in P5

Ein abschließendes Beispiel in Bild 6.12 – ein Send-Action-Element – zeigt, wie die Informationen nach dem P5-Protokoll kodiert werden müssen. Die notwendigen Steuerinformationen können, wenn nötig und nicht am Benutzerarbeitsplatz unterstützt, per Hand an den Teletexterminals – wenn auch mühsam – eingegeben werden.

Die soeben vorgestellte Empfehlung X.430 legt im wesentlichen die Aktionen der beteiligten Instanzen (TTX, TTXAU) und die Abbildungen von P1/P2 nach P5 und umgekehrt fest. Dies reicht aus, um den Übergang zwischen Teletex und MHS vollständig zu beschreiben. Kapitel 8 zeigt weiterhin, wie dieses Protokoll für eine einfache Kommunikation mit Standardprotokollen genutzt wurde. Eine TTXAU müßte sinnvollerweise bei den öffentlichen Dienstanbietern vom MHS und TELETEX angesiedelt werden, da nur sie den Übergang zwischen diesen beiden öffentlichen Diensten ermöglicht.

(* Control Information Reference *)		
3.1:	SEND:	(* Action Element Identifier *)
(* Message Transfer Parameters *)		
14:	ORIGINATOR:	BOGEN@GMD
15:	RECIPIENTS:	MABOGEN.DBNGMD12@EARN
17:	CONTENT INFO:	90–28–2
(* Interpersonal Messaging Parameters *)		
20:	FROM:	BOGEN@GMD
22:	TO:	MABOGEN.DBNGMD12@EARN
26:	SUBJECT:	Ein Beispiel
27:	MESSAGE ID:	BOGEN@GMD/90–10–1–17:19
28:	CROSS REF:	DICKHOVEN@GMD/90–2–3
31:	BODY TYPE:	TTX (* Für den Benutzer nicht sichtbar *)
		Dies ist ein Beispiel, das nicht unbedingt den Anforderungen von X.430 bezüglich Mandatory- und Conditional-Parametern entspricht. Vor jedem Aktionselement steht zur Identifizierung eine Zeichenfolge, die aus *Carriage Return (CR)*, *Line feed (LF)*, *Backspace (BS)* und Plus (+) besteht. Eine derartige Zeichenkombination kann in normalen Teletex-Dokumenten nicht vorkommen. Die Zahlen am Anfang jeder Zeile sind die **Elementnummern**, die zusammen mit den **Elementnamen** eine eineindeutige **Elementidentifizierung** ergeben. Wenn **Elementwerte** über mehrere Zeilen gehen sollen, müssen sie durch CR LF oder LF CR getrennt werden.

Bild 6.12: Beispiel für ein Send-Action-Element

7 Zusammenfassung X.400-84

Hiermit wollen wir unsere Darstellung der 84er MHS-Empfehlungen abschließen. Bild 7.1 faßt noch einmal die in den vorherigen Abschnitten dargestellten Sachverhalte am Beispiel des Zusammenwirkens der Instanzen im MHS beim Versenden einer Nachricht zusammen.

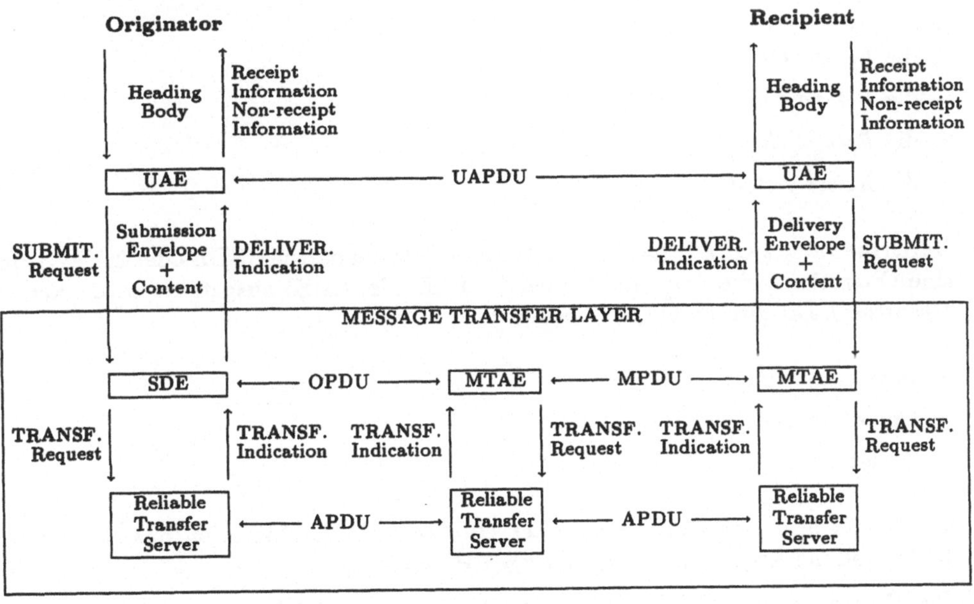

Bild 7.1: Operationen und Protokolldateneinheiten beim Verschicken einer Mitteilung

Die Protokollelemente, die zwei Benutzeragenten im Mitteilungsdienst austauschen, heißen *UAPDUs (User Agent Protocol Data Units)*. Es gibt zwei Arten von UAPDUs,

- die *IM-UAPDU (IP-Message UAPDU)*, die die Mitteilung zwischen Sender und Empfänger enthält, und

- die *SR-UAPDU (Status-Report UAPDU)*, die Informationen über den Empfang einer Mitteilung *(Non-receipt Notification, Receipt Notification)* enthält.

Der Absender macht bei seinem Benutzeragenten die Angaben für Kopf *(Heading)* und Rumpf *(Body)* der zu versendenden Mitteilung und für den *Submission Envelope* (Parameter des *SUBMIT.Request*). Der Sender-UA konstruiert aus *Heading* und *Body* eine IM-UAPDU und initiiert entweder bei einer *MTAE (Message Transfer Agent Entity)* oder bei einer *SDE (Submission and Delivery Entity*, im Beispiel) ein *SUBMIT.Request*, das die IM-UAPDU als *Content* (Inhalt) enthält. Die weiteren Parameter des *SUBMIT.Request* entsprechen den ausgewählten Dienstelementen des Nachrichtenübertragungsdienstes *(Submission Envelope)*.

Die Protokollelemente, die eine SDE und ein MTA nach dem Übergabeprotokoll P3 austauschen, heißen *OPDUs (Operation Protocol Data Units)*. Es gibt vier Arten von OPDUs,

- die *Invoke OPDU*,
- die *Return Result OPDU*,
- die *Return Error OPDU* und
- die *Reject OPDU*.

Durch die *Invoke OPDU* fordert ein Kommunikationspartner (SDE oder MTAE), daß eine Operation beim anderen Partner (MTAE oder SDE) ausgeführt wird *(Remote Operation)*. Die *Invoke OPDU* besteht aus

- *Invoke Identifier*,
- *Operation* und
- *Argument*.

Sie enthält also eine Auftragsnummer *(Invoke ID)*, als Operation das *Submit (Op Code)* und als Argument die zugehörigen Parameter.

Die *Return Result OPDU* meldet die erfolgreiche, die *Return Error OPDU* die erfolglose Ausführung einer Operation. Die *Reject OPDU* meldet den Empfang und das Abweisen einer inkorrekten OPDU.

In der Message-Transfer-Schicht wird der *RTS (Reliable Transfer Server)* von zwei Anwendungsinstanzen *(Application Entities)* dazu benutzt, Protokollelemente zuverlässig und sicher zwischen den Anwendungsinstanzen zu übertragen. Die Protokollelemente, die zwei RTS austauschen, heißen *APDUs (Application Protocol Data Units)*. Eine APDU entspricht

- einer OPDU, wenn sich eine SDE und ein MTA über das Protokoll P3 unterhalten, oder

- einer MPDU *(Message Protocol Data Unit)*, wenn sich zwei MTAs über das Protokoll P1 unterhalten.

Dies bedeutet auch, daß es für den RTS unwichtig ist, welchen Inhalt er transportiert.

Der RTS überträgt die APDU durch ein *TRANSFER.Request* und stellt sie durch eine *TRANSFER.Indication* zu.

Die Protokollelemente, die zwei MTAs im *Message Transfer Protocol* P1 austauschen, heißen *MPDUs (Message Protocol Data Units)*. Es gibt zwei Arten von MPDUs, die *UMPDU (User MPDU)* und die *SMPDU (Service MPDU)*. Die UMPDUs enthalten die Nachrichten der UAs und die zugehörigen Parameter *(UMPDU Content, UMPDU Envelope)*, die SMPDUs enthalten die Informationen über die Zustellung von Nachrichten *(Delivery Report MPDU, Probe MPDU)*.

Der MTA erhält von der SDE über den RTS *(TRANSFER.Indication)* durch ein *Submit* den Auftrag für den Transfer einer Nachricht und erzeugt eine UMPDU. Die UMPDU bzw. MPDU wird in eine APDU gepackt, die vom RTS durch ein *TRANSFER.Request* übertragen und durch eine *TRANSFER.Indication* dem Empfänger-MTA zugestellt wird. Der Empfänger-MTA zeigt daraufhin dem Empfänger-UA durch eine *DELIVER.Indication* an, daß eine Nachricht zugestellt werden soll.

Wenn der Empfänger-MTA die Nachricht an den Empfänger-UA zustellen kann und der Sender eine *Delivery Notification* angefordert hat, oder wenn die Nachricht nicht an den Empfänger-UA zugestellt werden kann und der Sender kein *Prevention of Non-delivery Notification* angefordert hat, erzeugt der Empfänger-MTA einen *Delivery Report* und schickt ihn als SMPDU an den Sender-MTA zurück *(TRANSFER.Request)*.

Der Empfänger-UA empfängt entweder vom MTA oder der SDE eine *DELIVER.Indication*, die die IM-UAPDU als Inhalt und die zugehörigen MT-Parameter enthält *(Delivery Envelope)*.

Der Empfänger erhält Kopf und Rumpf der Nachricht und den *Delivery Envelope* (Parameter der *DELIVER.Indication*).

Für den Fall, daß der Sender eine *Receipt Notification* oder eine *Non-receipt Notification* erwartet, konstruiert der Empfänger-UA eine SR-UAPDU und initiiert ein *SUBMIT.Request*, wobei die SR-UAPDU als Inhalt übergeben wird. Die Übertragung durch das Message-Transfer-System als UMPDU erfolgt auch wie oben beschrieben.

Bild 7.2 zeigt im Gegensatz zu Bild 4.1 (Seite 49) die vollständige Einordnung der MHS-Schicht in die Anwendungsschicht (mit Darstellungs- und Kommunikationssteuerungsschicht).

In den vorhergehenden Kapiteln wurden die CCITT-MHS-Protokolle

- P1: Message Transfer Protocol,
- P2: Interpersonal Messaging Protocol,
- P3: Submission and Delivery Protocol und

- P5: Teletex Access Protocol

sowie die zugehörigen MH-Dienste beschrieben. In weiteren Kapiteln wurden MHS-unterstützende Dienste wie

- Reliable Transfer Service und
- Remote Operation Service

vorgestellt.

Die Akzeptanz dieser Standards bzw. dieser Protokolle ist mittlerweile so groß, daß derzeit keine Systementwicklung oder Realisierung, die auf der OSI-Systemarchitektur basiert, an ihnen vorbeigeht. Existierende Nicht-X.400-Netze wie *Internet, EARN/BITNET/NetNorth, CSNET* und *UUCP (EUNet)* unterhalten Übergänge *(Gateways)* nach X.400. Ein Überblick über kommerzielle MH-Systeme, Gateways und derzeitige Entwicklungen wird in [QH86, Qua90] und [MTW88] gegeben.

Die 84er Empfehlungen bilden die Grundlage für die standardisierte Kommunikation und die Öffnung von existierenden Systemen. Gleichzeitig bilden sie die Basis für weitere Entwicklungen, die kompatibel sein müssen. So sind sie natürlich auch Grundlage für die in der Studienperiode 1985-1988 weiterentwickelten MHS-Empfehlungen. Diese werden in Teil II vorgestellt. Vorher werden jedoch noch im folgenden Kapitel am Beispiel von KOMEX die Notwendigkeiten und Erfahrungen bei der Umsetzung der 84er X.400-Standards in die Praxis wiedergegeben.

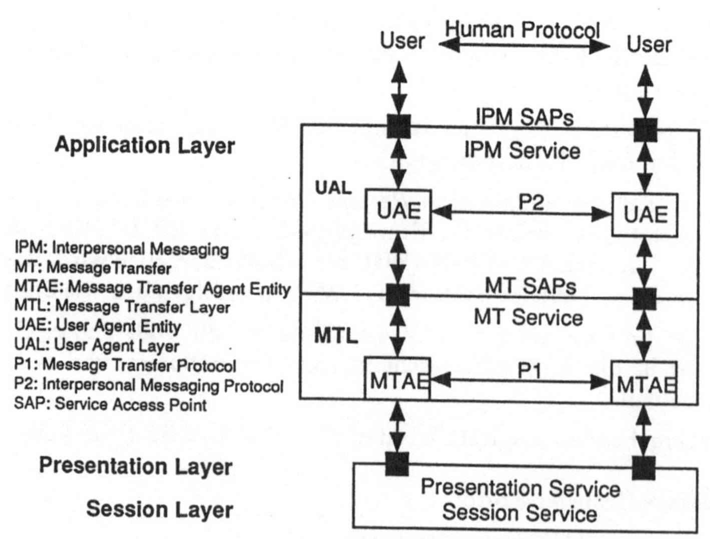

Bild 7.2: MHS-Schicht in der Anwendungsschicht

8 Die X.400-Öffnung von KOMEX

In diesem Kapitel wird der Übergang eines existierenden und im Einsatz befindlichen Mail-Systems zu den X.400-Standards beschrieben. Wir haben dazu KOMEX als Beispiel ausgewählt, da wir zu den Entwicklern von KOMEX gehören und damit die Probleme aus eigener Erfahrung kennen. Außerdem wird KOMEX in der GMD selbst eingesetzt, so daß hier auch die Erfahrung aus einer breiten Nutzung eines MH-Systems einfließen kann.

Die Öffnung von KOMEX wurde im Rahmen des Aufbaus des Deutschen Forschungsnetzes (DFN) durchgeführt [BB85]. An dem Aufbau der Mail-Komponente des DFN haben die Autoren mitgewirkt. So sind in die Spezifikationen hierfür Ideen und Konzepte eingeflossen, die bei der Entwicklung von KOMEX entstanden sind. Außerdem diente KOMEX als Basis- und Erprobungssystem für weitergehende Konzepte der Gruppenkommunikation (siehe Teil III). Teile dieser Überlegungen und Erfahrungen haben durch aktive Mitarbeit bei CCITT und ISO auch die 88er Standards beeinflußt.

Bei einem solchen Übergang ist es naheliegend, daß man – zumindest im ersten Ansatz – das System um einen *X.400-Gateway* erweitert, um nicht auch die gesamte interne Kommunikation auf die neuen Protokolle umstellen zu müssen. Hier stünde möglicherweise der Aufwand in keinem vernünftigen Verhältnis zum Gewinn, der u.a. in den zusätzlichen neuen Protokollelementen zu sehen wäre, die man teilweise jedoch auch durch kleinere Änderungen in den eigenen Protokollen unterstützen kann. Diese Praxis des Zugangs zu MHS über *Gateways* wird auch von den meisten großen Netz- und Systembetreibern geübt (z.B. [Sun88]).

Dieses Kapitel gliedert sich wie folgt: Nach einer kurzen Einführung in das System KOMEX selbst gehen wir auf den Stufenplan der Anpassung an den Standard ein: Stufe 1 über Teletex-ähnliche Protokolle, in der Stufe 2 die volle P1/P2-Öffnung. Dabei nehmen die Adressierung sowie die Protokollkodierung (ASN.1, X.409) einen breiten Raum ein. Anschließend weisen wir noch einmal auf die Schwierigkeiten und Probleme hin, die bei der Öffnung aufgetreten sind, um mit einer Bewertung der Vorgehensweise das Kapitel abzuschließen.

8.1 Das verteilte Computerkonferenzsystem KOMEX

8.1.1 Historie und Einordnung

Mitte der siebziger Jahre wurde das Computerkonferenzsystem KOMEX in der GMD entwickelt. Anfangs noch Forschungsobjekt und -medium, entwickelte es sich rasch zu einem mächtigen Kommunikationssystem. Bereits 1979 wurde ein Prototyp von KOMEX auf der Hannover-Messe einer breiten Öffentlichkeit vorgestellt. KOMEX wurde dann in einem ersten Feldversuch 1980/81 mit einigen Universitäts-Instituten erprobt. Seit Anfang 1982 ist KOMEX auf dem Verbund von anfangs drei, heute zwei Rechnern der GMD in St. Augustin und Darmstadt installiert und wird seitdem von GMD-Mitarbeitern als hausinternes Kommunikationsmittel eingesetzt.

Heute läßt sich feststellen, daß KOMEX dem Experimentierstadium entwachsen ist und sich einen festen Platz als „normales" Kommunikationsmedium neben den anderen Medien erobert hat. Diese Integration in den normalen Arbeitsalltag läßt KOMEX prädestiniert erscheinen, als ein Beispiel für den Übergang von einem geschlossenen reinen Inhouse-System zu einem offenen System nach X.400 zu dienen. Es gibt keine reine Testumgebung, in der die Entwickler nach Herzenslust schalten und walten können, sondern es ist immer der Tatsache Rechnung zu tragen, daß da Benutzer sind, die auf der einen Seite Kontinuität und Konstanz, auf der anderen Seite aber (zu Recht) jede mögliche Erweiterung und Verbesserung verlangen.

Darüber hinaus kann die Entwicklung von KOMEX als Beispiel genommen werden, wie derart komplizierte Protokolle stufenweise mit steigender Komplexität (sowohl inhaltlicher als auch programmtechnischer Art) relativ „weich" eingeführt werden können [BB86a, BB88].

Bevor wir jedoch näher auf die Realisierung eingehen, zunächst ein kurzer Überblick über das KOMEX-System [BPST83a].

8.1.2 Nutzung

KOMEX unterstützt derzeit vor allem die Kommunikation von GMD-Mitarbeitern in St. Augustin, Darmstadt, Bonn, Berlin, Karlsruhe, Köln, Tokyo, Berkeley und Washington [Pan85]. Das System wird von ca. 400 Teilnehmern aus Management, Forschung und Verwaltung der GMD sowie von externen Institutionen genutzt. Monatlich werden etwa in 3000 Sitzungen 2500 Nachrichten versendet und 4500 Nachrichten empfangen. Rund 150 Konferenzen und Verteiler sind in KOMEX eingerichtet.

8.1.3 Leistungsumfang des Systems

KOMEX ist in einem PASCAL-Dialekt programmiert und unter BS2000 auf SIEMENS-Rechnern der 7000er Serie in Form von normalen Benutzerprogrammen implementiert. Das System besteht aus zwei Komponenten: dem Benutzerarbeitsplatz und dem Nachrichtenvermittler. Dies entspricht dem heutigen Architekturmodell für

Message-Handling-Systeme der CCITT: UA und MTA. Intern werden im KOMEX-Netz eigene Kommunikationsprotokolle eingesetzt, die jedoch konzeptionell den Standards sehr ähnlich sind.

8.1.4 Der Benutzerarbeitsplatz

Der Benutzerarbeitsplatz verwaltet für jeweils einen Benutzer dessen privates Archiv. Andere Benutzer können nicht auf dieses Archiv zugreifen. Einzig dem Nachrichtenvermittler ist es gestattet, zu Transportzwecken Nachrichten aus dem Archiv zu entnehmen bzw. in das Archiv einzutragen.

Der Benutzerarbeitsplatz bietet Unterstützung bei folgenden Tätigkeiten:

- Erstellen und Verwalten von Texten
- Versenden und Verteilen von Texten als Nachrichten
- Erzeugen und Verwalten von Bezügen zwischen Nachrichten
- (Automatisches) Archivieren und Wiederfinden von Nachrichten
- Aktenablage
- Empfangen von Nachrichten
- Gestaltung der Benutzerschnittstelle (Sprache, Kommandoform usw.).

Die genannten Funktionen werden dem Benutzer in Form von Diensten angeboten: Auskunftsdienst, Adreßverwaltung, Posteingangsdienst, Schreibdienst, Registraturdienst, Profileinstellungen.

KOMEX unterscheidet zwischen Texten, Dokumenten und Nachrichten. Eine ausführliche Diskussion der Abgrenzung dieser Begriffe und den in KOMEX realisierten Konzepten findet sich im Rahmen der Diskussion über Gruppenkommunikation in Kapitel 18.

Alle ein- und ausgehenden Nachrichten und Dokumente werden automatisch im privaten Archiv des Benutzers gespeichert. Außerdem kann der Benutzer auch explizit nach eigenen Kriterien die Nachrichten ablegen (Aktenplan). Alle Nachrichten und Dokumente können mit Hilfe von Selektionskriterien wie Erstellungsdatum, Absender, Empfänger, Autor usw. wieder aufgefunden werden *(Retrieval)*. Selektionen sind mehrfach möglich, so daß schrittweise die Menge der gefundenen Nachrichten eingeschränkt werden kann.

8.1.5 Teilnehmerverzeichnis

Lange bevor das CCITT an die Standardisierung des Directory-Dienstes ging, wurde in KOMEX ein verteiltes Teilnehmerverzeichnis integriert. Dieser Dienst nimmt die Zuordnung vom KOMEX-Namen zur Adresse vor. D.h. ein Benutzer braucht nicht zu wissen, auf welchem Rechner ein anderer Benutzer „beheimatet“ ist.

Darüber hinaus kann vom Benutzerarbeitsplatz aus Einsicht in das Teilnehmerverzeichnis und in die Liste der gerade aktiven Benutzer genommen werden und es können eigene Verteiler, sogenannte Konferenzen, in das öffentliche Teilnehmerverzeichnis eingetragen werden.

Adressaten in KOMEX sind zum einen die durch einen Systemmanager eingetragenen Teilnehmer, zum anderen Konferenzen. Jeder Benutzer kann Nachrichten an jeden in dem Teilnehmerverzeichnis eingetragenen Adressaten senden – es sei denn, es handelt sich um eine Konferenz, für die dies explizit ausgeschlossen ist. Mit Hilfe der Konferenzen, die im wesentlichen öffentliche Verteilerlisten mit unterschiedlichen Zugangsberechtigungen (Schreib-/Leserecht, offen, geschlossen, abonnierbar, geheim) sind, kann jeder Benutzer einfache organisatorische Zusammenhänge modellieren (Projekte, Dienste, Arbeitsgruppen). Zum Zusammenhang von Gruppenkommunikation und Konferenzen vgl. Abschnitt 19.2.

8.1.6 Der KOMEX-Vermittler

Der KOMEX-Vermittler übernimmt die Verteilung und Zustellung von Nachrichten in Store-and-Forward-Technik über das gesamte Netz. Nachrichten an Konferenzen werden entsprechend der Verteilerliste und den in ihr spezifizierten Rechten vervielfältigt und dann zugestellt.

Normalerweise erfolgt die Zustellung von Nachrichten durch Übertragung in das private Archiv des Empfängers. Der Vermittler kann aber auch – entsprechend einem Eintrag in den Profileinstellungen eines Benutzers – Nachrichten auf einem zentralen oder lokalen Drucker ausgeben, um sie dann evtl. durch ein konventionelles Hauspostsystem an den Empfänger zustellen zu lassen.

Die einzelnen KOMEX-Vermittler können miteinander vernetzt werden. In der GMD ist zur Zeit ein solches Netz in Betrieb – bestehend aus zwei Vermittlern, einem in St. Augustin und einem in Darmstadt. Die Kommunikation zwischen den Vermittlern läuft über die vorhandenen herstellerspezifischen Protokolle (Schichten 1–4) bzw. über eigene Protokollentwicklungen (Schichten 5–7).

8.1.7 Benutzerführung

Die Benutzung von KOMEX kann wahlweise von Siemens-Bildschirmen im Form-Modus oder von beliebigen Terminals aus im sogenannten Zeilen- oder Seiten-Modus erfolgen. Die Handhabung von KOMEX ist im Form-Modus (Menü- und Kommandotechnik) auch für DV-Laien und nur gelegentliche Benutzer sehr einfach. Eine größere Flexibilität für geübte Benutzer wurde mit Hilfe von Sprungmöglichkeiten und sogenannten Kommandokonkatenationen erreicht. Die zeilenweise Eingabe ist auch im Form-Modus möglich. Der Zeilen-Modus erlaubt den Zugang zum Benutzerarbeitsplatz auch über Wählleitungen. Damit ist z.B. auf Dienstreisen der externe Zugang zur eigenen Post und der Anschluß externer Partner an KOMEX möglich. Ein Benutzer kann für jede Sitzung den gewünschten Modus und die gewünschte Sprache angeben, in der die Kommunikation mit dem System abläuft [BPST83a].

8.2 Der Stufenplan für die Öffnung

Beim Aufbau des Deutschen Forschungsnetzes (DFN) wurde entschieden, daß KOMEX als bestehendes Kommunikationssystem in den Verbund integriert werden sollte. Deshalb wurde die Entwicklung von KOMEX zum offenen System im Auftrag des DFN durchgeführt, wodurch sich bestimmte Randbedingungen ergaben [CKP*84, BCK*84, DFN84]. Die Einschätzung des DFN traf mit dem Wunsch der KOMEX-Benutzer und -Entwickler nach der Kommunikation mit externen Partnern zusammen.

Es galt der Tatsache Rechnung zu tragen, daß KOMEX ein im Einsatz befindliches System ist, dessen laufender Kommunikationsbetrieb nicht beeinträchtigt werden durfte und dessen Benutzer sich schon an die Benutzungsoberfläche gewöhnt hatten. Es wurde ein Stufenplan aufgestellt, der zum Ziel hatte,

- Arbeitspakete (Module) beim Ausbau von KOMEX zu definieren,
- Erfahrungen aus früheren Entwicklungsstufen bei weiteren Entwicklungen berücksichtigen zu können,
- möglichst früh Kommunikation mit anderen Partnern über standardisierte Protokolle zu ermöglichen und trotzdem
- die KOMEX-eigenen Protokolle zu erhalten (aus Aufwandsgründen).

So wurde entschieden, die Öffnung über einen *Gateway*, das den Spezifikationen von X.400 genügt, zu realisieren. Die Arbeitspakete bestanden im wesentlichen aus

- der Integration von herstellerunabhängigen, standardisierten Protokollen in den OSI-Schichten 1–5,
- der Analyse und Generierung von standardisierten Protokollelementen für die Anwendung (OSI-Schicht 6–7) und
- der Anpassung des KOMEX-Benutzerarbeitsplatzes an die Dienstelemente und an das Adressierungskonzept der X.400-Empfehlungen.

Die KOMEX-Öffnung wurde in zwei Entwicklungsstufen aufgeteilt:

Stufe 1: Öffnung von KOMEX über 2*P5/2[1] (X.430′).

Bei einem Transport der Information in menschenlesbarer Form *(human readable form)* kann die Kodierung und Dekodierung der eigentlichen Inhalte wie Absender, Empfänger oder Text entfallen. Zur Analyse und Generierung von standardisierten Protokollelementen müssen dann nur Steuerinformationen erkannt, interpretiert und erzeugt werden.

[1] lies „2 mal P5 halbe“

Die Kommunikation ist unter Einsatz von Standardprotokollen für die OSI-Schichten 1–5 schon möglich.

Beim Protokoll 2*P5/2 handelt es sich um eine in der GMD-Darmstadt entwickelte Protokollvariante von X.430, die einen Nachrichtentransfer sowohl zu und von anderen (P5/2-fähigen) Mail-Systemen als auch eine einfache Form des Nachrichtenaustausches mit Teletexteilnehmern gestattet [Sch85].

Die Anzahl der Teilnehmer, die über diese Protokollvariante erreichbar sind, ist natürlich gering im Vergleich zu der Menge der potentiellen X.400-Nutzer.

Stufe 2: Öffnung nach P1/P2

Dieser Schritt beinhaltete die eigentliche Öffnung nach den CCITT-Protokollen P1 (X.411) und P2 (X.420).

Ein ähnliches stufenweises Vorgehen wurde z.B. auch von der Kommission der Europäischen Gemeinschaft (EG) bei der Einführung ihrer Kommunikationsinfrastruktur in Luxemburg und Brüssel gewählt (Phase 1: P5, Phase 2: P1/P2) [CEC88].

8.3 Stufe 1

8.3.1 Das Protokoll

Das Teletex-Zugangs-Protokoll P5 unterscheidet sich von den anderen Protokollen der X.400-Empfehlungen dadurch, daß die Informationen in menschenlesbarer Form *(human readable form)* versehen mit einigen Steuerinformationen übertragen werden (X.430; siehe Abschnitt 6.3). Es ist als asymmetrisches Protokoll zwischen Teletexgerät (TTX) und Teletex-Zugangseinheit *Teletex Access Unit (TTXAU)* konzipiert und war für den Anschluß der Teletexwelt an das *Message Handling Environment* gedacht. Für existierende Systeme oder Netze, die ebenfalls Informationen in menschenlesbarer Form verarbeiten, bietet sich dieses Protokoll als Ausgangsbasis für die standardisierte Kommunikation an.

Die Protokollvariante 2*P5/2 ist symmetrisch und basiert auf der Idee, die *Send Action* nicht nur zwischen TTX und TTXAU, sondern zwischen speziellen MTAs in beiden Richtungen zur Kopplung von MH-Systemen zu benutzen.

2*P5/2 sieht neben der *Send Action* noch die *Notification Action* vor. Normale Nachrichten und Bestätigungen können so in beiden Richtungen gesendet und empfangen werden. Es werden Dienstelemente sowohl des *Message Transfer Service* als auch des *Interpersonal Messaging Service* unterstützt.

Da auch in KOMEX die Komponenten einer Nachricht in lesbarer Form gespeichert, verarbeitet und versendet werden, konnte eine einfache Abbildung zwischen den Objekten in KOMEX und den Protokollelementen nach X.430 definiert werden.

Zusätzlich waren einige Kodierungsvorschriften in X.430 (Elementnummer, Elementname, Steuerzeichen) zu berücksichtigen. In der ersten Ausbaustufe wurde nur die *Send Action* realisiert. Parameter der *Send Action*, die nicht auf KOMEX-Nachrichtenkomponenten abgebildet werden können, werden vor den eigentlichen Text in der übermittelten Form (also als Klartext, X.430) eingefügt und somit in KOMEX als zum eigentlichen Text gehörig behandelt. So wird erreicht, daß diese Elemente für den Empfänger sichtbar sind. Attribute in KOMEX, die in dieser X.430-Variante nicht darstellbar sind, fallen in der externen Kommunikation weg.

Die Abbildung zwischen den Action-Elementen von X.430 und den KOMEX-Attributen ist in Tabelle 8.1 dargestellt. Die Informationsdarstellung ist im Zusammenhang mit dem Teletex-Zugangsprotokoll P5 in Kapitel 6.3 kurz erläutert.

Tabelle 8.1: X.430 ⇔ KOMEX

X.430		KOMEX
14:	ORIGINATOR:	Absender
15:	RECIPIENTS:	Empfänger
17:	CONTENTINFO:	DocumentID
20:	FROM:	Autor
22:	TO:	Empfänger, nur falls normaler Brief
23:	CC:	Empfänger, nur falls zur Kenntnis (zK)
25:	REPLY:	Absender und z.E.-Termin, nur falls zur Erledigung (zE)
26:	SUBJECT:	Titel
27:	MESSAGE ID:	Absender und Absendezeitpunkt
28:	CROSS REF:	Verweis, nur falls normaler Brief
29:	OBSOLETES:	Revision
30:	IN REPLY TO:	Verweis, nur falls Antwort
31:	BODY TYPE:	automatische Konvertierung ASCII ⇔ EBCDIC

8.3.2 Die Nachrichtenübertragung

Die standardisierte Kommunikation auf den unteren Ebenen wird ebenfalls durch *Gateways* erreicht. Auf der KOMEX-Seite wird hierfür ein Softwarepaket der GMD-Darmstadt (TTXMTA) genutzt [Gie85a, Gie85b, EG85]. Hierbei handelt es sich um einen zu KOMEX parallelen Prozeß, der eigenständig vollständige Nachrichten unter Verwendung der OSI-Protokolle für die Schichten 4 und 5 transparent versendet. Die Schichten 1–3 wurden durch den Datex-P-Dienst der Deutschen Bundespost abgedeckt. Das Zusammenspiel der Prozesse zeigt Bild 8.1. Die Nachrichtenübergabe wird über eine zentrale Datei (TTXFILE) durchgeführt. Da die Datei von mehreren Prozessen bearbeitet wird, wurden zudem entsprechende Synchronisationsmechanismen eingebaut.

Um eingetroffene Nachrichten erkennen bzw. den Versandstatus von Nachrichten in der TTXFILE feststellen zu können, wurde ein Polling-Mechanismus eingebaut. Der

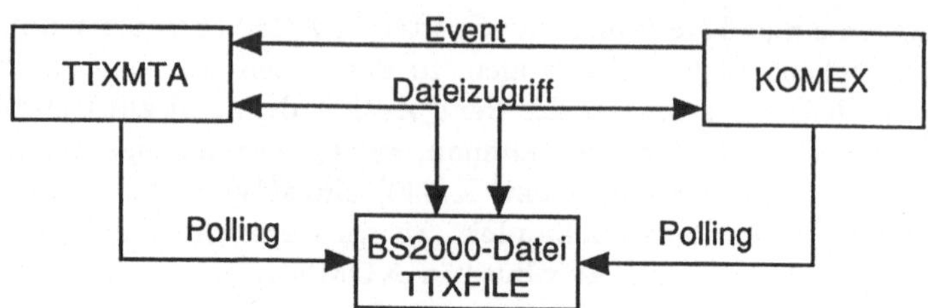

Bild 8.1: Prozesse in KOMEX

TTXMTA versucht mehrmals, eine Nachricht an einen externen Partner zuzustellen. Dabei werden die Zeitintervalle zwischen den Versuchen ständig verlängert. Der Status der Nachricht in der TTXFILE wird entsprechend gesetzt, so daß KOMEX feststellen kann, ob der Auftrag in der TTXFILE gelöscht werden kann, da der Nachrichtentransfer ordnungsgemäß abgeschlossen werden konnte. Es wurde außerdem verhindert, daß eine Nachricht, die nicht transportiert werden kann, die Kommunikation zu einem bestimmten Partner blockiert bzw. monopolisiert.

Die Unterrichtung des Partnerprozesses über das Vorliegen einer Nachricht wird über Interprozeßkommunikation mit *Eventing* abgewickelt. Nachdem KOMEX festgestellt hat, daß eine Nachricht an den TTXMTA zwecks Weiterversand zu geben ist, trägt es diese Nachricht im entsprechenden (X.430-) Format in die Datei TTXFILE ein. Anschließend wird ein *Event* zum TTXMTA-Prozeß gesendet, so daß dieser unmittelbar mit seiner Aktivität starten kann. Zusätzlich sucht der TTXMTA in festen Zeitabständen in der TTXFILE nach noch nicht versendeten Nachrichten (etwa im Falle eines Systemzusammenbruchs usw.).

In der ersten Ausbaustufe werden Nachrichten, die nicht ordnungsgemäß in die KOMEX-interne Darstellung umgesetzt werden können, an einen speziellen Administrator geleitet. D.h. die Nachrichten verlassen die TTXFILE nicht, sondern werden dort für den Administrator belassen. Gründe für einen derartigen Abbruch können u.a. sein: Protokollfehler (z.B. falsches Format der Elementkodierung) oder kein Datensatz zur Nachricht vorhanden (also Fehler in der TTXFILE).

8.3.3 Das Adressierungsschema der Stufe 1

Wenn verschiedene MH-Systeme miteinander verbunden sind, wird die Identifizierung von Benutzern schwierig. Sender und Empfänger von Nachrichten können Benutzer auf fremden Systemen sein, deren Adressen im eigenen System nicht spezifiziert bzw. angezeigt werden können. Zur Lösung dieses Problems gibt es im wesentlichen zwei Ansätze (sofern es keinen globalen Auskunftsdienst gibt): Entweder alle beteiligten Partner einigen sich auf ein Schema und ändern ihre bisherige Adressierung, oder es gibt neben der Adressierung von lokalen Benutzern ein erweitertes Adressierungsschema für externe Benutzer. Der zweite Ansatz wurde in KOMEX verfolgt.

Die Struktur der Namen in KOMEX war bis dahin:

<KOMEXNAME> @ <DOMAINNAME>

Der <KOMEXNAME> ist dabei eine eindeutige Bezeichnung eines Benutzers im Namensbereich von KOMEX. Innerhalb von KOMEX genügte die Angabe <KOMEXNAME> zur Adressierung.

Um andere Namensformen in KOMEX zu integrieren, wurde die KOMEX-Namensstruktur zunächst in folgender Weise erweitert:

<SURNAME> . <ORGANISATION> @ <DOMAINNAME>

Die <ORGANISATION> und der <DOMAINNAME> sind dabei optional, so daß in KOMEX der <KOMEXNAME> auf den <SURNAME> abgebildet werden kann. Damit bleibt die Adressierung der KOMEX-Teilnehmer unverändert.

Als externe Partner kamen zunächst Teilnehmer in EARN und CSS in Frage. EARN *(European Academic and Research Network)* ist die europäische Version des amerikanischen BITNET und des kanadischen NetNorth und ist hauptsächlich auf IBM-Maschinen implementiert [Syl85]. CSS *(Committee Support System*, [CSS84]) ist ein verbindungsorientiertes Nachrichtenaustauschsystem, das auf Micro- und Personalcomputern lauffähig ist.

Für EARN-Teilnehmer wird die <USERID> auf den <SURNAME> und die <NODEID> auf die <ORGANISATION> abgebildet, so daß ein EARN-Teilnehmer in der ersten Stufe folgendermaßen adressiert wurde:

EARN: <USERID> . <NODEID> @ EARN

Für CSS und für Teletexteilnehmer wurde die gleiche Form gewählt:

CSS: <USERNAME> @ CSS

TTX: <USERNAME> . <SYMBMACHNAME> @ TTX

8.3.4 Der Anschluß der Fremdverwaltungsbereiche

Die Architektur von KOMEX läßt innerhalb eines KOMEX-Verwaltungsbereichs *Domain* beliebig viele MTAs zu. Außerdem lassen sich KOMEX-Domains koppeln. Vor der Öffnung war aber eben nur eine homogene Kopplung von KOMEX-Domains zulässig, d.h. die Protokolle zwischen den Verwaltungsbereichen waren die gleichen wie zwischen den KOMEX-MTAs, so daß als einziger Unterschied zwischen einer MTA-MTA-Kopplung und einer Domain-Domain-Kopplung die getrennte Namensverantwortung existierte. Es wurde nun die Möglichkeit geschaffen, auch Fremd-Domains (also Nicht-KOMEX-MTAs) an einen KOMEX-MTA zu koppeln. Dazu mußte intern der Routing-Algorithmus entsprechend geändert werden.

8.3.5 Die Ergebnisse der Stufe 1

Nach Abschluß der Stufe 1 konnte auf der Hannover-Messe '85 die Kopplung

- zu EARN,
- zu CSS-Teilnehmern auf IBM-PCs und
- zum Teletexdienst der Deutschen Bundespost

demonstriert werden [GMD85]. Im nachhinein wurde noch eine Kopplung zu IBM-Schreibstationen *(Displaywriter IBM 6580)* eingerichtet. Das Nachrichtenaufkommen zwischen KOMEX und EARN bewegte sich auf Anhieb im Bereich von 100 bis 300 Nachrichten pro Monat.

Die hier beschriebene Stufe 1 kann nicht als endgültige Kopplung zu X.400 aufgefaßt werden. Dieser Weg wurde trotzdem beschritten, weil dadurch zu einem sehr frühen Zeitpunkt bei relativ geringem Aufwand eine Kommunikation nicht nur mit 2*P5/2-Systemen, sondern gleichzeitig mit Teletex ermöglicht wurde. Durch vielfältige Unterstützung etwa im Bereich der heute verfügbaren Softwaregeneratoren für (X.400-) Protokolle ist der Aufwand zur Implementierung der P1/P2-Protokolle erheblich geschrumpft, so daß heutzutage der Umweg über 2*P5/2 nicht mehr lohnt.

Im Verlaufe der Implementierungen zeigte sich, daß die Standards noch nicht vollständig sind und es trotz der genauen Protokollfestlegungen nach wie vor Interpretationsunterschiede gibt, die in gemeinsamen Diskussionen erst harmonisiert werden müssen.

Die Realisierung der Ebenen 1–5 des OSI-Referenzmodells unter Nutzung des Datex-P-Dienstes konnte als abgeschlossen betrachtet und wie geplant als Basis für die Entwicklungen in der Darstellungs- und Anwendungsschicht (RTS und MTA) in der nächsten Stufe genutzt werden.

8.4 Stufe 2

Im Rahmen der zweiten Ausbaustufe wurde KOMEX entsprechend den P1/P2-Protokollen des CCITT geöffnet.

8.4.1 Die Architektur von KOMEX nach der Öffnung

Einen Überblick über die Architektur des geöffneten KOMEX bietet das Bild 8.2. Die KOMEX-UAs und KOMEX-MTAs kommunizieren wie bisher im homogenen KOMEX-Verbund über die X.400-ähnlichen KOMEX-eigenen Protokolle P1′, P2′ und P3′. Dabei ist zu bemerken, daß KOMEX-MTA und KOMEX-UA miteinander über ein P3-ähnliches Protokoll (P3′) kommunizieren. Deshalb ist beim KOMEX-UA auch SDE-Funktionalität angesiedelt. Erst bei der Kommunikation mit externen

Partnern, was aus der Empfängeradresse abgeleitet wird, werden die neuen Komponenten benutzt. Als neue funktionale Komponente wurde der *Transfer Service Agent (TSA)* sowie ein *X.400-Gateway* installiert. Alle Teile der Umsetzung zwischen den KOMEX-Protokollen und P1/P2 spielen sich in dem *Gateway* ab. Dabei werden die Elemente von X.400 auf die entsprechenden Elemente der KOMEX-Protokolle abgebildet und umgekehrt.

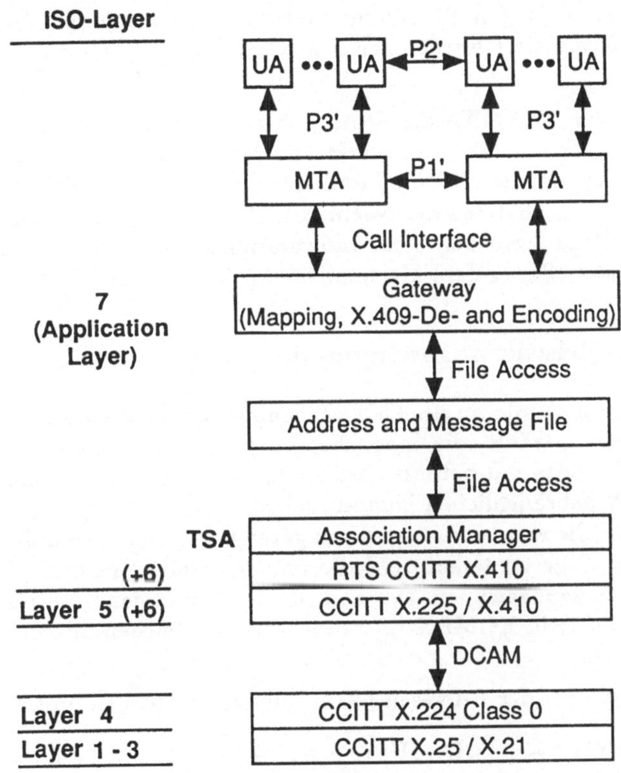

Bild 8.2: Derzeitige KOMEX Architektur

8.4.2 Die Nachrichtenübertragung

Für die Schichten 4, 5 und 7 *(Transport, Session, Reliable Transfer)* konnte erneut der TTXMTA eingesetzt werden. Dieser Prozeß wurde für die KOMEX-Öffnung der Stufe 1 über 2*P5/2 *(Human Readable Form)* unmodifiziert eingesetzt. Für die KOMEX-Öffnung der Stufe 2 über P1/P2 wurde er zum RTS ausgebaut. Es wurden folgende Änderungen und Anpassungen gemäß X.410 durchgeführt:

- Bearbeitung der *Session User Data* in ASN.1-Form (Analyse, Generierung),

- Bearbeitung der *Activity Identifier* in ASN.1-Form,
- Ver- und Behandlung der RTS-Parameter und
- Änderungen auf Grund der Tatsache, daß die Nachrichten jetzt in X.409-kodierter Form transportiert werden sollten und daß es sich nicht mehr um Teletexdokumente mit entsprechender Steuerinformation handeln sollte *(Checkpoints)*.

Die Syntax der benötigten Parameter und *User Data*, die von der Session-Schicht transparent transportiert werden müssen, wird für den RTS durch die Empfehlung X.410 festgelegt.

Der unmodifizierte TTXMTA der Stufe 1 holte sich Informationen wie z.B. Empfänger oder Seitenende *(Checkpoint)* direkt aus der empfangenen oder zu versendenden Nachricht *(Human Readable Form)* und entschied u.a. anhand dieser Informationen über die weitere Handhabung der Nachricht. Beim Übergang zu den kodierten Nachrichten in der Stufe 2 wurden diese Informationen durch dekodierte Informationen (ASN.1), *Defaults* oder andere Mechanismen *(Checkpoints)* ersetzt.

8.4.3 Das Adressierungsschema der Stufe 2

Die Adreßstruktur wurde an die CCITT-Empfehlungen angepaßt. Dazu wurde eine Darstellungsform gewählt, die möglichst kurz und einprägsam ist, trotzdem aber alle CCITT-Attribute unterstützt. Außerdem sollte die Adreßform mit der bis dahin in KOMEX gebräuchlichen kompatibel sein. Die Darstellungsform gibt an, wie die Adressen am Benutzerarbeitsplatz angezeigt werden. So wurde entschieden, die Adresse in drei Teile zu teilen, und die beiden letzten (rechten) Teile durch feste Sonderzeichen zu kennzeichnen. Dazu wurde der @ und das & gewählt (Der @ wurde ja auch schon bisher in KOMEX verwendet). Beide Zeichen dürfen in O/R-Adressen nicht vorkommen.

Die Darstellungsform der Adressen hat folgenden Aufbau ([]: optional):

<SURNAME> [@ [{<ORGUNIT> . }*] [<ORG>]] [& <DOMAIN>]

Diese Adreßform ist eine Realisierung der Form 1 der Variante 1 der X.400-O/R-Namen (siehe Bild 3.8, Seite 36). KOMEX war zu adressieren als

@ KMX . GMD & DFN

Das Message-Transfer-System von KOMEX ergänzt bei der Adreßüberprüfung fehlende Teile durch Standardattribute (DFN, GMD, KMX). Somit brauchen die Benutzer nur die Teile einer Adresse anzugeben, die nicht dem eigenen Adreßraum entsprechen; die KOMEX-Benutzer können andere KOMEX-Benutzer – wie bisher – nur durch Angabe von <SURNAME> (KOMEX-Name) erreichen.

Weiterhin wurde die Möglichkeit geschaffen, die neuen X.400-konformen Verwaltungseinheiten *(Organizational Unit, Organization* und *Domain)* in das KOMEX-Teilnehmerverzeichnis einzutragen, zu interpretieren und zu pflegen.

Im Rahmen einer Adreßrevision innerhalb des DFN wurde die Struktur nochmals geändert, um auch für den öffentlichen MH-Dienst der Bundespost geeignet zu sein. Es wurden (innerhalb des DFN) zunächst nur noch die *organizational Units* benutzt. Gleichzeitig wurden auch noch die Adreßteile <GivenNames>, <Initials> sowie <Admd> und <Country> zugelassen, so daß die Adressen in KOMEX nunmehr folgenden Aufbau haben können ([]: optional):

<LokalerTeil> [@ <OrgTeil>] [& <DomainTeil>]

mit

<LokalerTeil> ::=
    [<GivenNames> .] [<Initials> .] <Surname>

<OrgTeil> ::=
    [{<OrgUnit> . }*] [<Org>]

<DomainTeil> ::=
    [<Prmd>] [. [<Admd>] [. <Country>]]]

Ein KOMEX-Teilnehmer ist demnach wie folgt zu adressieren:

<KomexName> @ KMX . & GMD . DBP . DE

Innerhalb von KOMEX genügt natürlich nach wie vor <KomexName>. DBP.DE charakterisiert hierbei den Verwaltungsbereich der Deutschen Bundespost.

8.4.4 Die Protokollumsetzung in KOMEX

Im KOMEX-System ist eine ASN.1-Analyse und -Generierung (X.409) realisiert, die nur für die MH-Protokolle verwendet werden kann. Werkzeuge zur automatischen Generierung der Analyse aus der ASN.1-Spezifikation der MH-Protokolle standen in der KOMEX-Systemumgebung (BS2000, PASCAL) nicht zur Verfügung. Dies war jedoch insofern kein Nachteil, da keine weiteren ASN.1-Realisierungen in dieser Umgebung geplant waren.

Die interne Struktur

Da das gesamte KOMEX-System in PASCAL realisiert ist, wurde als adäquate Implementierung eine PASCAL-Record-Struktur gewählt. Bild 8.3 zeigt als ein Beispiel die interne Repräsentation eines O/R-Namens in KOMEX, die die folgenden Merkmale hat:

- Die Komponenten eines Records sind
  - entweder Zeiger auf einfache und strukturierte Datentypen (INTEGER, BOOLEAN, CHAR, ARRAY, RECORD)
  - oder einfache und ARRAY-Datentypen.

```
t_orname = RECORD
            standardAttributeList : % t_standardAttributeList;
            domainDefinedAttributeList : % t_sequ_domainDefinedAttribute;
      END;
t_standardAttributeList = RECORD
            countryName : % t_name;
            administrationDomainName : % t_name;
            x121Address : % t_string;
            terminalId : % t_string;
            privateDomainName : % t_name; (* DFN *)
            organizationName : % t_string; (* GMD *)
            uniqueUaIdentifier : % t_string;
            personalName : % t_personalName;
            organizationalUnit : % t_sequ_organizationalUnit;
      END;
t_domainDefinedAttribute = RECORD
            typ : % t_string;
            value : % t_string;
      END;
t_sequ_domainDefinedAttribute = RECORD
            value : % t_domainDefinedAttribute;
            next : % t_sequ_domainDefinedAttribute;
      END;
t_string = RECORD
            length : INTEGER;
            string : ARRAY (1..MAXSTRLEN) OF CHAR;
      END;
t_name = RECORD
            CASE nameType : t_nameType OF
            c_numericString : (numericString : % t_string);
            c_printableString : (printableString : % t_string);
      END;
t_sequ_organizationalUnit = RECORD
            value : % t_string; (* KMX *)
            next : % t_sequ_organizationalUnit;
      END;
t_personalName = RECORD
            surName : % t_string; (* BOGEN *)
            givenName : % t_string;
            initials : % t_string;
            generationQualifier : % t_string;
      END;
```

Bild 8.3: Interne Struktur für einen O/R-Namen

- Ein ASN.1-Objekt ist durch eine Hierarchie von Records vollständig beschrieben.
- Eine vollständige Referenzierung eines Objektes ist zu jedem Zeitpunkt des Programmablaufes durch die PASCAL-immanenten Referenzierungsoperatoren möglich (Selektionsoperatoren, Dereferenzierungsoperatoren, z.B. mpdu % . userMpdu % . umpduEnvelope % . originator % . standardAttributeList % . personalName % . surName).
- Die Möglichkeiten zur dynamischen Speicherverwaltung im KOMEX-PASCAL-System werden optimal ausgenutzt, da nur mit Pointern gearbeitet wird. Ein Nullpointer (Pointer mit dem Wert NIL) drückt gleichzeitig das Fehlen einer Komponente aus.
- Texte *(Body Parts, Subject)* stehen in Dateien im Hintergrundspeicher (KOMEX-EDIT-Dateien) unmittelbar zur Verfügung.
- SET und SEQUENCE werden als Record definiert (Beispiel: t_orname).
- CHOICE wird als Record mit Variantteil (CASE) definiert (Beispiel: t_name).
- SEQUENCE OF wird als Record definiert, der als Komponenten einen Zeiger auf einen Wert (Value) und einen Zeiger auf einen Record des entsprechenden Typs (Next) enthält (Beispiel: t_sequ_domainDefinedAttribute).

Die Analyse

Die Analyse der ASN.1-Strings erfolgt *top-down* nach dem Verfahren des Rekursiven Abstiegs. Der Rekursive Abstieg ist eine in der Praxis häufig verwendete Variante der LL(1)-Analyse [Zim82]. Jedem Nichtterminalsymbol wird eine Prozedur zugeordnet, und die Terminalsymbole werden in speziellen Abfragen gelesen. Es wird keine den Algorithmus global steuernde Analysematrix verwendet, sondern die Entscheidung über die Anwendung einer Regel ist Teil des Codes der Prozeduren für die Nichtterminalsymbole.

Die Analyse folgt der syntaktischen Definition eines Objektes. Dies bedeutet, daß die Analyse einer P1/P2-Nachricht mit der Analyse der *Message Protocol Data Unit* (Startsymbol: MPDU) beginnt und mit der Analyse des letzten *Body Parts* der Nachricht aufhört.

Die Nichtterminalsymbole im MHS können nur vom Typ SEQUENCE, SEQUENCE OF, SET oder CHOICE sein (X.409). Für diese Typen gibt es Prozedurschemata, die für die Analyse und Generierung sowohl der *Session User Data* im RTS als auch der P1/P2-Nachrichten verwendet werden.

Die Terminalsymbole im MHS können nur von folgenden Typen sein:

- *Boolean,*
- *Integer,*
- *Bit String (Primitiv),*

- *String (Octet (Primitiv), IA5, T.61, Numeric, Printable, Videotex)* oder
- *Time (Generalized, UTC)*

Auch hierfür gibt es Prozeduren, die von den Prozeduren für die Nichtterminalsymbole und von den Prozeduren für Konstruktoren des entsprechenden Typs aufgerufen werden.

In KOMEX wird in **einem** Durchgang die ASN.1-Struktur syntaktisch analysiert („Gehört das Wort zur Sprache?"), die interne Struktur dynamisch erzeugt und die Inhalte in die interne Struktur eingetragen.

Die Fehlerbehandlung

Die einfachste Methode der Fehlerbehandlung bei der Syntaxanalyse ist der aus dem Compilerbau bekannte Panikmodus: nach dem Auftreten eines Fehlers wird die Eingabe überlesen, bis ein Synchronisationszeichen auftritt, das einen definierten Zustand wiederherstellt. Dies bedeutet für die Erkennung eines MH-Protokolls, daß bei einem im augenblicklichen Zustand unbekannten Identifier die zugehörige Länge gelesen wird und mit der Analyse hinter dem Inhalt der entsprechenden Länge fortgefahren wird.

Eine zentrale Fehlerprozedur, die von allen Prozeduren der Analyse aufgerufen wird, erzeugt Fehlermeldungen, überliest eine bestimmte Anzahl von Zeichen oder liest bis zum EOC-Zeichen *(End of Content)*[2]. Wiederaufsetzpunkte für die Analyse werden definiert, sobald eine Länge gelesen wurde. Der jeweils nächste Wiederaufsetzpunkt befindet sich hinter dem aktuellen Inhalt.

Nicht unterstützte Parameter werden überlesen. Dabei wird eine entsprechende Fehlermeldung erzeugt, die erkennen läßt, in welchem Zustand sich die Analyse oder Generierung befindet.

Die Generierung

Die Generierung eines ASN.1-Objektes (Wort) aus der internen Struktur geschieht ebenfalls in **einem** Durchgang, und zwar „von rechts nach links". Zunächst wird ein Speicherbereich maximaler Länge bereitgestellt. Das Generierungsprogramm sucht das letzte zu schreibende Terminalsymbol in der internen Struktur (in einer UMPDU: *Body Part*). Dieses wird in ASN.1-Form in den Bereich geschrieben. Die Länge wird an die aufrufende Prozedur geliefert, die ihrerseits nun die Länge und den *Identifier* für das Terminalsymbol in den Speicherbereich schreibt. Gibt es weitere Terminalsymbole auf dieser Ebene, so wird für diese die nächste Prozedur aufgerufen, sonst wird an die aufrufende Prozedur die Länge des Nichtterminalsymbols geliefert. Diese schreibt wiederum Länge und *Identifier*.

Diese Vorgehensweise hatte folgende Vorteile:

[2]Dieses Zeichen (hexadezimal '0000') wird zur Begrenzung von Feldern ohne explizite Längenangabe *(Indefinite Length)* verwendet.

– Der ASN.1-String wird in einem Durchgang erzeugt.

– Der mehrfache Durchlauf und eine komplizierte Längenberechnung und -positionierung, die beim Schreiben von links nach rechts notwendig wäre, entfallen.

– Die Verwendung von *Indefinite Length*, die damals noch nicht von allen Systemen verarbeitet werden konnte, ist nicht nötig. Es wurden nur Längen der Short- oder Long-Form erzeugt. Empfangsseitig wurde *Indefinite Length* jedoch unterstützt.

– Die Prozeduren für die Generierung ähneln den Prozeduren der Analyse. Der Programmablauf (Aufruf der Prozeduren, Abstieg) ist weitgehend identisch. Lediglich bei einer *Sequence* müssen die Nichtterminalsymbole in umgekehrter Reihenfolge behandelt werden, und Texte werden „von hinten nach vorne“ erzeugt.

8.4.5 Schwierigkeiten bei der Realisierung

Die 84er Standards (X.411, X.420) gehen in keiner Weise auf Implementationen ein. So fehlen eine ganze Reihe von hierfür notwendigen Festlegungen. Z.B. werden keine Maximallängen für die einzelnen Protokollelemente spezifiziert. Dies ist zwar vom theoretischen Standpunkt aus gesehen korrekt, wirft aber bei der Umsetzung in real vorhandene Systemumgebungen nur schwer lösbare Probleme auf.

Weiterhin wird nicht darauf eingegangen, wie sich Systeme zu verhalten haben, wenn Protokollelemente fehlen, falsch oder unbekannt sind oder nicht unterstützt werden. Zudem reicht eine einfache Differenzierung „Protokollelemente werden unterstützt“, „nicht unterstützt“ in der Praxis nicht aus. So kann man beispielsweise zwischen Protokollelementen unterscheiden,

– die voll unterstützt werden;

– die zwar empfangen und weitergeleitet, aber nicht interpretiert werden;

– die beim Empfang verworfen werden.

Nachdem diese Probleme erkannt waren, bildeten sich rasch Arbeitsgruppen (so im Rahmen von SPAG, CEN/CENELEC, CEPT, NIST), die diese Lücken der Standards zu schließen versuchen. Die Vorschläge dieser Gruppen mündeten in den sog. Funktionalen Standards *(Functional Standards)* oder Profilen *(Profiles)*.

Im Vorfeld der Öffnung von KOMEX über P1/P2 fand auf der SICOB-Ausstellung 1985 in Paris eine X.400-Demonstration statt, deren Partner (BULL, ICL, SIEMENS) sich auf das SPAG-Profil A/3211 [SPA85] geeinigt hatten. Dieses Profile wurde auch als Basis für einen ersten Verbund im Rahmen des DFN, an dem auch die obigen Partner teilnahmen, eingesetzt.

Das SPAG-Profil bedeutet jedoch an einigen Stellen eine Einschränkung der folgenden KOMEX-Funktionen:

– die Anzeige von Bezügen auf Senderseite *(Cross Referencing Indication)*,

- die Informationen über das Lesen einer Nachricht durch den Empfänger *(Receipt-, Non-receipt-Notification)*,
- die Aufforderung zu einer Antwort *(Reply Request Indication)*,
- das Anzeigen von anderen Empfängern *(Disclosure of Other Recipients)*,
- das Zurücksenden einer Nachricht im Fall der Nichtzustellung *(Return of Contents)* und
- die implizite Konvertierung *(Implicit Conversion)*.

Auf anderen Gebieten überschreitet die SPAG-Funktionalität die KOMEX-Funktionalität. Dies bereitet aber dem KOMEX-System auf Empfängerseite keine Probleme. Darüberhinaus wird auch im SPAG-Profil keine eindeutige Nachrichtenidentifizierung *(IP-Message-Id)* gefordert, so daß das Referenzkonzept (siehe Kapitel 18) von KOMEX in der externen Kommunikation nicht zum Tragen kommen kann.

Dies ist aber eher ein Manko der 84er X.400-Standards, das in der Studienperiode 85–88 teilweise behoben worden ist (siehe Teil II). Weitere Dienste, die in KOMEX geboten, in den 84er Standards nicht behandelt, von CCITT aber in die 88er Version aufgenommen wurden, sind

- Verteilerlisten und damit eine erste Möglichkeit zur sinnvollen Gruppenkommunikation und
- Directory-Dienste.

8.4.6 Die Ergebnisse der Stufe 2

Diese zweite Stufe wurde ebenfalls in Hannover präsentiert (CeBIT '86). Hier wurde der Verbund mit einer Reihe anderer Systeme auf der Basis der Empfehlungen X.411/X.420 demonstriert. Zu den Partnern gehörten Siemens (EAN), IBM (PROFS, VMail400), ICL, BULL, Nixdorf sowie weitere EAN-Systeme. EAN ist ein Message-Handling-System der *University of British Columbia (UBC), Canada*, das auf verschiedenen UNIX-Rechnern läuft [Neu87]. Weltweit dürfte dies die zu diesem Zeitpunkt umfassendste Demonstration eines funktionierenden X.400-Verbundes von heterogenen Systemen gewesen sein.

8.5 Die Ergebnisse der Öffnung

Im Vorfeld des Verbundes auf der CeBIT '86 stellte sich heraus, daß die X.400-Standards in der Version von 1984 noch nicht konsistent und vollständig sind. CCITT erkannte diese Tatsache durch die Herausgabe eines *Implementor's Guide* an, dessen neueste Versionen während unserer Implementierungen jeweils berücksichtigt wurden. Bei dem *Implementor's Guide* [CCI86] handelt es sich um eine Sammlung von praktischen Hinweisen und Ergänzungen zu den Standards, ohne die im Grunde Implementationen nicht eindeutig durchzuführen wären.

Darüberhinaus waren Absprachen zwischen den beteiligten Partnern erforderlich. Durch das Fehlen eines verteilten Directory-Dienstes war dies besonders wichtig für die Vereinbarung der Adressierungskonventionen. Dennoch blieben unterschiedliche Interpretationen der Normen durch die Entwickler, die in Tests erst erkannt und wiederum durch Absprachen und Klärungen beseitigt werden mußten.

Die X.400-Standards sind so komplex, daß MH-Systeme nur mittels geeigneter Teststrategien und Testwerkzeuge getestet werden können. Beides stand im Vorfeld der CeBIT '86 im Verbund nicht zur Verfügung, außerdem fehlte eine *Administration Management Domain (ADMD)*, die sich für Konformitätstests hätte verantwortlich zeigen und die die Rolle einer Schiedsstelle hätte spielen können. Dieses Manko mußte durch zahlreiche bilaterale Tests vorher und umfangreiche Auswertungen und erneute Tests nachher ausgeglichen werden, um einen stabilen Verbund zu gewährleisten.

Die X.400-Standards stellen hohe Anforderungen an die Sicherheit und Fehlertoleranz der konformen Systeme. Neben Monitorfunktionen für Warteschlangen und Verbindungen sind separate Management- und Protokollierungsmöglichkeiten für alle Schichten unbedingt erforderlich. Das Netzmanagement für einen derartigen Verbund (Schichten 1–7) wird in den X.400-Empfehlungen natürlich nicht angesprochen.

Heute ist die Situation erheblich vereinfacht durch die Herausgabe von Richtlinien für Konformitätstests in X.403-88. Dies hat auch bereits dazu geführt, daß bestimmte Institutionen im Auftrag der Bundespost (und damit im Rahmen des CCITT) diese Konformitätstests durchführen. Jeder Kandidat für einen Anschluß seines X.400-Systems an die ADMD muß sich diesen Tests, die nach genau vorgegebenen Richtlinien und Verfahren ablaufen, unterziehen. Nach erfolgreichem Abschluß wird ein entsprechendes Zertifikat vergeben.

8.5.1 Inbetriebnahme

Im letzten Quartal 1986 konnte die neue KOMEX-Version in Betrieb genommen werden. An der Benutzungsoberfläche ergab sich im wesentlichen nur eine Änderung. War die Länge von Benutzeradressen in KOMEX bisher auf 20 Zeichen plus 8 Zeichen für die *Domain* beschränkt, so kann nunmehr die Länge von Adressen 60 Zeichen betragen. Dies gilt für die Gesamtlänge, so daß die Länge der einzelnen Namensteile (in diesem Rahmen) beliebig ist. Die Beschränkung auf 60 Zeichen hat pragmatische Gründe und kann mit sehr wenig Aufwand auf eine andere Zahl gesetzt werden.

Von dieser Änderung wird zum einen die Darstellung der Adressen betroffen, also u.a. die Empfänger und Absender in Briefen, die Dokumentidentifikation (Bezüge usw.), aber auch die Mitglieder in KOMEX-Konferenzen usw.

Zum anderen wurden alle Stellen im Dialog, an denen die Eingabe von Adressen möglich ist, an die veränderte Adreßlänge angepaßt (etwa Versand, Konferenzdefinition usw.). So mußte das Layout nur weniger Formularbildschirme von KOMEX minimal verändert werden.

Die Adressierung der KOMEX-Teilnehmer blieb unverändert. Die neuen Adreßteile müssen nur bei Adressaten außerhalb der KOMEX-Domain angegeben werden. Insgesamt unterstützt KOMEX nunmehr die folgenden Standardattribute des O/R-Namens:

- Personal Name
  - SurName
  - Given Names
  - Initials
- Organizational Unit
- Organization
- Private Domain Name
- Administration Domain Name
- Country Name

Die tiefgreifendsten Änderungen betrafen interne Datenstrukturen und ihre Verwaltung, ebenfalls erzwungen hauptsächlich durch die Adreßänderung. Wurden bisher durch die kurze Adreßlänge von 20 (bzw. 28) Zeichen die Adressen direkt in invertierten Listen verwendet (etwa zum direkten Zugriff auf eine bestimmte Dokumentidentifikation), so wurde dies durchgängig ersetzt durch eine Hash-Kodierung der Adressen und Speicherung in einer speziellen Adreßliste. In dieser Adreßliste kann auf den Hash-Code, aber auch direkt auf eine alphabetisch sortierte Liste der Adressen zugegriffen werden.

Aufgrund der Änderungen in den Datenstrukturen mußten alle Benutzerarchive reorganisiert werden. Dies wurde vom KOMEX-MTA im wesentlichen nachts durchgeführt, so daß die Benutzung des Systems kaum beeinträchtigt wurde.

8.6 Zusammenfassung

Insgesamt läßt sich heute sagen, daß sich das oben beschriebene Vorgehen beim Übergang von einem geschlossenen Message-System zu einem nach X.400 offenen System bewährt hat. Dieses Vorgehen beruhte im wesentlichen darauf, den Gesamtaufwand in kleinere Arbeitspakete zu schnüren. Hierbei war u.a. der Aspekt wichtig, daß Erfahrungen aus den ersten Paketen unmittelbar in die weiteren Entwicklungen einfließen konnten.

Für die Benutzer des KOMEX-Systems ist es bei der externen Kommunikation unwichtig, welche Technik, d.h. welche Protokolle eingesetzt werden. Für sie ist die Unterstützung am Arbeitsplatz, die Integration des Systems in den Büro-Alltag und die Erreichbarkeit ihrer Partner wichtig. Durch die Öffnung des KOMEX-Systems konnte gerade im letzten Punkt ein erheblicher Fortschritt erzielt werden.

Die KOMEX-eigenen Protokolle, die in den 70er Jahren entwickelt wurden, sind den X.400-Standards prinzipiell sehr ähnlich (P1, P2, P3). Dies gilt auch für die Architektur von KOMEX (Vermittler und Benutzerarbeitsplatz). Die Erfahrungen mit KOMEX haben gezeigt, daß eine verteilte Architektur, wie sie in X.400 vorgeschlagen wird, möglich und sinnvoll ist.

Der KOMEX-Gateway wird seit 1986 genutzt. Im Durchschnitt werden monatlich ca. 1000 Nachrichten über den *Gateway* mit anderen Systemen des DFN ausgetauscht.

Die Auswertung der Erfahrungen bei der Öffnung von KOMEX hat gezeigt, daß es durchaus sinnvoll und angemessen ist, für existierende Systeme *Gateways* zu schaffen, um die Kommunikation mit anderen Systemen zu ermöglichen. D.h. ein vollständiger Ersatz der eingesetzten Protokolle durch X.400 ist nicht unbedingt nötig, häufig auch nicht zu empfehlen.

Neue Systeme hingegen sollten von vornherein die vollständige Integration der X.400-Protokolle vorsehen. Dabei ist es besonders wichtig, Vorkehrungen zu treffen, um spätere Änderungen und Erweiterungen der Protokolle ebenfalls ohne Bruch und mit minimalem Aufwand übernehmen zu können. Denn auch in die 88er Empfehlungen wurden solche Vorkehrungen unter den Stichworten *Migration* und *Interworking* aufgenommen (Kapitel 14). *Gateways* von der X.400-Welt zu anderen Nicht-X.400-Netzen werden heutzutage vielerorts angeboten, so daß auch in dieser Kommunikation die Erreichbarkeit gewährleistet ist.

Teil II

X.400 1988

9 Einleitung

Im diesem (II.) Teil der Studie werden die neuen Dienstleistungen vorgestellt, die der 88er X.400-Standard für Message-Handling-Systeme definiert.

Auf der Basis der X.400-Empfehlungen von 1984 sind Systeme implementiert und *Gateways* (Übergänge) (siehe Teil I) gebaut worden. CCITT richtete eine Klärungsstelle ein, an die Fragen zum Verständnis des Standards gerichtet und Fehler gemeldet werden konnten. Antworten auf die gestellten Fragen wurden im *Implementor's Guide* [CCI86] in den letzten Jahren regelmäßig veröffentlicht.

Außerdem waren 1984 – zum Zeitpunkt der Veröffentlichung des Standards – bereits Wünsche nach weiteren Dienstleistungen offen geblieben und als solche im 84er Standard vermerkt („for further study"). Diese wurden zu neuen Aufgabenstellungen für die Studienperiode von 1985 bis 1988. ECMA hatte in MIDA (ECMA-93) und ISO in MOTIS (DIS 8505) auch bereits einige weitere Dienstleistungen für MHS konzipiert.

All dies wurde von den entsprechenden Arbeitsgruppen von CCITT und ISO in den nun vorliegenden gemeinsamen Standard X.400/IS 10021 von 1988 eingearbeitet. Da dies eine gemeinsame Norm von ISO und CCITT ist, werden wir im folgenden auch die Bezeichnung der entsprechenden ISO-Standards angeben.

In der Studienperiode von 1985 bis 1988 wurde eine erheblich überarbeitete und erweiterte Version des Standards für MHS von CCITT und ISO gemeinsam erarbeitet. Diese Serie wurde von CCITT in dem *Blue Book* veröffentlicht.

Der Umfang der Änderungen gegenüber der 84er Version wird nicht zuletzt durch den „Umfang" der 88er Version sichtbar: über 700 Seiten gegenüber 266 in der 84er Empfehlung; und dies, obwohl einige Teile (s.u.) ganz ausgelagert wurden. Die 88er Empfehlung heißt jetzt:

CCITT: *X.400 Series Message Handling*

ISO: *IS 10021 Information Processing Systems—Text Communication—MOTIS*

Im einzelnen besteht der Standard aus folgenden Dokumenten:

X.400/IS10021-1 *System and Service Overview*

X.402/IS10021-2 *Overall Architecture*

X.403	*Conformance Testing*[1]
X.407/IS10021-3	*Abstract Service Definition Conventions*
X.408	*Encoded Information Type Conversion Rules*[2]
X.411/IS10021-4	*Message Transfer System: Abstract Service Definition and Procedures*
X.413/IS10021-5	*Message Store: Abstract Service Definition*
X.419/IS10021-6	*Protocol Specifications*
X.420/IS10021-7	*Interpersonal Messaging System*

Die starke Änderung resultiert zum einen daraus, daß eine Reihe neuer Dienste angeboten wird. Hier seien nur *Distribution Lists* (Verteilerlisten), *Directory Interworking* (Zusammenarbeit mit Directory-Diensten), *Message Store* (Nachrichtenspeicher), ein komplettes *Security Model* (Sicherheitsmodell) sowie die Erweiterbarkeit von Protokollen zu nennen. Außerdem sind natürlich auch die Korrekturen der Fehler der 84er Version, die im *Implementor's Guide* gesammelt wurden, in die 88er Norm eingearbeitet.

Zum anderen hat sich jedoch die gesamte Darstellungsform geändert. Die 84er Version entsprach noch den älteren CCITT-Konventionen und beschränkte sich im wesentlichen nur auf die technische Darstellung der Protokolle und Dienste. Jeder, der mit dieser Norm gearbeitet hat, wird bestätigen können, daß es teilweise schwierig ist, diese Darstellung zu verstehen und vor allem die dahinter stehenden Konzepte und Absichten herauszulesen.

Die X.400-88er Serie ist in der Darstellung gemäß den Konventionen für OSI-Normen der ISO verfaßt worden. Dies hat eine völlige Neufassung der Texte erforderlich gemacht, so daß sich die 88er Norm auch in den Teilen, die technisch mit den 84er Empfehlungen übereinstimmen, textuell völlig unterschiedlich darstellt. Auch die gesamte Terminologie hat sich erheblich verändert. Die Verfasser dieser Texte haben verstärkt Wert darauf gelegt, daß die Texte verständlicher sind. Gegenüber den 84er Texten ist es dann auch für einen Neueinsteiger erheblich einfacher, die Texte zu lesen und zu verstehen. Insbesondere die vielen Abkürzungen der 84er sind durch zusammengesetzte Wörter ersetzt worden. Dies ergibt zwar teilweise Bandwurmwörter, trotzdem wird der Text verständlicher.

In den Empfehlungen werden daher nur die spezifischen Dienste und Protokolle für *Message Handling* in der Anwendungsebene (Schicht 7) beschrieben. Von MHS unabhängige und allgemeiner verwendbare Dienste wie z.B. ROS und RTS werden heute in der eigenständigen X.200er Reihe dokumentiert (X.218/ISO 9066-1 und X.228/ISO 9066-2 für RTS sowie X.219/ISO 9072-1 und X.229/ISO 9072-2 für ROS, beide vormals X.410). Ebenso sind ASN.1 (*Abstract Syntax Notation One*, X.208/ISO 8825-1 und X.209/ISO 8825-2, vormals X.409) und die Anbindung an Telematikdienste (T.330, vormals X.430) in andere Reihen integriert worden.

[1] Diese Empfehlung definiert die Konformitätsbedingungen für die 84er Norm und ist damit nicht Gegenstand des vorliegenden Teiles und auch keine ISO-Norm.

[2] Diese Konvertierungsregeln sind nicht Bestandteil der ISO-Norm.

Auch diese Beschränkung auf die MHS-spezifischen Dienste, d.h. das Ausklammern der darunterliegenden Dienste (ROS, RTS), sowie der Schnittstellen zu anderen Diensten (Teletex, *Physical Delivery*), trägt zur Übersichtlichkeit bei.

Die gesamte X.400-Serie von 1988 normiert die technischen Seiten der Dienste, d.h. die technischen Voraussetzungen, die ein Diensterbringer erfüllen muß. Die für die Erbringung eines weltweiten öffentlichen Telekommunikationsdienstes erforderlichen administrativen Festlegungen (Tarifierung usw.) sowie die für den Benutzer sichtbaren Dienstleistungen sind jedoch in einer getrennten Serie (F.400ff) festgelegt. Hierzu gibt es keine gleichlautenden ISO-Normen, denn ISO normiert natürlich nur die technischen Dinge und nicht administrative Aspekte oder zulässige Verwendung der Dienste usw. Das Dokument X.400/ISO 10021-1 ist jedoch identisch mit F.400 und enthält einen Überblick über die Dienstelemente, die im 88er MHS erbracht werden können.

Bei all diesen Verbesserungen der Texte der Empfehlungen sind natürlich trotzdem nur technische Festlegungen dokumentiert. Die konkret dahinterstehenden Konzepte sind zum Teil in den Überblickspapieren (X.400, X.402) dokumentiert.

Das Dokument X.407 enthält die neuen Beschreibungskonventionen (siehe Abschnitt 13.3).

Die Dienste und Prozeduren des MTS sind in Dokument X.411 definiert. Hier finden sich alle Details über das MTS. Der neue Dienst *Message Store* ist in X.413 definiert. Für das Verständnis der Funktionalität von MTS und *Message Store* sind diese beiden Dokumente ausschlaggebend. Die Protokollelemente für *Message Store* und MTS sind in X.419 beschrieben.

Der Mitteilungsdienst IPMS ist im Dokument X.420 beschrieben. Dieses Dokument enthält einen Anhang, in dem die Nutzung des *Message Store* für Mitteilungen beschrieben wird.

Für IPMS, den Mitteilungsdienst für die Kommunikation der Benutzer, wurden nur wenige Erweiterungen standardisiert:

- Es wurde festgelegt, daß die in jeder *IP-Message* enthaltene Identifikation *(IP-Message-ID)* nunmehr global eindeutig sein muß (der O/R-Name ist als Bestandteil der *IP-Message-ID* zwingend vorgeschrieben). Wie wichtig diese Änderung ist, wird in Kapitel 18 deutlich.
- Die Menge der zulässigen *Body Types*, die in einer IPM (Mitteilung) enthalten sein können, ist um weitere standardisierte (z.B. ODA-Dokumente) und in der Standardisierung befindliche Typen erweitert worden. Weitere Typen können in Zukunft auf einfache Weise hinzugefügt werden.

Einen Überblick über die im Standard von 1988 festgelegten Attribute im *Heading* einer Mitteilung gibt Bild 9.1. Da gegenüber den Empfehlungen von 1984 für IPM außer den obigen Erweiterungen nur geringfügige Änderungen erfolgt sind, werden wir nicht auf die Details eingehen.

```
Heading ::= SET {
        this-IPM                             ThisIPMField,
        originator                [0]        OriginatorField OPTIONAL,
        authorizing-users         [1]        AuthorizingUsersField OPTIONAL,
        primary-recipients        [2]        PrimaryRecipientsField DEFAULT {}
        copy-recipients           [3]        CopyRecipientsField DEFAULT {},
        blind-copy-recipients     [4]        BlindCopyRecipientsField OPTIONAL,
        replied-to-IPM            [5]        RepliedToIPMField OPTIONAL,
        obsoleted-IPMs            [6]        ObsoletedIPMsField DEFAULT {},
        related-IPMs              [7]        RelatedIPMsField DEFAULT {},
        subject                   [8]        EXPLICIT SubjectField OPTIONAL,
        expiry-time               [9]        ExpiryTimeField OPTIONAL,
        reply-time                [10]       ReplyTimeField OPTIONAL,
        reply-recipients          [11]       ReplyRecipientsField OPTIONAL,
        importance                [12]       ImportanceField DEFAULT normal,
        sensitivity               [13]       SensitivityField OPTIONAL,
        auto-forwarded            [14]       AutoForwardedField DEFAULT FALSE,
        extensions                [15]       ExtensionsField DEFAULT {}}
```

Bild 9.1: IPM Heading Fields

Wir wollen im vorliegenden Papier versuchen, nicht nur die technischen Änderungen zu dokumentieren, sondern auch die implizit zugrunde liegenden Konzepte vorzustellen, die uns vor allem durch eigene Beteiligung an den Normungsaktivitäten bekannt sind.

Da einige der zusätzlichen Dienstleistungen von MHS '88 auf der Nutzungsmöglichkeit vom Directory-Dienst beruhen, werden wir zuerst auf die Einbindung des Directory-Dienstes sowie auf das dadurch mögliche Sicherheitsmodell *(Security Model)* für MHS eingehen (Kapitel 10).

Dann werden die Erweiterungen des Message-Transfer-Systems dargestellt (Kapitel 11). Im Anschluß daran wird der Nachrichtenspeicher *(Message Store)* und die Verbindung zur gelben Post *(Physical Delivery Service*, Kapitel 12) vorgestellt.

Die Änderungen des RTS und ROS sowie die *Abstract Service Definition Conventions*, die die Grundlage der jetzigen Darstellungsform der MHS-Dienste bilden, werden in Kapitel 13 ausgeführt. Zum Abschluß der technischen Darstellungen wird die Zusammenarbeit zwischen 84er und 88er Systemen erläutert (Kapitel 14).

In der Zusammenfassung am Schluß dieses Teils (Kapitel 15) vergleichen wir die Leistungsfähigkeit von 84er und 88er MH-Systemen.

10 MHS und Directory

10.1 Directory-Dienst

Die gewünschte Zusammenarbeit zwischen Directory-Dienst und MHS ist bereits in der 84er Empfehlung postuliert worden. In der 88er Empfehlung finden sich nun die Konkretisierungen dazu. In dem Satz der Blue-Book-Empfehlungen ist auch zum ersten Mal mit X.500/IS 9594 (siehe Abschnitt 1.4) eine Norm für Directory-Systeme (DS) festgelegt worden. Diese Norm ist in enger Zusammenarbeit zwischen CCITT Q35 und ISO IEC JTC21 WG4 entstanden. Ebenso waren enge Verbindungen zwischen den Teilnehmern der Q35 (Directory-Systeme) und der Q33 (Message-Handling-Systeme) vorhanden, die es ermöglichten, daß der Directory-Standard die von MHS benötigten Dienste auch tatsächlich anbietet.

Die alltägliche Benutzung von MHS in der Praxis wird häufig durch zu komplizierte Namensgebungen und nicht vorhandene Verzeichnisdienste erschwert. Man stelle sich nur den Telefondienst ohne Telefonbuch und Auskunftsdienst vor, dann sieht man ein, wie wichtig Verzeichnisdienste für die praktische Nutzung von Kommunikationsdiensten sind. Viele existierende Electronic-Mail-Systeme haben daher bereits im Vorgriff auf eine Norm selbst eigene Verzeichnis- oder Auskunftsdienste implementiert (EAN [Neu87], KOMEX [BPST83a], OSITEL [OSI89]). Wir wollen im vorliegenden Papier die für MHS wesentlichen Aspekte von Directory-Systemen erläutern. Probleme und Details der DS-Norm sind nicht Teil des vorliegenden Berichts.

Mit der Empfehlung für DS soll nicht nur die verteilte Realisierung eines solchen Auskunftsdienstes geregelt werden, sondern CCITT will damit die Voraussetzung für die Implementierung eines weltweiten Teilnehmerverzeichnisdienstes für alle Telematikdienste schaffen. Dies impliziert, daß auch die inhaltliche Struktur der Einträge im Directory-System normiert werden muß, d.h. daß eine weltweit einheitliche Namensstruktur festgelegt werden muß.

Aufgabe des Directory-Systems ist es, ein einheitliches Namensschema für Einträge (=Directory-Namen) festzulegen sowie zu jedem Eintrag eines Teilnehmers alle relevanten Telematikadressen dieses Teilnehmers abzuspeichern, d.h. Telefonnummern, Telefaxadressen, Telex- und Teletexadressen, O/R-Adressen für MH-Systeme usw. Für jeden dieser Dienste wird festgelegt, wie diese Einträge für Teilnehmer des jeweiligen Dienstes aussehen. Wir werden im folgenden Abschnitt auf die spezielle Struktur der Einträge für MHS-Teilnehmer ausführlicher eingehen.

Wesentliche Anforderungen an ein Directory-System sind:

- Festlegung eines weltweit einheitlichen Konzeptes für Directory-Namen.
- Schematafestlegungen für Einträge von Adressen für die jeweiligen Telematikdienste.
- Zugreifbarkeit jedes Eintrags prinzipiell von jedem Ort der Welt aus, so nicht ein spezieller Schutz eines Eintrages dies explizit verhindert.
- Verwendbarkeit des Directory-Dienstes durch Benutzer selbst zum Suchen von Adressen oder ähnlichem (wie z.B. Suchen in Telefonbüchern).
- Verwendbarkeit vom Directory-Dienst direkt durch Telematikdienste, z.B. um die Identität eines Teilnehmers zu verifizieren, um zu vorgegebenen Directory-Namen zugehörige Telematikadressen herauszufinden usw.

Der Directory-Dienst kann von folgenden Annahmen ausgehen:

- Directory-Namen unterliegen nur selten Änderungen.
- Adreßeinträge für Telematikdienste werden zwar öfter als Directory-Namen, jedoch auch nur selten geändert.

Die Empfehlung X.500 für Directory-Systeme legt im wesentlichen zwei Dinge fest:

- Die Struktur eines weltweiten Namensbaumes für Directory-Einträge; damit wird gleichzeitig ein weltweites Namensschema sowie eine Verteilung der Autoritäten zur Erweiterung des Namensbaumes gegeben.
- Die Dienstleistungen, die vom Directory-Dienst zur Bearbeitung der Einträge bereitgestellt werden.

Außerdem ist in dem Standard definiert, welche Klassen von Objekten im *Directory* verwaltet werden können und welche Attribute ein Eintrag der jeweiligen Objektklasse haben muß.

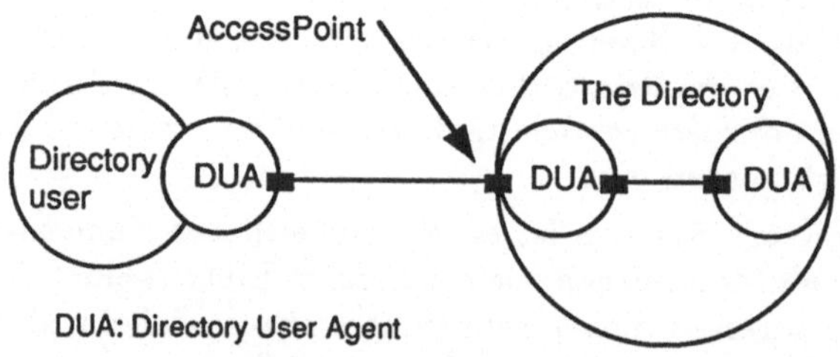

Bild 10.1: Das Directory-Modell (Figure 1/X.519)

Das Directory-Modell (Bild 10.1) sieht vor, daß *DSAs (Directory Service Agents)* die Einträge im *Directory* manipulieren können und auch Aufträge gegebenfalls an andere DSAs weitergeben können. Ähnlich wie bei MHS wird einem Benutzer der Zugang zum Directory-System durch einen *DUA (Directory User Agent)* ermöglicht, mit denen die gewünschten Aufträge formuliert werden können.

Wir wollen hier jedoch nicht näher auf die Details der Directory-Norm eingehen, sondern nur ausführen, welchen Nutzen ein Directory-Dienst MHS-Benutzern bietet und vor allem, wie das *Directory* für die Erbringung neuer Dienstleistungen von MHS genutzt werden kann.

Die wichtigste Nutzung liegt darin, daß ein MTA zur Erbringung seiner Dienstleistungen die Directory-Dienste nutzen kann. In diesem Fall tritt der MTA selber als Benutzer des Directory-Dienstes auf (über die Dienste eines DUA).

Aber auch ein MHS-Benutzer kann als Directory-Benutzer auftreten, um z.B. Auskünfte über Adressen anderer Teilnehmer einzuholen. Dazu ist auch ein Zugang zu einem DUA nötig.

Die Verfügbarkeit eines DS erlaubt es dem Benutzer, die leichter merkbaren Directory-Namen zur Adressierung von Nachrichten zu verwenden (siehe Abschnitt 10.2). Außerdem können Verteilerlisten *(Distribution Lists)* im *Directory* verwaltet werden und dem MHS für die Expansion zur Verfügung gestellt werden (siehe Abschnitt 11.3).

Auch der im folgenden vorgestellte *Security Service* ist nur mit Hilfe des DS realisierbar. Der DS wird zur Verwaltung von *Credentials* (Glaubwürdigkeitsnachweisen) und Authentisierung von Partnern und von Schlüsseln zur Verschlüsselung von Nachrichten, *Credentials* usw. benötigt.

Der Standard für Directory-Dienste ist 1988 zum ersten Mal festgelegt worden. Daher ist zu erwarten, daß in den nächsten Jahren einzelne den Directory-Normen entsprechenden Dienste auf dem Markt erscheinen werden. Die Verfügbarkeit eines weltweiten Directory-Dienstes ist jedoch erst in einigen Jahren zu erwarten.

Bei der Festlegung der Zusammenarbeit von MHS mit Directory-Systemen ist daher nicht von der weltweiten Verfügbarkeit einem *Directory* ausgegangen worden. Die Zusammenarbeit, die in der MHS-Norm festgelegt worden ist, nutzt die Möglichkeiten der lokalen Interaktionen mit Directory-Systemen aus. Diese Möglichkeit der lokalen Interaktion ist auch dann noch sinnvoll und notwendig, wenn eine weltweite *Directory* zur Verfügung steht.[1]

10.2 Directory-Namen

Bei der Umsetzung der 84er Standards in die Praxis – und auch schon in den Standards selbst – ist das Konzept der O/R-Namen aufgeweicht worden. Angestrebt

[1] Es kann zum Beispiel nicht auf jede Information der *Directory* von jeder Stelle aus zugegriffen werden, da spezielle Schutzmechanismen dies verhüten, oder da das Aufsuchen eines Eintrags in Übersee zu teuer sein kann und es daher kostengünstiger wäre, eine Nachricht nach Übersee zu schicken und die vollständige Auflösung des Directory-Namens zur endgültigen O/R-Adresse erst dort vorzunehmen.

war schon 1984 eine benutzerfreundliche Namensgebung unabhängig von Routing-Informationen. Tatsächlich wurden jedoch nur O/R-Adressen benutzt, die noch einige technische Angaben für das *Routing* enthielten (vgl. Abschnitt 3.6.3, Seite 34). Hinzu kommt, daß durch den Fortschritt bei der Entwicklung der Directory-Standards (X.500ff) einige Klärungen bzgl. der Namen (Objekte im Sinne der *Directory*) erreicht wurden, die es notwendig machten, die Verwendung von O/R-Namen im MHS neu zu überdenken.

Dieser Tatsache trugen die Entwickler der 88er Standards Rechnung, indem sie die O/R-Namen neu definierten. Danach hat ein O/R-Name zwei Komponenten:

- einen Directory-Namen und
- eine O/R-Adresse.

Directory-Namen sind die Namen, die vom Directory-Dienst gespeichert und verwaltet werden und somit auch nur dann sinnvoll verwendet werden können, wenn ein Zugang zum Directory-Dienst möglich ist. Sie sind nicht technisch orientiert und können somit sehr benutzerfreundlich gestaltet werden. Die O/R-Adressen entsprechen im wesentlichen den 84er O/R-Namen.

Ein Directory-Name bezeichnet einen Eintrag in dem *Directory* und repräsentiert eine Person[2]. In diesem Eintrag können weitere Informationen gespeichert sein, z.B. die zu den jeweiligen Telematikdiensten gehörenden Adressen der durch den Directory-Namen bezeichneten Person.

Im folgenden wird nun dargestellt, wie Directory-Namen in 88er Systemen zur Adressierung von Teilnehmern verwendet werden können.

Bei der Analyse des Namens eines Adressaten geht das MTS folgendermaßen vor: Ist eine O/R-Adresse vorhanden, so nimmt das MTS (wie auch schon in X.400-84) diese als Zieladresse. Fehlt eine O/R-Adresse (bzw. ist die O/R-Adresse ungültig), so erlangt der Directory-Name Bedeutung. Das MHS stellt eine Anfrage an das Directory-System, um die zu diesem Directory-Namen gehörende O/R-Adresse zu erfahren.

Da die 88er MTAs unterschiedliche Zustellmethoden *(Delivery Methods)* unterstützen (u.a. *MHS-Delivery, Physical-Delivery, Teletex-Delivery*), ist es an dieser Stelle sinnvoll und möglich, eine der geforderten Zustellmethode adäquate O/R-Adresse vom Directory-Dienst anzufordern. Denn der Directory-Dienst kann zu einem Directory-Namen durchaus mehrere O/R-Adressen verwalten. So ist die postalische Adresse im Normalfall eine andere als die Teletexadresse, die sich wiederum von der MHS-Adresse unterscheidet.

In diesem Sinne sind 4 Formen von O/R-Adressen definiert. Sie werden im folgenden vorgestellt. Dabei werden einige neu hinzugekommenen Standardattribute erläutert. Einen Gesamtüberblick über die Adreßformen mit allen Standardattributen gibt Tabelle 10.1.

[2] I.a. können in dem *Directory* Einträge von beliebigen Objekten, nicht nur von Personen gespeichert werden.

1. Mnemonische Adresse *(Mnemonic O/R Address)*

   Sie bezeichnet einen Benutzer oder eine Verteilerliste mnemonisch relativ zu einer ADMD. Der *common-name* ist ein neu hinzugekommenes Attribut, das einen Benutzer oder eine Verteilerliste relativ zu einem anderen Attribut bezeichnet (z.B. „Leiter der Verkaufsabteilung" innerhalb einer Organisation).

2. Numerische Adresse *(Numeric O/R Address)*

   Sie bezeichnet einen Benutzer numerisch innerhalb einer ADMD.

3. Postalische Adresse *(Postal O/R Address)* (neu im 88er Standard)

   Hier handelt es sich um die Postadresse eines Benutzers. Der *physical-delivery-service-name* identifiziert einen *Physical Delivery Service (PDS)* relativ zu einer ADMD. Der *physical-delivery-country-name* ist der Name des Landes, in dem die Zustellung erfolgen soll und der *postal-code* identifiziert postalisch die geographische Region der Zustellung (z.B. Postleitzahl). Der PDS wird ausführlich in Abschnitt 12.2 erläutert.

   Zusätzlich kann bei einer postalischen Adresse zwischen einer formatierten *(formatted)* und einer unformatierten *(unformatted)* Adresse unterschieden werden.

   Die unformatierte Form enthält die postalische Adresse in einem einzigen (eben unformatierten) Attribut: *unformatted-postal-address.*

   Bei der formatierten Form werden jeweils einige von insgesamt 11 Attributen angegeben, die jeweils einzelne Teile der postalischen Adresse enthalten (siehe Tabelle 10.1).

4. Terminal Adresse *(Terminal O/R Address)*

   Diese Adreßform identifiziert einen Benutzer mit Hilfe einer Netzadresse und evtl. einem Terminaltyp. Sie besteht z.B. im Falle eines Telexterminals aus der Telexnummer.

Mit dieser Festlegung hat das CCITT letztendlich ein relativ benutzerfreundliches Modell eingeführt. Der Benutzer braucht – falls ein Directory-Dienst zur Verfügung steht – keine Kenntnis mehr von den jeweiligen O/R-Adressen zu haben. Die Zuordnung der Directory-Namen zu den O/R-Adressen wird dem Directory-Dienst überlassen. Damit ist die Gestaltung der Namensform der Directory-Namen nicht mehr im Verantwortungsbereich des einzelnen MHS und ist damit unabhängig von MHS-Konfigurationen, sondern liegt bei der Verwaltung des (weltweiten, hierarchisch konzipierten) Directory-Dienstes. Dies bedeutet einen gewaltigen Schritt in Richtung auf die Standardisierung der Namen und auch einen gewichtigen Beitrag zur (potentiellen) Benutzerfreundlichkeit der Namen.

10.3 Sicherheitsmechanismen in MHS

Der Directory-Dienst kann neben den bisher geschilderten Auskunftsdiensten ein *Authentication Framework* (X.509) zur Verfügung stellen. Dieses kann dazu genutzt wer-

Tabelle 10.1: Formen der O/R-Adressen (Table 9/X.402)

Attribute Type	O/R Address Forms				
			Post		
	Mnem	Numr	F	U	Term
General					
administration-domain-name	M	M	M	M	C
common-name	C	-	-	-	-
country-name	M	M	M	M	C
network-address	-	-	-	-	M
numeric-user-identifier	-	M	-	-	-
organization-name	C	-	-	-	-
organizational-unit-name	C	-	-	-	-
personal-name	C	-	-	-	-
private-domain-name	C	C	C	C	C
terminal-identifier	-	-	-	-	C
terminal-type	-	-	-	-	C
Postal Routing					
physical-delivery-service-name	-	-	C	C	-
physical-delivery-country-name	-	-	M	M	-
postal-code	-	-	M	M	-
Postal Addressing					
extension-postal-O/R-address-components	-	-	C	-	-
extension-physical-delivery-address-components	-	-	C	-	-
local-postal-attributes	-	-	C	-	-
physical-delivery-office-name	-	-	C	-	-
physical-delivery-office-number	-	-	C	-	-
physical-delivery-organization-name	-	-	C	-	-
physical-delivery-personal-name	-	-	C	-	-
post-office-box-address	-	-	C	-	-
poste-restante-address	-	-	C	-	-
street-address	-	-	C	-	-
unformatted-postal-address	-	-	-	M	-
unique-postal-name	-	-	C	-	-
Domain-defined					
domain-defined-attributes (one or more)	C	C	-	-	C

Legend					
Mnem:	mnemonic	F:	formatted	M:	mandatory
Numr:	numeric	U:	unformatted	C:	conditional
Post:	postal				
Term:	terminal				

den, Sicherheitsmechanismen in MHS zu etablieren. Sicherheitsmechanismen werden benötigt, da Nachrichten in MHS über mehrere Verwaltungsbereiche weitergeleitet werden können. Ein Benutzer oder auch ein Betreiber hat keinen Einfluß darauf, wie die Nachrichten außerhalb seines Verwaltungsbereiches behandelt werden. Es kann daher Zweifel an der Zuverlässigkeit der beteiligten Verwaltungsbereiche geben. Der 88er Standard bietet nun die Möglichkeit, Sicherheitsrisiken bei der Übermittlung zu reduzieren und eigene Sicherheitsanforderungen eines Verwaltungsbereiches, eines Benutzers oder einer Nachricht festzulegen. Der Standard legt dann fest, daß nur über Verwaltungsbereiche weitergeleitet werden darf, die den Sicherheitsanforderungen auch entsprechen.

Sicherheitsrisiken, die in MHS auftreten können, entstehen zum Beispiel dadurch, daß

- Verbindungen zu nicht gewünschten Partnern aufgebaut werden, die dann Analysen des Nachrichtenaufkommens vornehmen, die Nachrichten falsch weiterleiten, oder – im Falle von *Hold For Delivery* oder *Deferred Delivery* – zu früh weiterleiten oder mehrfach zustellen oder gar die Nachricht unzulässigerweise verändern.
- ein Kommunikationspartner die Beteiligung an einem früheren Kommunikationsprozeß leugnet *(Repudiation Of Messages)*.

Die Integration von Sicherheitsmechanismen ermöglicht,

- (beim Verbindungsaufbau) die Authentizität der Partner,
- (beim Verbindungsaufbau) die gewünschte Sicherheitsstufe *(Security Level)* zwischen zwei MTAs bzw. zwei Verwaltungsbereichen und
- die Authentizität einer Nachricht bzw. ihrer Urheber oder eines Verbindungspartners mit hoher Sicherheit durch Verwendung von asymmetrischer Verschlüsselung *(encryption)* festzustellen.

Die Authentisierung von Partnern, die dazu nötige Verwaltung von Paßwörtern usw. sowie die Verwaltung von Schlüsseln zur Verschlüsselung erfolgt mittels des Directory-Dienstes und ist in der Serie der X.500 Empfehlungen bzw. im Standard IS 9594 festgelegt. Im MHS-Standard wird nur die Benutzung dieser Sicherheitsmechanismen definiert. Dazu werden neue Protokollargumente *(Security Arguments)* und Dienstelemente definiert, die diese Sicherheitstechniken benutzen können. In den entsprechenden Prozeduren (X.411/IS 10021-4) ist definiert, an welchen Stellen eine Sicherheitsüberprüfung – wenn gefordert – erfolgt.

Für eine einzelne Nachricht kann ebenfalls deren Sicherheitserfordernis definiert werden. Der MHS-Standard legt fest, daß diese Nachricht nicht über Verwaltungsbereiche geleitet werden darf, die den Sicherheitserfordernissen nicht genügen, bzw. daß die geforderten Sicherheitsdienste und -algorithmen ausgeführt werden müssen.

Der MHS-Standard definiert, wie sich die einzelnen Diensterbringer beim Vorliegen von Sicherheitserfordernissen verhalten. Er legt jedoch selbst nicht spezielle Sicherheitsklassen oder ähnliches fest.

Unter einer Sicherheitsklasse *(Security Policy)* wird hierbei ein Satz von Regeln verstanden, die die Verwendung von Sicherheitsmechanismen festlegen. Insbesondere ist in einer Sicherheitsklasse anzugeben, ob einfache Paßwörter als Authentisierung ausreichen *(simple authentication)* oder ob verschlüsselte Glaubwürdigkeitsnachweise *(authentication credentials)* benötigt werden.

Voraussetzung für das Funktionieren dieses Sicherheitsmodells ist, daß Sicherheitsklassen in autorisierter Form und zuverlässig für die jeweiligen Verwaltungsbereiche definiert werden. Die Sicherheit hängt daher wesentlich von außerhalb von MHS liegenden Administrationsmechanismen ab. Eine Instanz – im Verständnis des Standards wohl eine Postverwaltung oder ähnliches – kann dazu autorisiert werden, sogenannte Sicherheitszertifikate *(Security Certificates)* zu vergeben. Ein Sicherheitszertifikat ist hierbei nichts anderes als eine Nummer, die einer Sicherheitsklasse zugeordnet wird.

Die vorgegebene Festlegung läßt zu, daß zwei Verwaltungsbereiche in bilateraler Absprache ihre Sicherheitsklassen festlegen und sich damit gegenseitig „trauen". Auch hier ist auf die Zuverlässigkeit entsprechender Angaben in der *Directory* zu verweisen, die ja die Glaubwürdigkeitsnachweise *(authentication credentials)*, Schlüssel und Sicherheitsklassen verwaltet.

Dieser 88er MHS-Standard ermöglicht also einem Verwaltungsbereich, eine Sicherheitsstufe für sich selber festzulegen und bei der Verbindung mit anderen Verwaltungsbereichen sicherzustellen, daß die Verbindung nur hergestellt wird, wenn der Partner der gewünschten Sicherheitsstufe auch entspricht. Damit ist es möglich, den Sicherheitsbedürfnissen zum Beispiel eines Unternehmens zu genügen und sich gegebenenfalls gegen „unsichere" Verwaltungsbereiche abzuschotten.

Die gleiche Technik kann auch bei der Verbindung zwischen UA und MTA oder UA und *Message Store* oder *Message Store* und MTA verwendet werden, damit auch hier die gewünschte Sicherheit zwischen den Partnern garantiert ist.

11 Message-Transfer-System

Für das Message-Transfer-System sind in der 88er Norm eine Reihe zusätzlicher optionaler Dienste definiert worden. Um die Vielzahl der Möglichkeiten zu zeigen, die einem Benutzer des 88er Systems beim Transfer von Nachrichten zur Verfügung stehen, haben wir die vollständigen Tabellen der Protokollargumente beim *Submit* (Tabelle 11.1), beim *Delivery* (Tabelle 11.2) und beim *Transfer* (Tabelle 11.3) abgebildet. Der Verwendungszweck der Argumente ist an Hand ihrer Bezeichnungen unschwer zu erkennen. Diese Tabellen sollen nur einen Eindruck vermitteln, wir wollen jedoch die Einzelheiten der Tabellen nicht erläutern. Einige der Argumente der Tabellen sind nur Neubenennungen von bereits in 1984 vorhandenen Protokollelementen[1], andere gehören zu den in 1988 neuen Dienstleistungen. Bei der Darstellung der neuen Dienstleistungen in den folgenden Abschnitten wird auf die entsprechenden Argumente dieser drei Tabellen verwiesen.

Die wichtigsten neuen Dienstleistungen des MTS sind:

- Zusammenarbeit mit dem Directory-Dienst,
- erweiterte Adressierungs- und Umadressierungsmöglichkeiten,
- Behandlung von Verteilerlisten und
- Integration eines Sicherheitsmodells.

Die Einbindung des Sicherheitsmodells wird durch das Auftreten der Security-Argumente beim *Submit*, *Delivery* und *Transfer* deutlich (Tabellen 11.1, 11.2 und 11.3). Auf Einzelheiten, wie diese Argumente zur Erbringung von Dienstleistungen verwendet werden, wollen wir hier nicht näher eingehen.

Die neuen Adressierungs- und Weiterleitungsmöglichkeiten sowie das Konzept von Verteilerlisten werden in den folgenden Abschnitten vorgestellt. Diese Dienstleistungen werden durch Zusammenarbeit mit Directory-Diensten erbracht.

Der Standard X.411 macht einen Vorschlag für eine Ablaufsteuerung innerhalb eines MTAs zur Erbringung der Dienstleistungen. Dieser wird im folgenden Abschnitt erläutert.

[1]Die Kodierung der nur neu benannten Protokollargumente ist 1988 identisch mit der von 1984.

Tabelle 11.1: Message-submission Arguments (Table 3/X.411)

Argument Type	Argument	Pres[2]
Originator Argument	Originator-name	M
Recipient Arguments	Recipient-name	M
	Alternate-recipient-allowed	O
	Recipient-reassignment-prohibited	O
	Originator-requested-alternate-recipient	O
	DL-expansion-prohibited	O
	Disclosure-of-recipients	O
Priority Argument	Priority	O
Conversion Arguments	Implicit-conversion-prohibited	O
	Conversion-with-loss-prohibited	O
	Explicit-conversion	O
Delivery Time Arguments	Deferred-delivery-time	O
	Latest-delivery-time	O
Delivery Method Argument	Requested-delivery-method	O
Physical Delivery Arguments	Physical-forwarding-prohibited	O
	Physical-forwarding-address-request	O
	Physical-delivery-modes	O
	Registered-mail-type	O
	Recipient-number-for-advice	O
	Physical-rendition-attributes	O
	Originator-return-address	O
Report Request Arguments	Originator-report-request	M
	Content-return-request	O
	Physical-delivery-report-request	O
Security Arguments	Originator-certificate	O
	Message-token	O
	Content-confidentiality-algorithm-identifier	O
	Content-integrity-check	O
	Message-origin-authentication-check	O
	Message-security-label	O
	Proof-of-submission-request	O
	Proof-of-delivery-request	O
Content Arguments	Original-encoded-information-types	O
	Content-type	M
	Content-identifier	O
	Content-correlator	O
	Content	M

[2]Presence: M: Mandatory, O: Optional, C: Conditional

Tabelle 11.2: Message-delivery Arguments (Table 15/X.411)

Argument Type	Argument	Pres
Delivery Arguments	Message-delivery-identifier	M
	Message-delivery-time	M
	Message-submission-time	M
Originator Argument	Originator-name	M
Recipient Arguments	This-recipient-name	M
	Intended-recipient-name	C
	Redirection-reason	C
	Other-recipient-names	C
	DL-expansion-history	C
Priority Argument	Priority	C
Conversion Arguments	Implicit-conversion-prohibited	C
	Conversion-with-loss-prohibited	C
	Converted-encoded-information-types	C
Delivery Method Argument	Requested-delivery-method	C
Physical Delivery Arguments	Physical-forwarding-prohibited	C
	Physical-forwarding-address-request	C
	Physical-delivery-modes	C
	Registered-mail-type	C
	Recipient-number-for-advice	C
	Physical-rendition-attributes	C
	Originator-return-address	C
	Physical-delivery-report-request	C
Security Arguments	Originator-certificate	C
	Message-token	C
	Content-confidentiality-algorithm-identifier	C
	Content-integrity-check	C
	Message-origin-authentication-check	C
	Message-security-label	C
	Proof-of-delivery-request	C
Content Arguments	Original-encoded-information-types	C
	Content-type	M
	Content-identifier	C
	Content	M

Tabelle 11.3: Message-transfer Arguments (Table 29/X.411)

Argument Type	Argument	Pres
Relaying Arguments	Message-identifier	M
	Per-domain-bilateral-information	C
	Trace-information	M
	Internal-trace-information	C
	DL-expansion-history	C
Originator Argument	Originator-name	M
Recipient Arguments	Recipient-name	M
	Originally-specified-recipient-number	M
	Responsibility	M
	DL-expansion-prohibited	C
	Disclosure-of-recipients	C
Redirection Arguments	Alternate-recipient-allowed	C
	Recipient-reassignment-prohibited	C
	Originator-requested-alternate-recipient	C
	Intended-recipient-name	C
	Redirection-reason	C
Priority Argument	Priority	C
Conversion Arguments	Implicit-conversion-prohibited	C
	Conversion-with-loss-prohibited	C
	Explicit-conversion	C
Delivery Time Arguments	Deferred-delivery-time	C
	Latest-delivery-time	C
Delivery Method Argument	Requested-delivery-method	C
Physical Delivery Arguments	Physical-forwarding-prohibited	C
	Physical-forwarding-address-request	C
	Physical-delivery-modes	C
	Registered-mail-type	C
	Recipient-number-for-advice	C
	Physical-rendition-attributes	C
	Originator-return-address	C
Delivery Report Request Arguments	Originator-report-request	M
	Originating-MTA-report-request	M
	Content-return-request	C
	Physical-delivery-report-request	C
Security Arguments	Originator-certificate	C
	Message-token	C
	Content-confidentiality-algorithm-identifier	C
	Content-integrity-check	C
	Message-origin-authentication-check	C
	Message-security-label	C
	Proof-of-delivery-request	C
Content Arguments	Original-encoded-information-types	C
	Content-type	M
	Content-identifier	C
	Content-correlator	C
	Content	M

11.1 Ablaufsteuerung für MTA-Prozeduren

Die Dienstleistungen, die ein 88er MTA erbringen kann, sind zahlreicher und vielfältiger geworden, als es im 84er Standard der Fall war. Das Design eines MTAs, der alle diese Dienstleistung erbringen soll, ist daher auch erheblich aufwendiger geworden. Deshalb wird im 88er Standard auch ein Vorschlag (Section 4 in X.411) gemacht, wie der prozedurale Ablauf eines MTAs gestaltet werden kann. Dies ist jedoch nur ein unverbindlicher Vorschlag, keine Festlegung. Sie löst die im 84er Standard etwas umständliche Beschreibung der MTA-Komponenten wie *Message Dispatcher* und *Association Manager* ab. Im folgenden wollen wir diesen Vorschlag vorstellen.

Die Darstellung ist nicht auf die Erbringung der in dem 88er Standard neuen Dienstelemente beschränkt, sondern umfaßt alle in dem 88er Standard möglichen optionalen und Pflichtdienstelemente einschließlich derer, die bereits in 84 standardisiert wurden. Es ist jedoch nicht notwendig, daß jeder 88er MTA alle diese Dienstelemente anbietet, sondern es ist eine Arbeitsteilung zwischen mehreren MTAs eines Verwaltungsbereiches möglich. Für die Implementierung eines MTAs wird es daher im allgemeinen genügen, nur einen Teil des im folgenden aufgeführten prozeduralen Ablaufs zu implementieren.

Der prozedurale Ablauf soll ermöglichen, daß der MTA folgende Randbedingungen erfüllen kann:

- der MTA soll alle optionalen und Pflichtdienste eines 88er MTA erbringen;
- die Transferrate (die Menge der zu übertragenden Daten) soll minimal gehalten werden, d.h. es sollen möglichst wenige redundante Nachrichten übertragen werden, Nachrichten sollen gebündelt werden;
- der MTA kann Nachrichten und *Probes* von MTAs *(Transfer)*, UAs oder MSs *(Message Stores*[3]*)* entgegennehmen *(submit)* bzw. an diese zustellen *(deliver)* oder an andere MTAs weiterleiten;
- der MTA kann *Reports* erzeugen, weitervermittlen und zustellen;
- der MTA kann Verteilerlisten expandieren.

Ein MTA kann folgende Ein- und Ausgänge (*Ports*, siehe Abschnitt 13.3) haben (Bild 11.1):

- *Access Association Control Port* zum Aufbau von Verbindungen;
- *Transfer Association Control Port* zum Betrieb von Verbindungen;
- *Administration Port* zur Verwaltung möglicher Verbindungspartner;
- *Submission Port*, der Objekte vom UA oder MS entgegennimmt;
- *Delivery Port*, der Objekte an UAs oder MSs zustellt;
- *Transfer Port*, der Objekte an andere MTAs weiterleitet.

[3] *Message Stores* werden in Abschnitt 12.1 erläutert.

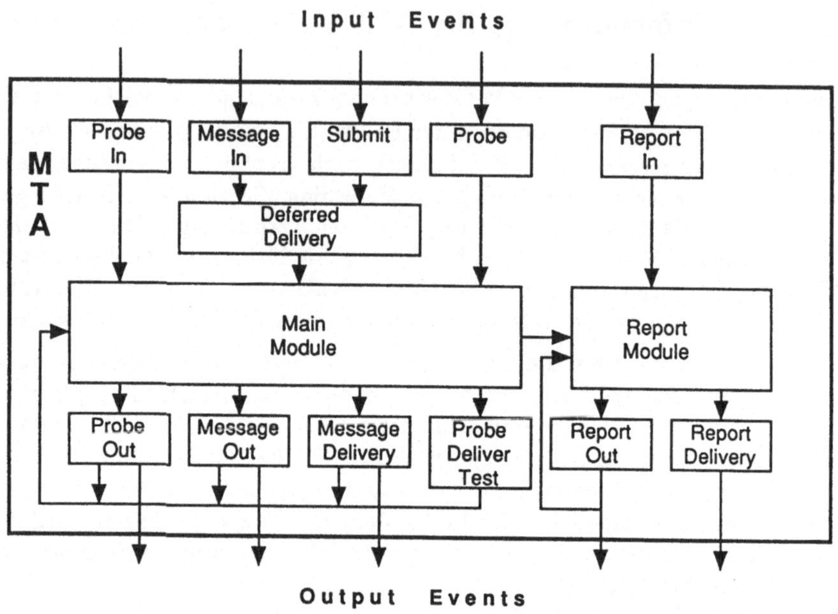

Bild 11.1: Interne und externe Module (Figure 6/X.411)

Als Objekte können hier *Messages*, *Probes* oder *Reports* bearbeitet werden.
Der MTA wird angestoßen durch folgende Ereignisse:

- Eingang einer *Probe*, einer *Message*, eines *Reports* von einem anderen MTA;
- Entgegennehmen einer *Message* oder *Probe* von einem UA oder MS.

Als Ergebnis seiner Operation erzeugt der MTA selbst wieder Ereignisse:

- Ausgang einer *Probe*, *Message* oder eines *Reports* an einen anderen MTA;
- Zustellung einer Message oder eines Reports an einen UA oder MS.

Die im folgenden beschriebene prozedurale Gestaltung des MTA stellt sicher, daß die oben genannten Anforderungen an den MTA auch erfüllt sind. Sie illustriert außerdem das gewünschte Zusammenspiel der unterschiedlichen Aktionen in einem MTA (Weiterleiten, Security-Behandlung, *DL-Expansion*, *Redirection* usw.).

Ein MTA wird implementiert als eine Reihe von Modulen. Für jeden *Port* ist im MTA ein eigener Modul definiert. Die Bearbeitung jedes dieser Ereignisse im MTA erfolgt durch den für den jeweiligen *Port* zuständigen Modul. Diese Port-Module geben die Objekte dann zur lokalen Bearbeitung im MTA an einen der folgenden internen Module weiter (siehe Bild 11.1):

- Modul zur Bearbeitung von *Deferred Delivery* (zeitverzögerte Zustellung)

- Modul zur Bearbeitung von *Messages* und *Probes* (Main-Modul)
- Modul zur Bearbeitung von *Reports* (Report-Modul).

Die komplizierteste Bearbeitung von *Messages* und *Probes* findet im Main-Modul (Section 14.3, X.411) statt. Hier werden Routing-Entscheidungen getroffen, Schleifenkontrollen durchgeführt, DLs expandiert und die *Recipient Redirection* wird durchgeführt. Im folgenden werden wir daher das Zusammenspiel dieser Prozeduren kurz erläutern.

11.1.1 Der Main-Modul

Der Main-Modul (siehe Bild 11.2) besteht aus mehreren Prozeduren. Die *Front-end Procedure* nimmt von den die obigen Ereignisse bearbeitenden Moduln die *Messages* bzw. *Probes* entgegen. Eine interne Kontrollstruktur wird – sofern nicht schon vorhanden – für die *Message* oder *Probe* für jeden zugehörigen zu bearbeitenden Empfänger erzeugt. Ziel der gesamten Bearbeitung ist, das Objekt (*Message* oder *Probe*) möglichst mit der gesamten Empfängerliste zu bearbeiten. Eine gesonderte Kopie soll nur dann erzeugt werden, wenn für die Kopie eine andere Route benutzt werden soll. Die *Routing-and-conversion-decision Procedure* bearbeitet einzeln die jeweiligen O/R-Adressen der angegebenen Empfänger und stellt alle Aktionen fest, die

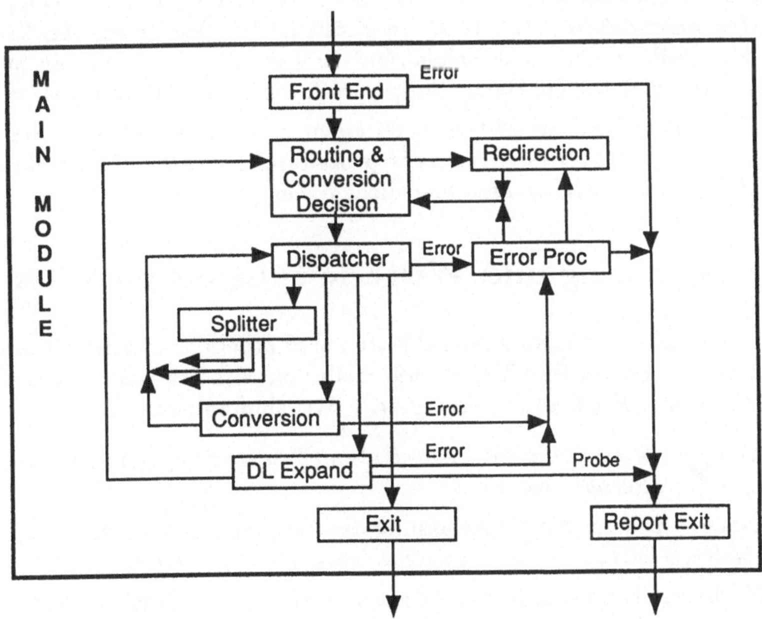

Bild 11.2: Informationsfluß im Main-Modul (Figure 8/X.411)

dieser MTA für die einzelnen Empfänger ausführen soll, und erzeugt eine interne Kontrollstruktur, die die entsprechenden Anweisungen enthält. Jede weitere lokale Bearbeitung verwendet dann die Informationen dieser internen Kontrollstruktur. Falls mittels der vorliegenden O/R-Adresse kein nächstes Ziel für einen Empfänger gefunden werden kann, wird die *Redirection Procedure* aufgerufen. Falls diese auch nicht zum Erfolg führt, wird eine *Report Instruction* erzeugt. Gleiches gilt, wenn andere Ursachen die weitere Zustellung verhindern (z.B. die Sicherheitsanforderungen, *DL-Expansion Prohibited* usw.).

Das Objekt wird dann mit all den Instruktionen für jeden Empfänger an den *Dispatcher* weitergegeben.

Der *Dispatcher* stellt als erstes fest, welche Empfänger abgesondert werden müssen, da sie gesondert weitergeleitet werden sollen (z.B. im Falle von *Report Instructions*, Weiterleitung an unterschiedliche MTAs usw.). Dies bedeutet, daß an dieser Stelle gegebenenfalls notwendige Kopieerzeugung von Nachrichten durch Aufruf der *Splitter Procedure* veranlaßt wird. Die *Splitter Procedure* erzeugt die benötigten Exemplare (auch nach dem *Splitter* sind Empfänger, die das gleiche nächste Ziel haben, auf einer Kopie zusammengefaßt).

Für jede einzelne Kopie und jeden einzelnen Empfänger legt der *Dispatcher* dann fest, ob sie an die *Error Procedure* übergeben wird (falls eine *Report Instruction* für den Empfänger vorliegt), ob eine Konvertierung durchgeführt werden soll, ob *DL-Expand* durchgeführt wird usw. Der *Dispatcher* kontrolliert damit für jeden einzelnen Empfänger die erfolgreiche Durchführung der einzelnen Aktionen. Der detaillierte Ablauf von *DL-Expand* und der *Redirection Procedure* sind in den entsprechenden Abschnitten beschrieben (11.3, 11.2). In X.411 ist bei jeder einzelnen Prozedur die spezielle Behandlung von Sicherheitsanforderungen ausgeführt (in den Modulen für die *Ports* wird ebenfalls die Behandlung von Sicherheitsanforderungen erläutert).

Für die Reportbearbeitung gibt es auch einen eigenen Modul, den Report-Modul (Section 14.4 in X.411), dessen interner prozeduraler Ablauf ähnlich diesem Main-Modul erfolgt. Wir gehen deshalb hier nicht näher darauf ein.

11.2 Zustellung und Weiterleitung durch MTAs

Die Adressierungs- und Zustellmöglichkeiten sind erheblich erweitert worden. Nachrichten können auch an Empfänger außerhalb von MH-Systemen zugestellt werden (Telematikdienste, *Physical Delivery* usw.). Hier sind zu nennen:

- Der Absender kann alternative Adressaten (Ersatzempfänger) angeben *(Originator requested alternate recipient)*.
- Eine Nachricht kann auf Veranlassung des Empfängers an einen anderen Adressaten weitergeleitet werden *(Recipient reassignment allowed)*.
- eine Nachricht kann – falls der Adressat keine gültige MHS-Adresse darstellt – durch den bearbeitenden MTA an einen anderen Adressaten weitergeleitet werden, der für diesen Verwaltungsbereich als Ersatzempfänger definiert ist *(Domain*

specified alternate recipient). Dies kann z.B. genutzt werden, um Nachrichten mit unbekannten Adressaten an eine Postklärungsstelle zu übergeben.

- Eine Nachricht kann durch Verteilerlisten als Empfänger an eine Reihe von Empfängern zugestellt werden.

Der letzteren Möglichkeit wird im folgenden ein gesonderter Abschnitt gewidmet (Abschnitt 11.3). Ebenso gibt es die Möglichkeit, statt der MHS-spezifischen O/R-Adresse (s.o.) einen wesentlich benutzerfreundlicheren Directory-Namen des gewünschten Empfängers anzugeben.

11.2.1 Verwendung von Directory-Namen

In dem 88er X.400-Standard braucht ein Benutzer im O/R-Namen nur einen Directory-Namen und keine O/R-Adresse anzugeben (siehe Abschnitt 10.2). Beim Übergeben einer solchen Nachricht vom UA an das MTS *(submit)* ist es dann Aufgabe des MTS, die zugehörige O/R-Adresse mittels des Directory-Dienstes in Erfahrung zu bringen, da nur auf der Basis einer O/R-Adresse die Nachricht richtig bearbeitet werden kann *(Routing).*

Wenn eine Nachricht an das MTS übergeben wird *(Submit Action)*, die sowohl einen Directory-Namen als auch eine O/R-Adresse für einen Empfänger enthält, dann wird diese Nachricht unter Verwendung nur der O/R-Adresse bearbeitet und weitervermittelt.

Wenn bei der Übergabe *(Submit Action)* eine Nachricht nur einen Directory-Namen als Empfänger enthält, verbindet sich der MTA, der diese Nachricht bearbeitet, mit dem ihm bekannten Directory-Dienst und läßt sich die zugehörige O/R-Adresse zu dem Directory-Namen geben. Das heißt, der erste MTA, der die Nachricht erhält, holt sich die zugehörige O/R-Adresse mittels des Directory-Systems. Mit dieser gefundenen O/R-Adresse wird dann die Nachricht weitervermittelt.

Dies bedeutet jedoch auch, daß nur solche Teilnehmer, die an einen Verwaltungsbereich mit Directory-System angeschlossen sind, Nachrichten allein durch Verwendung von Directory-Namen adressieren können.

Innerhalb eines Verwaltungsbereichs muß jedoch nicht jeder MTA die Möglichkeit haben, sich mit dem Directory-System zu verbinden, sondern es genügt, wenn ein MTA innerhalb des Bereichs mit dem Directory-System zusammenarbeiten kann. Intern können die MTAs eines Bereichs Nachrichten dann über diesen MTA vermitteln, wenn Directory-Informationen benötigt werden. Die Art und Weise, wie dieses interne „Routen" erfolgt, ist allerdings nicht in diesem Standard definiert.

Normalerweise wird der Ablauf so sein, daß zu einem Directory-Namen nur ein einziges Mal ein Directory-Zugriff zur Ermittlung einer O/R-Adresse gemacht wird und diese dann die einzig gültige Adresse bis zum Erreichen des Empfängers ist.

Sollte sich im Zuge der Weitervermittlung *(Routing)* einer Nachricht jedoch eine Situation ergeben, in der die Bearbeitung der O/R-Adresse des Empfängers nicht zu einer Weitervermittlung zu einem nächsten MTA oder zur Zustellung zu einem UA führt, dann wird versucht – wenn zusätzlich ein Directory-Name für den Empfänger der Nachricht eingegeben wurde und Verbindungsmöglichkeit zu einem Directory-System besteht – eine neue O/R-Adresse zu diesem Directory-Namen zu finden (Section 14.3.6 in X.411). Falls keine andere O/R-Adresse für *Message Handling* zu diesem Eintrag in der *Directory* gefunden wird, dann kann – wenn dies nicht ausdrücklich vom Urheber der Nachricht ausgeschlossen wurde – auch die O/R-Adresse für ein anderes Kommunikationsmedium verwendet werden (siehe auch Abschnitt 12.2).

Die Möglichkeit, mehrfach für denselben Directory-Namen Directory-Zugriffe zu machen, ermöglicht in unterschiedlichen Verwaltungsbereichen z.B. zu unterschiedlich detaillierten O/R-Adressen zu kommen und damit auf dem Wege einer Nachricht die O/R-Adresse jeweils durch eine genauere zu ersetzen. Der Standard verbietet dies nicht, sondern schlägt in der Fehlerbehandlungsprozedur *(Error Procedure)* genau dieses „gutartige“ Verhalten vor.

Die Protokolle und Dienste, die ein MTA für die Kommunikation mit dem Directory-Dienst benutzt, sind nicht Teil der MHS-Norm, sondern sie sind in den Standards für Directory-Systeme definiert (X.500).

11.2.2 Nachsendung und Weiterleitung von Nachrichten

Die zusätzlichen Möglichkeiten, Nachrichten auch an andere als die unmittelbar vom Absender spezifizierten Erstempfänger zuzustellen, erfordern einige neue Protokollelemente. Gleichzeitig sind auch Protokollelemente (siehe Tabelle 11.1) vorgesehen, mit deren Hilfe der Absender es untersagen kann, an andere als die unmittelbaren Empfänger zuzustellen *(alternate recipient allowed, recipient reassignment prohibited, dl expansion prohibited)*, sowie Protokollelemente (siehe Tabellen 11.2, 11.3), in denen zwecks Rekursionskontrolle die ersetzten Empfänger aufgezeichnet werden *(dl expansion history, recipient reassignment history)*.

Außerdem kann der Absender auch spezifizieren, ob der Empfänger nur die von ihm original spezifizierten Erstempfänger angezeigt erhält, oder ob auch alle durch Weiterleitung, Nachsendung usw. ermittelten Ersatzempfänger mit angezeigt werden sollen *(disclosure of other recipients)*.

Alle diese Protokollelemente werden wirksam, wenn ein MTA bei der Analyse eines Adressaten in der *Routing-and-conversion-decision Procedure* prüft, wie diese Nachricht weiterzuvermitteln ist. Wenn aus der vorhandenen O/R-Adresse kein Zielort (anderer MTA oder UA) abgeleitet werden kann, dann versucht der MTA alternative Empfänger zu ermitteln. Es wird geprüft, ob auch ein Directory-Name spezifiziert wurde, wenn ja, dann prüft der MTA, ob zu diesem Directory-Namen eine andere als die vorhandene O/R-Adresse in dem *Directory* eingetragen ist. Falls dies nicht möglich oder zulässig ist, dann wird der vom Absender spezifizierte Ersatzempfänger *(Originator requested alternate recipient)* als Adressat angenommen. Wenn auch dieser Adressat nicht zur Weitervermittlung oder Zustellung führt, d.h. keine funktionsfähige oder gültige O/R-Adresse darstellt, dann wird der in dem Verwaltungsbereich definierte Ersatzempfänger (*domain specified alternate recipient*, im allgemeinen eine Postklärungsstelle) versucht. Erst wenn dieser Versuch fehlschlägt, wird eine *Non-Delivery Notification* erzeugt und an den Absender zurückgeschickt.

Wird ein Ersatzempfänger gefunden, so wird dieser in das Empfängerfeld *(recipient name)* eingetragen. Zu beachten ist, daß eine Umadressierung immer nur dann wirken kann, wenn der Absender dies nicht ausdrücklich ausgeschlossen hat, bzw. die Sicherheitsvorschriften *(security policy)* der Nachricht oder des entsprechenden Verwaltungsbereichs dies nicht ausschließen.

Damit diese Umadressierung von Nachrichten *(message redirection)* nicht zu unendlichen Schleifen führt, ist ein separates Protokollelement *(redirection history*[4]*)* vorgesehen, in dem alle durch Umadressierung aufgetretenen Ersatzempfänger aufgezeichnet werden. Im Falle erneut erforderlicher Umadressierung, kann durch Überprüfung dieses Elementes das Auftreten von Schleifen festgestellt werden.

Dank dieser aufwendigen Umadressierungsmöglichkeiten kann ein MTA – bzw. ein Verwaltungsbereich, in dem MTAs existieren, die zusammen diese Leistungen erbringen – erheblich bessere Ergebnisse bei der Zustellung erzielen, d.h. erheblich weniger Nicht-Zustellbarkeits-Rückmeldungen *(Non-Delivery Notifications)* produzieren, als dies bei 84er MTAs der Fall war.

11.3 Verteilerlisten (DL)

Im Standard von 1988 sind Verteilerlisten *(Distribution Lists, DLs)* enthalten und die entsprechenden Prozeduren zur Bearbeitung von Nachrichten an Verteilerlisten und zur Behandlung von *Reports* für durch Verteilerlisten erreichte Adressaten definiert.

Eine Verteilerliste ist eine öffentliche Liste von Adressaten, die beim Senden einer Nachricht an diese Liste erreicht werden. Der Eintrag einer Verteilerliste und damit ihre Zusammensetzung ist im *Directory* definiert (Tabelle 11.4). Ein Benutzer kann die Zusammensetzung einer Verteilerliste mit Hilfe der Directory-Dienste einsehen. Der Zugangsschutz hierfür ist durch die Schutzmechanismen im Directory-Dienst definiert.

Die Expansion (Section 14.3.10 in X.411) einer Verteilerliste erfolgt im MTS in Zusammenarbeit mit dem Directory-Dienst. Der Schutz vor unrechtmäßiger Benutzung einer Verteilerliste wird im MTS bei der Expansion überprüft und ist unabhängig vom Leseschutz der Verteilerliste in der *Directory*.

Verteilerlisten werden nur auf MTA-Ebene[5] behandelt, die Expansion einer Verteilerliste benötigt daher nur Protokollelemente von P1 und ist damit unabhängig von dem verwendeten Protokoll auf Benutzer-Ebene (P2 oder beliebige andere Protokolle sind möglich).

---

[4]In diesem Feld wird für jeden Ersatzempfänger der Name des vorherigen Adressaten sowie der Grund für die Umadressierung *(redirection)* eingetragen.

[5]In der Praxis gibt es bereits Erweiterungen von MHS-84, die die Realisierung von Verteilerlisten auf P2-Ebene vornehmen [BOBW88, Neu87, SOB89].

Tabelle 11.4: Objektklasse für DLs in dem Directory (Annex C in X.402)

```
mhs-distribution-list OBJECT-CLASS
        SUBCLASS OF top
        MUST CONTAIN {
                commonName,
                mhs-dl-submit-permissions,
                mhs-or-addresses}
        MAY CONTAIN {
                description,
                organization,
                organizationalUnitName,
                owner,
                seeAlso,
                mhs-deliverable-content-types,
                mhs-deliverable-eits,
                mhs-dl-members,
                mhs-preferred-delivery-methods}
```

Ein MHS-Teilnehmer kann Nachrichten an Verteilerlisten senden. Verteilerlisten werden wie normale MHS-Teilnehmer adressiert (O/R-Name im Umschlag), so daß ein Benutzer nicht unbedingt davon Kenntnis haben muß, daß der Empfänger eines Briefes keine Einzelperson, sondern eine Verteilerliste ist, die zu entsprechend vielen Adressaten expandiert werden kann.

Aus diesem Grunde ist es wichtig, daß ein Teilnehmer die Möglichkeit hat, die Verteilung einer Nachricht über eine Verteilerliste grundsätzlich zu verhindern. Dazu dient das Protokollargument *dl expansion prohibited* (Tabellen 11.1, 11.3). Eine Nachricht, die dieses Protokollargument enthält, wird für Empfänger, die sich als Verteilerliste herausstellen, nicht expandiert, sondern der Absender erhält einen entsprechenden *Non-delivery Report.*

11.3.1 Behandlung von Nachrichten an Verteilerlisten

Ein MTA behandelt eine an einen Verteiler adressierte Nachricht wie jede andere auch. Das bedeutet, falls für den Adressaten nur ein Directory-Name angegeben ist, so wird die zu dem Eintrag gehörige O/R-Adresse aus dem Directory-Eintrag gelesen und in das *O/R-Address Argument* eingetragen. Dann wird – mittels dieser O/R-Adresse – die Nachricht weitervermittelt.

Bei der Überprüfung, ob die Nachricht an einen nächsten MTA weiterzuvermitteln oder an einen UA oder MS *(Message Store)* zuzustellen ist, kann der MTA feststellen, daß es sich bei dem Empfänger um eine Verteilerliste handelt, für deren Expansion er zuständig ist. Dann übergibt er die Nachricht an seine *DL-expansion Procedure.* Im folgenden wird dieser MTA auch der *Expansion Point* einer Verteilerliste genannt.

Die *DL-expansion Procedure* nimmt nun den Directory-Namen des Empfängers, der als Verteilerliste erkannt wurde, und läßt sich vom Directory-Dienst die zugehörigen Attribute *mhs-dl-submit-permissions* und die *mhs-dl-members* (Tabelle 11.4) geben. Das Attribut *mhs-dl-submit-permissions* enthält die Namen aller Absender, die Nachrichten an diese Verteilerliste schicken dürfen. *mhs-dl-members* enthält die O/R-Namen aller Adressaten, an die an diese Verteilerliste adressierte Nachrichten geschickt werden sollen.

Zuerst wird festgestellt, ob der Absender in der Liste der *mhs-dl-submit-permissions* Mitglieder verzeichnet ist, d.h. ob der Absender überhaupt berechtigt ist, diese Verteilerliste zu adressieren. Diese Überprüfung kann entweder lokal durch den MTA selbst erfolgen oder durch den Directory-Dienst unterstützt werden, indem letzterer den Vergleich durchführt. Wenn der Absender berechtigt ist, dann werden die in dem *mhs-dl-members*-Feld enthaltenen Mitglieder als Adressaten der Nachricht zugefügt. Gleichzeitig wird – zwecks Aufzeichnens der Historie – der O/R-Name in das P1-Protokollargument *DL-expansion-history* (siehe Tabellen 11.3, 11.2) eingetragen[6]. Dieses Protokollargument wird erzeugt, falls es noch nicht vorhanden ist. Es ist nur dann in einer Nachricht vorhanden, wenn diese für mindestens eine Verteilerliste expandiert wurde. Es wird benötigt zur Schleifenkontrolle, zum „Routen" von eventuellen *Reports*, und die darin aufgebaute Information (*Expansion History* von Verteilerlisten) kann für den Empfänger verwendet werden, um ihn über die zwischenliegenden Verteilerlisten zu informieren.

Falls eine *Delivery-Notification* vom Absender angefordert wurde, so wird diese jetzt erzeugt.

Für jeden neu hinzugefügten Empfänger werden die *Per-Recipient*-Argumente kopiert, die für die ursprüngliche Verteilerliste angegeben wurden, d.h. diese Empfänger werden weiter genauso behandelt werden, wie es der Absender für den Adressaten, der eine Verteilerliste bezeichnete, vorgesehen hatte. Das Kopieren folgender Argumente (Tabellen 11.1, 11.3) kann jedoch zu Problemen führen:

originator-requested-alternate-recipient
: Wenn dieses Argument kopiert würde, dann würde für jedes DL-Mitglied, an das die Nachricht nicht zustellbar ist, dieser *originatior-requested-alternate-recipient* die Nachricht erhalten, was sicher im Normalfall nicht durch den Absender beabsichtigt war.

originator-report-request
: Wenn dieses Argument kopiert würde, dann würde der Absender für jeden durch die bei der Expansion erzeugten neuen Empfänger einen entsprechenden *Report* erhalten, was den Absender mit viel zu vielen Bestätigungen überfluten könnte, aber zum anderen auch der Geheimhaltung der Mitgliedschaft einer DL widersprechen könnte.

Für das Argument *originating-MTA-request* (siehe Tabelle 11.3), mit dem ein MTA *Reports* beantragen kann, gelten die gleichen Überlegungen.

---

[6]Konkret wird der *distinguished O/R-Name* dazu verwendet. Siehe hierzu Abschnitt 11.3.3.

Im Normalfall (Default-Regelung) sollten diese Argumente daher nicht kopiert werden. Es besteht jedoch die Möglichkeit, daß eine Verteilerliste eine spezielle anders geartete sogenannte *Policy* für die Behandlung dieser Argumente definiert, die bei der Expansionsprozedur entsprechend berücksichtigt wird (s.u.).

Die durch die DL-Expansionsprozedur bearbeitete Nachricht mit der neuen, um die DL-Mitglieder erweiterten Empfängerliste wird dann von den üblichen MTA-Prozeduren weiterbearbeitet. Die eigentliche Vervielfältigung und die weitere Behandlung der Nachricht erfolgt so, wie sonst auch für Nachrichten mit mehreren Adressaten üblich *(multi-destination delivery)*.

Dies war eine Erläuterung der Grundprinzipien der Behandlung von Verteilern. Es sind jedoch noch einige weitere Mechanismen nötig, um auch geschachtelte Verteiler behandeln zu können und hierbei vor allem das Auftreten von Schleifen zu verhindern bzw. zu erkennen.

11.3.2 Behandlung von geschachtelten Verteilern

Wie bereits oben gesagt, unterscheidet sich die Adreßspezifikation für eine Verteilerliste nicht von der für andere MHS-Teilnehmer. Daher können natürlich auch Mitglieder in einer Verteilerliste enthalten sein, hinter denen selbst sich wieder eine Verteilerliste verbirgt. Eine Verteilerliste kann – gemäß ihrer eigenen *Policy* – untersagen, daß Nachrichten, die an sie adressiert werden, für weitere Verteiler expandiert werden, die sich hinter ihren Mitgliedern verbergen können.[7]

Es kann für bei einer Verteilerliste eingehende Nachrichten jedoch nicht ausgeschlossen werden, daß diese von bereits von vorher expandierten Verteilern stammen. Daher muß jede DL-Expansionsprozedur in der Lage sein, geschachtelte Verteiler zu behandeln, d.h. Nachrichten, die von anderen Verteilern an sie eingehen, richtig zu bearbeiten. Hierfür sind zwei Fragen zu klären:

- Wie wird die Berechtigung, Nachrichten an einen Verteiler zu senden *(mhs-dl-submit-permissions)*, behandelt?
- Wie werden Schleifen verhindert bzw. erkannt?

Zuerst einige mögliche Gründe für die Anwendung geschachtelter Verteiler:

- eine Verteilerliste ist sehr groß und daher sehr unübersichtlich;
- die Mitglieder eines Verteilers sind über mehrere Orte verteilt, so daß sich durch geeignete Lokalisierung von Verteilerlisten der Nachrichtenverkehr optimieren läßt;

[7] Dazu kann sie definieren, daß bei ihrer Expansion bei der Vervielfältigung der Nachrichten das Argument *DL-expansion-prohibited* für die erzeugten Kopien gesetzt wird. Im 88er Standard sind keine Möglichkeiten festgelegt, wie *Policies* für Verteilerlisten spezifiziert werden. Sie können daher nur lokal innerhalb eines Verwaltungsbereichs z.B. durch die lokale Expansionsprozedur festgelegt sein. Die Behandlung von Verteilern im 88er Standard ist jedoch so definiert, daß lokale *Policies* möglich sind.

- die Mitglieder eines Verteilers gehören verschiedenen organisatorischen Einheiten an;
- man möchte bereits definierte Verteiler anderer mitbenutzen (z.B. Nachrichten an eine *CCITT Raporteurs Group* auch an die kooperierende *ISO Working Group* verteilen und umgekehrt).

Eine Schachtelung von Verteilern ist für die Mitglieder einfach zu realisieren, man trägt einfach den Namen der gewünschten Verteilerliste *(Child-DL)* als Mitglied in die eigene Verteilerliste *(Parent-DL)* ein.

Aber da eine Verteilerliste ja Zugangsbeschränkungen haben kann und nicht jeder Nachrichten an sie senden können soll, muß die *Child-DL* diese Schachtelung auch berücksichtigen. Dies ist im Standard so festgelegt, daß die *Child-DL* den Namen der *Parent-DL* in der Liste der *mhs-dl-submit-permissions* (Tabelle 11.4) enthalten muß, damit die Schachtelung erfolgreich ist. Damit wird erreicht, daß

- nur Nachrichten, die über die *Parent-DL* an die *Child-DL* gelangen, von letzterer als für die Expansion zulässig erkannt werden;
- nicht alle in der *mhs-dl-submit-permissions* der *Parent-DL* aufgeführten Teilnehmer auch in der *Child-DL* aufgeführt werden müssen, was zu verwaltungstechnischen Schwierigkeiten bei der Pflege der Listen führen könnte.

Wenn die DL-Expansionsprozedur anhand des Protokollargumentes *DL-expansion-history* feststellt, daß die Nachricht von einer Verteilerliste an sie gelangt ist und nicht direkt von einem ursprünglichen Absender, dann überprüft sie anhand der *DL-expansion-history*, ob die zuletzt eingetragene Verteilerliste berechtigt ist, Nachrichten zu senden, d.h. ob diese Verteilerliste in der *mhs-dl-submit-permissions* (siehe Tabelle 11.4) enthalten ist. Dies bedeutet, die Berechtigung des ursprünglichen Absenders *(Originator Name)* wird nur dann mit der *mhs-dl-submit-permissions* geprüft, wenn keine *DL-expansion-history* vorliegt.

11.3.3 Schleifenkontrolle

Die Expansionsprozedur muß, bevor sie eine Verteilerliste expandiert, prüfen, ob diese Verteilerliste für die vorliegende Nachricht bereits expandiert wurde. Dazu stellt sie fest, ob der *distinguished O/R-Name*[8] der zu expandierenden Verteilerliste bereits in der *DL-expansion-history* verzeichnet ist. Wenn ja, wird die Expansion beendet. Die Nachricht ist damit vollkommen bearbeitet (an die Mitglieder dieser Liste ist die Nachricht ja bereits weitergeleitet worden). Es gibt keine Fehlermeldung oder ähnliches.

[8]Der *distinguished O/R-Name* der Verteilerliste ist genau der Name, den die Expansionsprozedur dort einträgt. Es ist also Sache der lokalen Verwaltungsregelungen zwischen der lokalen Expansionsprozedur und der Verteilerliste, die sie bearbeitet, dafür zu sorgen, daß immer derselbe Name für dieselbe Verteilerliste verwendet wird. Es genügt, dies über lokale Absprachen zu regeln. Der Standard gibt daher keine weiteren Festlegungen.

Wenn der *distinguished O/R-Name* der Liste nicht in der *DL-expansion-history* enthalten ist, dann wird die Expansion fortgesetzt und der *distinguished O/R-Name* der Liste in die *DL-expansion-history* eingetragen.

Dieser Schleifenkontrollmechanismus verhindert das Auftreten zyklischer Listenexpansionen. Es verhindert natürlich nicht, daß die gleiche Nachricht mehrfach an dieselben Empfänger verteilt wird, wenn diese Mitglieder mehrerer Verteiler sind, die im Laufe der Weiterleitung einer Nachricht auftreten.

Noch eine Bemerkung zum Abschluß: Die Behandlung von geschachtelten Verteilern ist so geregelt, daß eine Expansionsprozedur gar keine Kenntnis von dem insgesamten Aussehen des vollständig expandierten Verteilers hat, sondern immer nur einzeln für die Liste, für die sie zuständig ist, die Expansion durchführt.

11.3.4 Behandlung von Probes an Verteiler

Ist eine *Probe* an eine Verteilerliste adressiert, so wird sie zu der entsprechenden Expansionsprozedur geleitet. Diese überprüft, ob der Absender sendeberechtigt ist – genau wie für Nachrichten. Falls der Absender nicht sendeberechtigt ist, wird ein *Report* mit dem *non-delivery-reason-code unable-to-transfer* und dem *non-delivery-diagnostic-code no-DL-submit-permission* erzeugt und zurückgesendet.

Wenn der Absender sendeberechtigt ist, dann wird – wenn die lokale *Policy* der Liste keine weiteren Beschränkungen definiert – ein *Report* für die Anzeige der erfolgreichen Zustellung *(successful-delivery-indication)* erzeugt und zurückgeschickt. Für eine *Probe* wird die Liste also nicht expandiert, sondern nur die Sendeberechtigung geprüft.

11.3.5 Behandlung von Reports für DL-expandierte Nachrichten

Nochmals zur Erinnerung: *Delivery Reports* sind Rückmeldungen vom MTS, die den Absender einer Nachricht darüber informieren, ob eine Nachricht an den beabsichtigten Empfänger erfolgreich zugestellt werden konnte oder nicht. Sie geben dem Absender also Kenntnis über die erreichten bzw. nicht erreichten Empfänger einer Nachricht. *Delivery Reports* über erfolgreiche Zustellung werden dem Absender nur dann zugestellt, wenn er diese explizit angefordert hat (*report-request-argument*, Tabelle 11.1).

Verteiler können ihre eigenen Festlegungen zur Publizierung oder Geheimhaltung ihrer Mitgliedschaften haben. Diese wird im wesentlichen durch die Zugangsmöglichkeiten (Rechte und Beschränkungen) auf ihren Eintrag im Directory-System definiert und sollte durch das MHS nicht verletzt werden. Entsprechend den lokalen Erfordernissen eines Verwaltungsbereichs kann für eine Verteilerliste – in Erweiterung des Standards – auch eine lokale *Policy* zur Behandlung im MHS definiert sein.

Damit diese in der *Directory* festgelegten Schutzmechanismen für eine Verteilerliste nicht durch das MHS verletzt werden, muß eine spezielle Regelung der Behandlung von *Reports* festgelegt werden. Diese Regelung sieht vor, daß, wenn für eine

Liste keine besondere *Policy* definiert wurde, bei der Expansion für die erzeugten Empfänger das entsprechende Protokollelement so gesetzt wird, daß keine weitere Zustellbestätigung angefordert werden kann *(report-request-arguments)*. Dadurch kann ein Absender nicht durch Senden einer Nachricht an eine Verteilerliste anhand der ihn erreichenden *Reports* die Mitglieder der Empfängerliste erfahren.

Tabelle 11.5: Report-delivery Arguments (Table 18/X.411)

Argument Type	Argument	Pres[a]
Subject Submission Argument	Subject-submission-identifier	M
Recipient Arguments	Actual-recipient-name	M
	Intended-recipient-name	C
	Redirection-reason	C
	Originator-and-DL-expansion-history	C
	Reporting-DL-name	C
Conversion Argument	Converted-encoded-information-types	C
Supplementary Information Arguments	Supplementary-information	C
	Physical-forwarding-address	C
Delivery Arguments	Message-delivery-time	C
	Type-of-MTS-user	C
Non-delivery Arguments	Non-delivery-reason-code	C
	Non-delivery-diagnostic-code	C
Security Arguments	Recipient-certificate	C
	Proof-of-delivery	C
	Reporting-MTA-certificate	C
	Report-origin-authentication-check	C
	Message-security-label	C
Content Arguments	Original-encoded-information-types	C
	Content-type	C
	Content-identifier	C
	Content-correlator	C
	Returned-content	C

[a]Presence: M: Mandatory, O: Optional, C: Conditional

Komplizierter ist allerdings die Handhabung von *Non-delivery Reports.* Diese können ja an beliebiger Stelle erzeugt werden, wenn ein MTA feststellt, daß er die Nachricht nicht weitervermitteln kann. Dies liegt daher außerhalb der Kontrolle der Expansionsprozedur einer Verteilerliste. Die Handhabung dieser *Reports* soll jedoch ebenfalls entsprechend den *Policies* erfolgen können. Daher müssen diese *Reports* über die jeweiligen *DL Expansion Points*, d.h. über die MTAs, bei denen die Listen expandiert wurden und bei denen daher die jeweilige *Policy* der Liste ermittelt werden kann, und nicht direkt an den Absender der Nachricht zurückgeleitet werden. Tabelle 11.5 zeigt die Protokollargumente, die ein *Report* bei der Zustellung enthalten kann. In der folgenden Darstellung werden wir auf einige dieser Argumente eingehen.

Dazu ist folgende Regelung im Report-Modul (Sections 14.4.3, 14.4.4 in X.411) festgelegt:

- Wenn ein MTA eine Nachricht nicht weitervermitteln oder zustellen kann und einen *Non-delivery Report* erzeugt, dann wird dieser *Report* an den letzten Eintrag im Argument *DL-expansion-history* zurückgesendet. D.h. der *Report* wird an die zuletzt expandierte Verteilerliste adressiert *(report-destination-name)*.
- Der *Report* wird nur dann an den Absender zurückgesendet, wenn keine *DL-expansion-history* (Tabelle 11.3) existiert.
- Bei der Erzeugung des *Reports* wird gleichzeitig das *originator-and-DL-expansion-argument* (Tabelle 11.5) erzeugt. Dieses enthält den *Originator Name* und die vollständige Liste der im Argument *DL-expansion-history* (Tabelle 11.3) enthaltenen Namen der expandierten Listen.

Ein *Report* wird dann – ähnlich wie beim *Routing* einer Nachricht – von MTA zu MTA weitervermittelt, bis er zu einem MTA gelangt, der für den Empfänger des *Reports* zuständig ist (im allgemeinen ist dies derselbe MTA, der die entsprechende Verteilerliste expandiert hat). Der *Report* wird diesem dann zugestellt. Treten beim *Routing* dieses *Reports* Probleme auf, so daß dieser nicht weitervermittelt werden kann, wird er vernichtet.

Ein *Report*, der an eine Verteilerliste adressiert ist, wird von einer speziellen Prozedur, die diese Liste bearbeiten kann (entsprechend der Expansionsprozedur), bearbeitet. Diese Prozedur prüft nun, ob für die Liste spezielle *Policies* zu berücksichtigen sind. Eine solche *Policy* kann z.B. abhängig von den aufgetretenen Ursachen des *Reports* sein. Sie kann u.a. festlegen,

- den *Report* an den Besitzer *(Owner*[9]*)* (Tabelle 11.4) der Verteilerliste zu schicken,
- den *Report* zu vernichten,
- den *Report* an den *Originator* zurückzuschicken.

Es gibt im Standard keine Festlegung für die *Policies* oder deren Darstellung. Es wird nur festgelegt, wie *Reports* an den Absender weiterzuleiten sind, falls dies gewünscht ist. Dieser Absender kann natürlich ebenfalls wieder eine Verteilerliste sein und seine eigene *Policy* anwenden wollen. Als nächsten Zielort *(report-destination-name)* wird daher der Name des vorherigen Verteilers eingesetzt. Konkret heißt dies, der Name der Verteilerliste, die gerade bearbeitet wird, wird aus dem *originator-and-DL-expansion-history* entfernt, und der davor stehende Name der Liste oder des *Originators* wird als neuer Zielort angegeben.

Im Falle von geschachtelten Verteilern wird also eine Nachricht von Liste zu Liste zur Expansion weitergereicht. Die auftretenden *Reports* werden über die bei der Expansion aufbereitete Kette von Verteilerlisten zurückgeleitet. Jede Liste kann daher auf diesem Rückweg ihre *Policies* der Behandlung von *Reports* verwirklichen.

[9]Der *Owner* ist ein weiteres Feld des DL-Eintrags in der *Directory*. Hier kann ein Adressat angegeben werden, der sozusagen Eigentümer und für die Verwaltung der Liste zuständig ist und z.B. alle Unzustellbarkeits-Nachrichten *(Non-delivery Reports)* erhalten soll.

Sie kann auf dem Hinwege, d.h. bei der Expansion, *Reports* beantragen oder untersagen und auf dem Rückwege, d.h. bei der Bearbeitung der *Reports*, diese über die vorherige Kette zurückleiten oder deren Bearbeitung unterdrücken. Die konkrete Ausgestaltung der *Policies* eines Verteilers ist lokale Angelegenheit des MTAs, der die jeweilige Verteilerliste expandiert und deren *Reports* bearbeitet.

11.3.6 Verteiler und Verbindung zwischen 84er und 88er MHS

Insgesamt sind Verteilerlisten in X.400-88 so realisiert, daß nur MTAs, die Verteiler selber expandieren wollen, die oben beschriebenen Fähigkeiten der Expansionsprozedur haben müssen, d.h. nicht jeder MTA eines 88er Systems muß in der Lage sein, Verteiler expandieren zu können. Andererseits muß aber jeder MTA, der *Reports* erzeugt, Nachrichten als über Verteilerlisten expandiert erkennen können und dies bei der Bearbeitung der *Reports* entsprechend den obigen Festlegungen des Standards erledigen.

Bei der Verbindung von Systemen, die dem 84er Standard entsprechen, gelten folgende Einschränkungen:

- Bei Übergabe einer Nachricht vom 88er MTA an einen 84er MTA werden die neuen Protokollargumente (z.B. *DL-expansion-history*) nicht übergeben.
- Bei Übergabe einer Nachricht vom 84er MTA an einen 88er MTA wird das neue Protokollargument *DL-expansion-prohibited* (Tabelle 11.3) gesetzt, damit für diese Nachrichten keine Verteiler expandiert werden. Dies ist notwendig, weil nicht erkennbar ist, ob diese Nachricht nicht bereits vorher in einem 88er System eine DL-Expansionsprozedur durchlaufen hat.

Die Konsequenzen daraus sind:

- Nachrichten, die von 84er Systemen abgesendet wurden, können im 88er System nicht für Verteilerlisten expandiert werden, da in diesem Fall keine Schleifenkontolle möglich ist. Das dafür benutzte Protokollargument *DL-expansion-history* (siehe Tabelle 11.3) ist in 84er Systemen nicht bekannt.
- Adressaten von Nachrichten an eine Verteilerliste können in einem 84er System erreicht werden. Allerdings erfolgt die Behandlung von gegebenenfalls erforderlichen *Reports* nicht adäquat[10]. Diese Unschönheit kann jedoch hingenommen werden.

Diese Lösung ermöglicht, daß auch Adressaten in 84er Systemen als Empfänger von Nachrichten an Verteiler auftreten können, d.h. daß sie Mitglieder von Verteilern sein können.

Damit sind die wichtigsten möglichen neuen Dienstleistungen eines 88er MTS beschrieben. Im folgenden Kapitel werden der Nachrichtenspeicher *(Message Store)* und der Anschluß der gelben Post *(Physical-Delivery)* an das MTS erläutert.

---

[10] Die für richtige Behandlung erforderlichen Protokollargumente (Tabelle 11.5) sind 1984 nicht vorhanden, werden also beim *Relay* von einem 88er MTA zu einem 84er MTA nicht übergeben.

12 Neue Schnittstellen zum MTS

12.1 Der Nachrichtenspeicher

Benutzeragenten (UAs) können auf einer großen Rechenanlage, auf einem Kleinrechner oder auch auf einem *Personal Computer (PC)* implementiert sein. Im 84er Standard kann ein Benutzer an einem PC nur dann Zugang zum MHS erhalten, wenn auf seinem PC ein UA und das Protokoll P3 implementiert sind. Dies bringt verschiedene Probleme mit sich [DMBT86]:

- P3 ist sehr umfangreich und übersteigt häufig die Kapazität eines PCs.
- Ein PC ist kein zuverlässiges Speichermedium.
- Die Speicherkapazität des PCs wird durch zugestellte Nachrichten stark belastet, da ein UA eine Zustellung nicht ablehnen kann *(Deliver)*. Die Zustellung kann nur kurzfristig verhindert werden *(Control, Hold for Delivery)*.
- Nachrichten können nicht zugestellt werden, wenn der PC ausgeschaltet ist. Dies wird dem Sender in einer *Non-delivery Notification* nicht speziell mitgeteilt, d.h. es gibt dafür keinen speziellen *Diagnostic Code*.
- Nachrichten können aber auch nicht automatisch weitergeleitet werden *(Autoforwarding)*. Wenn der PC nicht aktiviert ist oder zu anderen Zwecken genutzt wird, werden die Nachrichten beim MTA (in einer Warteschlange) so lange zwischengespeichert, bis sie zugestellt werden können. Damit eine Nachricht nun weitergeleitet werden kann, müßte sie erst zugestellt und dann erneut aufgegeben *(Submit)* werden.
- Für den Sender einer Nachricht gibt es keine Kennzeichnung, ob eine Nachricht wegen *Hold for Delivery* nicht zugestellt werden konnte *(P1.Report, Diagnostic Code)*.
- Ein Benutzer möchte von verschiedenen Stellen (Terminals) aus Zugang zum MHS erhalten, ohne den Zugriff auf gespeicherte Nachrichten, die an einen bestimmten Benutzeragenten via P3 zugestellt wurden, zu verlieren.
- P3 sieht das Abholen von bestimmten Nachrichten *(Fetch)* nicht vor, ein Benutzer kann beim MTA nur angeben, welche Nachrichten er nicht haben möchte bzw. nicht empfangen kann.

- Für P3 sind die eigentlichen P2-Mitteilungen transparent, so daß Dienstelemente aus P2 nicht zur Selektion von Nachrichten *(Retrieval)* benutzt werden können. Es ist aber auch nicht angebracht, in P3 Dienstelemente anzusiedeln, die Kenntnis des P2-Protokolls haben müßten.

Nachdem bei den Standardisierungsgremien die Erkenntnis gereift war, daß nicht nur der Transfer von Nachrichten, sondern auch das Abspeichern und Wiederauffinden von Nachrichten wichtig ist, wurde in der Studienperiode 1985-88 die Lösung einiger der oben geschilderten Probleme angegangen.

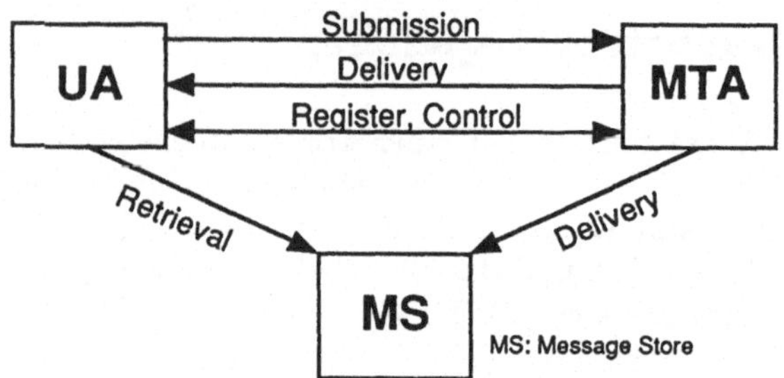

Bild 12.1: Das Three-Body-Model

Basis für die Überlegungen war das sogenannte *Three-Body-Model* (Bild 12.1), das neben den schon aus P3 bekannten Operationen

- *Submission (Submit, Probe, Cancel),*
- *Delivery (Deliver* und *Notify),*
- *Register (Register* und *Change Password)* und
- *Control*

noch eine neue Operation *Retrieval* (Wiederfinden) einführte, die die Kommunikation zwischen UA und einer Instanz namens *Message Store* beschrieb.

Aus dem 84er P3-Protokoll wurde zwischenzeitlich das Protokoll P3+ mit Retrieval-Möglichkeiten und letztlich im 88er Standard der *Message Store* (X.413), der eine sichere, ständig verfügbare Speichermöglichkeit für Nachrichten, die vom Message-Transfer-System (MTS) an den UA zugestellt werden sollen, zur Verfügung stellt. Ein *Message Store* bedeutet somit eine standardisierte Speichermöglichkeit, die lokal natürlich auch von einem UA angeboten werden kann. Der UA ist auch weiterhin für die Präsentation der Nachrichten verantwortlich. Das Protokoll für den Zugriff auf den Nachrichtenspeicher ist P7 *(Message Store Access Protocol,* X.419). Das 1984er P3-Protokoll wurde geringfügig zum *MTS Access Protocol* P3 erweitert (X.419).

Ein Nachrichtenspeicher kann von allgemeiner Art *(generic)* oder ein *IPMS (Interpersonal Messaging System) Message Store* sein. Dies wird durch die Informationsobjekte (z.B. Nachrichten), die er verarbeiten kann, festgelegt. Nachrichten können entsprechend bestimmter P1- und P2-Attribute abgelegt werden. Diese, aber auch allgemeine Attribute, die im Nachrichtenspeicher definiert sind – wie z.B. der Ablagezeitpunkt, Bearbeitungszustand usw. – können als Selektionskriterium beim *Retrieval* verwendet werden.

Nachrichten können beliebig lange im Nachrichtenspeicher bleiben. Um den MS-Nutzer jedoch in der Verwaltung seiner Einträge in dem Speicher zu unterstützen, können Regeln *(auto-actions)* angegeben werden, was mit einer Nachricht, die bestimmte Selektionskriterien erfüllt, zu geschehen hat (z.B. Löschen).

Die Informationsobjekte im Nachrichtenspeicher können zu einem beliebigen Zeitpunkt abgeholt werden. Dazu stehen Selektionsmechanismen zur Verfügung, die nicht an einen Typ der gespeicherten Informationsobjekte gebunden sind. Die abgespeicherten Informationen werden z.B. bei der Zustellung von Nachrichten oder *Reports* an den Nachrichtenspeicher abgeleitet. Dazu muß der Nachrichtenspeicher natürlich die Struktur des Inhaltes der Nachricht *(Content)* kennen.

Es können jedoch nicht nur zugestellte Nachrichten im Nachrichtenspeicher gespeichert und abgeholt werden, sondern Nachrichten können auch über den Nachrichtenspeicher versendet werden *(Indirect Submission)*, z.B. können dort gespeicherte Nachrichten Teile einer neuen Nachricht werden. Diese Nachrichten werden jedoch nicht im *Message Store* gespeichert.

Ein Nachrichtenspeicher gehört zu **einem** Benutzeragenten, er kann sich zusammen mit seinem UA *(Access and Storage System)*, einem MTA *(Storage and Transfer System)* und mit UA und MTA *(Access, Storage and Transfer System)* auf einem Rechner befinden. Ebenso kann er allein auf einem eigenen Rechner installiert sein *(Storage System)*. Der Nachrichtenspeicher nutzt die Dienste des Message-Transfer-Systems für die Kommunikation mit UA und MTA.

Ein Nachrichtenspeicher kann die folgenden Operationen anbieten:

- *Summarize* (Überblick über gespeicherte Einträge),
- *List* (Aufzählen gespeicherter Einträge),
- *Fetch* (Abholen eines Eintrags),
- *Delete* (Löschen von Einträgen),
- *Alert* (Benachrichtigung über die Ankunft eines Eintrags) und
- *Auto-action* (Automatische Reaktionen auf das Eintreffen eines Eintrags).

Welche Ereignisse können nun im Zusammenhang mit dem Nachrichtenspeicher auftreten (Bild 12.2)?

Indirect Submission
: Ein Absender-UA gibt eine Nachricht oder eine *Probe* an den Nachrichtenspeicher, um sie an das Message-Transfer-System weiterzuleiten.

Direct Submission
: Ein MS gibt eine Nachricht oder eine *Probe* an einen MTA.

Delivery
Eine Nachricht oder ein *Report* wird durch einen MTA an einen Nachrichtenspeicher zugestellt.

Retrieval
Der Nachrichtenspeicher übergibt nach entsprechender Aufforderung eine vom MTA zugestellte Nachricht oder *Probe* an den zugehörigen UA.

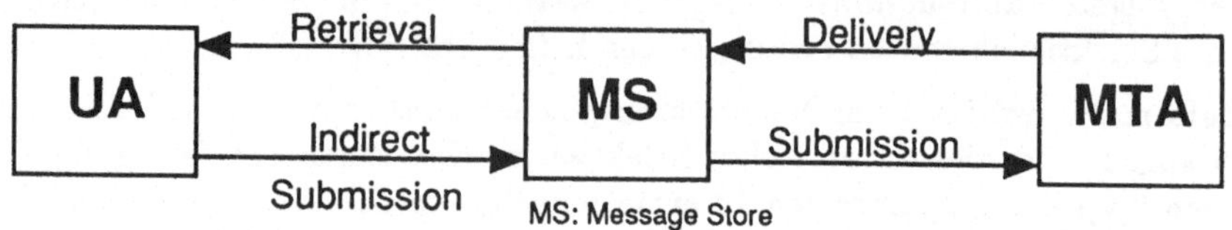

Bild 12.2: Submission and Delivery with an MS (Figure 6/X.400-88)

Der Nachrichtenspeicher besitzt folgende Zugangspunkte *(Ports)* zu den und für die verschiedenen Anwendungsinstanzen (Bild 12.3):

1. *Retrieval Port* für den UA (Wiederfinden),
2. *Indirect Submission Port* für den UA (indirektes Aufgeben),
3. *Administration Port* für den UA (Verwaltung),
4. *Delivery Port* für das MTS (Zustellung),
5. *Submission Port* für das MTS ((direktes) Aufgeben) und
6. *Administration Port* für das MTS (Verwaltung).

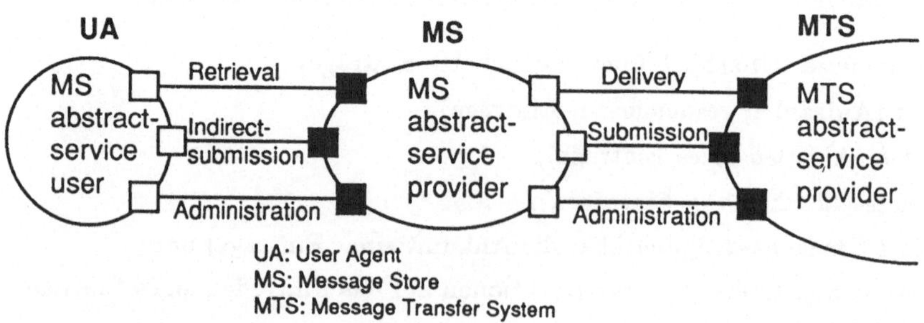

Bild 12.3: Message Store Abstract Service (Figure 1/X.413-88)

Bemerkenswert ist hier lediglich der *Retrieval-Port*, der es dem UA ermöglicht, Informationen über Nachrichten und die Nachrichten selbst im MS abzuholen, Nachrichten im MS zu löschen und bestimmte automatische Aktionen beim Nachrichtenempfang im MS einzustellen. Die anderen *Ports* entsprechen den *Ports* im Message-Transfer-System (Abschnitt 11.1).

Der Nachrichtenspeicher unterhält Informationsbanken *(information bases)*, die aus Einträgen für Informationsobjekte einer bestimmten Kategorie bestehen. Bild 12.4 zeigt die Struktur der Einträge.

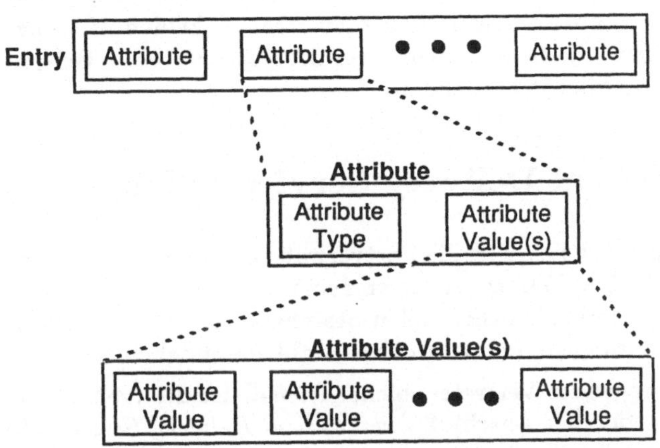

Bild 12.4: The Components of an Entry (Figure 2/X.413-88)

Die Einträge werden aus zugestellten Nachrichten oder *Reports* erzeugt und über bestimmte Nummern *(sequence numbers)* identifiziert. Im allgemeinen sind die Einträge in einer Informationsbank unabhängig voneinander. Es besteht aber im MS-Informationsmodell auch die Möglichkeit, einzelne Einträge zueinander in Beziehung zu setzen: In einer baumartigen Struktur kann ein Eintrag Kind *(child-entry)* eines anderen Eintrags *(parent entry)* sein. Dies ist besonders wichtig bei P2-Mitteilungen mit geschachtelten *Body Parts (forwarding IPM, forwarded IPM*, X.420). Einträge, die keinen Elterneintrag haben, heißen Haupteinträge *(main-entries)*. Beim *Retrieval* können dann entweder nur die Attribute des Elterneintrags verwendet werden, oder es können auch die Attribute des Kindeintrags durchsucht werden.

Der Nachrichtenspeicher schließt aus dem Inhaltstyp einer Nachricht, welche Attribute er aus der Nachricht ableiten kann und welchen Eintrag er somit erzeugen kann. Jeder Eintrag hat einen Status, an dem man ablesen kann, ob ein Eintrag im Nachrichtenspeicher noch nie aufgelistet, schon mal aufgelistet oder bereits bearbeitet wurde.

Informationen im Nachrichtenspeicher können beim Wiederfinden über eine Nummer oder über sogenannte Selektoren angesprochen werden. Die Selektoren arbeiten derart, daß der erste Eintrag, der eine gewünschte Eigenschaft hat, ausgewählt wird.

Der Nachrichtenspeicher bedeutet eine neue Art von Dienst im Message-Handling-System. Während bisher ausschließlich Zugangs- und Transfermechanismen im *Message Handling Environment* beschrieben wurden, gibt es hier nun einen Dienst, der sehr nahe am Benutzer angesiedelt ist und der den Benutzer direkt beim Verwalten von Nachrichten unterstützt. Wie beim Dokumentenspeicher in einer TTXAU für die Teletexnutzer, so ist hier die Funktionalität vom lokalen Benutzerarbeitsplatz in eine standardisierte Anwendungsinstanz verlagert. Ein Benutzer braucht praktisch am lokalen Arbeitsplatz kein Nachrichtenarchiv mehr, das Ablegen und Wiederauffinden von Informationsobjekten wird ihm im Nachrichtenspeicher ermöglicht.

Darüberhinaus können Speicherdienstanbieter, die keinen *Message Store* nach X.413 realisieren wollen, die Schnittstelle zum *Message Store* als Beispiel für den Zugang zu ihrem Speicherdienst verwenden.

12.2 Physical Delivery Service (PDS)

In MHS-88 wird deutlich, daß die Postverwaltungen bestrebt waren, „wirklich" offene Systeme zu schaffen. D.h. es wurde versucht, die Standards so zu gestalten, daß eine Kommunikation mit möglichst vielen bestehenden traditionellen und viel benutzten Kommunikationsdiensten ohne größere Probleme möglich ist.

Als ein herausragender Vertreter solcher Dienste ist die „gelbe Post" anzusehen. Mit der Festlegung für den Anschluß des *Physical Delivery Service (PDS)* im Standard ist es gelungen, die Briefpost – soweit möglich und sinnvoll – in den Verbund zu integrieren. Diesem Schritt kann eine enorme Bedeutung zukommen. Man muß sich nur klar machen, daß damit der Kreis der erreichbaren Adressaten von dem (noch) relativ eingeschränkten Potential der an elektronischen Kommunikationssystemen angeschlossenen Personen ausgeweitet wird auf praktisch alle Menschen der Welt – sofern sie über Briefpost erreichbar sind. Hiervon können die Attraktivität, die Akzeptanz und die Wirtschaftlichkeit des Einsatzes von MHS entscheidend beeinflußt werden.

Der *Physical Delivery Service* ist in den Standards allgemein formuliert, d.h. er gilt nicht nur für die Briefpost. Diese ist aber natürlich ein prominenter Kandidat für den *Physical Delivery Service*.

Dazu wurde das Modell des Message-Handling-Systems um die Komponente *PDAU (Physical Delivery Access Unit)*, die die Interaktion mit der Briefpost durchführt, erweitert. Die PDAU liegt auf der gleichen Ebene wie ein UA. Eine PDAU kann als eine Menge von UAs aufgefaßt werden, wobei jeder UA durch eine Postadresse identifiziert wird. Damit entspricht die Zustellung an eine PDAU der Zustellung an einen UA. Das wiederum bedeutet, daß an dieser Stelle eine *Delivery Notification* erzeugt wird.

Vom MTS aus gesehen unterscheidet sich also eine PDAU nicht von einem UA. Eine Nachricht, die an einen solchen UA gerichtet ist, wird eben diesem UA (PDAU) übergeben. Die PDAU ihrerseits erzeugt aus der X.400-Nachricht (Umschlag und Inhalt) einen Brief des Briefpost-Systems, d.h. die Nachricht wird ausgedruckt: Die Adresse aus dem Umschlag *(Envelope)* eben auf einen Briefumschlag, der Inhalt *(Content)* etwa auf DIN-A4-Papier. Dann kann der Brief in den „echten" Umschlag gesteckt und mit der Post weitergeleitet werden.

Für die Realisierung des PDS sind eine ganze Reihe von Dienstelementen (X.400) und Protokollargumenten (X.411) neu in den Standard aufgenommen worden. Die folgende Beschreibung faßt die wichtigsten Funktionen zusammen, die den MHS-Benutzern im Zusammenhang mit dem PDS geboten werden. Dabei wird ein Protokollargument (X.411) durch „PA“, ein Dienstelement (X.400) durch „DE“ gekennzeichnet.

Der Absender einer Nachricht kann eine (oder mehrere) Zustellmethode(n) auswählen (*requested-delivery-methods*, PA):

- beliebig, d.h. der Absender nimmt keinen Einfluß auf die Zustellmethode *(any-delivery-method)*
- Zustellung durch MHS *(mhs-delivery)*
- Zustellung durch Briefpost *(physical-delivery)*
- Zustellung durch den Telexdienst *(telex-delivery)*
- Zustellung durch den Teletexdienst *(teletex-delivery)*
- Zustellung durch den Telefaxdienst (Gruppe 3) *(g3-facsimile-delivery)*
- Zustellung durch den Telefaxdienst (Gruppe 4) *(g4-facsimile-delivery)*
- Zustellung auf ein ASCII-Terminal *(ia5-terminal-delivery)*
- Zustellung durch Videotex *(videotex-delivery)*
- Durchsage über Telefon *(telephone-delivery)*

Die Reihenfolge bei mehr als einer Angabe kennzeichnet die Prioritäten, die der Absender den jeweiligen Zustellmethoden zuerkennt. Kann eine Zustellmethode nicht realisiert werden, so wird diejenige mit der nächst niedrigeren Priorität versucht. Macht der Absender keine Angabe, so wird *any-delivery-method* angenommen; d.h. es werden die Zustellmethoden versucht, die ein Empfänger z.B. im Directory-Eintrag für sich spezifiziert hat.

Sollte die vom Absender spezifizierte O/R-Adresse eines Empfängers nicht zu der gewünschten Zustellmethode passen, so wird ein *Non-delivery Report* an den Absender zurückgeschickt. Falls die gewünschte Zustellmethode mit den Anforderungen des Absenders an die Konvertierung (*implicit-conversion-prohibited, conversion-with-loss-prohibited, explicit-conversion*, Tabelle 11.1) nicht vereinbar ist, wird ebenfalls ein *Non-delivery Report* erzeugt.

Eine Zustellung durch den PDS kann natürlich auch direkt durch die explizite Angabe einer postalischen O/R-Adresse des Empfängers erreicht werden.

Im Falle der postalischen Zustellung kann der Absender noch genauer bestimmen, wie diese Zustellung zu erfolgen hat. Dazu zählt der Standard folgende Sonderzustellmethoden auf (*physical-delivery-modes*, PA):

- normale Briefpost *(Ordinary Mail*, DE)
- Abholung am Schalter *(Counter Collection*, DE)

- Abholung am Schalter mit Benachrichtigung *(Counter Collection with Advice*, DE)
- Bürofax-Dienst *(Delivery with Bureaufax Service*[1], DE)
- Expreßzustellung *(Express Mail Service*, DE)
- Zustellung durch Boten *(Special Delivery*, DE)

Darüberhinaus kann der Absender verlangen, daß der Brief wie ein Einschreiben behandelt wird (*registered-mail-type*, PA). Dabei kann er zwischen einem normalen (*Registered Mail*, DE) und einem persönlichen (*Registered Mail to Addressee in Person*, DE) Einschreiben wählen.

Hat ein Empfänger seine postalische Adresse geändert und hat er dies dem PDS mitgeteilt, so wird eine Nachricht, die ihm per PDS zugestellt werden sollte, vom PDS nachgesendet; es sei denn, der Absender hat dies explizit ausgeschlossen (*physical-forwarding-prohibited*, PA, DE, siehe Tabellen 11.1, 11.3).

Es ist die Möglichkeit vorgesehen, besondere Formen der physikalischen Wiedergabe von der PDAU zu verlangen, z.B. eine bestimmte Art des Papiers, farbiger Druck usw. (aus dem Telefondienst bekanntes Beispiel: Glückwunschtelegramme). Dies erfordert natürlich vorherige Absprachen bzw. gesonderte nationale Festlegungen (*Additional Physical Rendition*, DE; *physical-rendition-attributes*, PA).

Der Absender einer Nachricht kann genau bestimmen, welche Form *Reports* haben sollen (*physical-delivery-report-request*, PA). Es ist möglich, sich eine unzustellbare „physikalische" Post zurückschicken zu lassen (*Undeliverable Mail with Return of Physical Message*, DE). Weiterhin kann der Absender bestimmen, ob eine Bestätigung vom MHS (*Physical Delivery Notification by MHS*, DE) oder vom PDS (*Physical Delivery Notification by PDS*, DE) erzeugt wird. Mit der Bestätigung durch MHS ist keine physische Aktion verbunden, während bei einer Bestätigung durch das PDS eine tatsächliche Aktion im postalischen Sinne ausgeführt wird (wie Unterschrift o.ä.).

Die Instanzen des MHS, d.h. MTA, UA, MS und PDAU, benötigen Dienstleistungen zum Auf- und Abbau von Verbindungen sowie zur Übertragung von Daten. Dazu stehen die Dienste RTS und ROS zur Verfügung. Die Neuerungen dieser beiden Dienste in 1988 werden in den folgenden Kapiteln erläutert.

[1] *Bureaufax Service* ist in der CCITT-Empfehlung F.170 definiert und umfaßt *Regular Delivery, Special Delivery, Express Mail, Counter Collection, Counter Collection with Telefone Advice, Telefax, Counter Collection with Telex Advice* und *Counter Collection with Teletex Advice.*

13 Unterstützende Dienste und Beschreibungstechniken

13.1 Reliable Transfer Server (RTS)

Im 84er MTA-Modell war der *RTS (Reliable Transfer Server)* als Bestandteil eines MTAs gesehen worden (X.411). Die Nutzung des Darstellungsdienstes (Schicht 6) durch den RTS war nur sehr rudimentär beschrieben worden (X.410-84), zumal auch bei den MHS-Normern die Vorstellungen über diesen Dienst nicht sehr klar waren. Die Verbindungen zwischen den Anwendungsinstanzen *(Application Entities)* waren durch die MH-Protokolle hinreichend beschrieben, für die Verbindungen zwischen den Instanzen in der Session-Schicht gab es schon Empfehlungen (X.215-84, X.225-84), aber im Bereich der Presentation-Ebene klaffte eine Lücke.

So sind als Charakteristika der neuen Normen X.218 *(Reliable Transfer: Model and Service Definition)* und X.228 *(Reliable Transfer: Protocol Specification)* die konsequente Einbettung in das OSI-Referenzmodell und die Unabhängigkeit vom MHS zu nennen.

Der RTS wird nach wie vor als Anwendungsinstanz gesehen, die den Transfer von *APDUs (Application Protocol Data Units)* zwischen offenen Systemen ermöglicht. Der RTS sorgt dafür, daß im Falle von System- oder Verbindungszusammenbrüchen nur minimale Informationen ausgetauscht werden müssen, um die Übertragung der Protokollelemente wieder aufzunehmen. Die Art der übertragenen Protokollelemente spielt dabei für den RTS keine Rolle, es müssen nicht unbedingt Message-Handling-Protokollelemente sein, die transportiert werden.

Zwei *Reliable Transfer Server* kommunizieren miteinander über eine Anwendungsverbindung *(Application Association)*, die im Auftrag der *Reliable Transfer Server* von zwei Kontrollinstanzen namens *Application Control Service Elements (ACSEs)*, die in den ebenfalls neuen Empfehlungen X.217 *Service Definition* und X.227 *Protocol Specification* beschrieben sind, unter Nutzung des Presentation-Dienstes aufgebaut wurden (Bild 13.1).

Der RTS arbeitet also als Treiber einer Anwendungsverbindung und bietet im 88er RTS-Modell im Prinzip die gleichen Dienste für eine Anwendungsinstanz wie im 84er MTA-Modell.

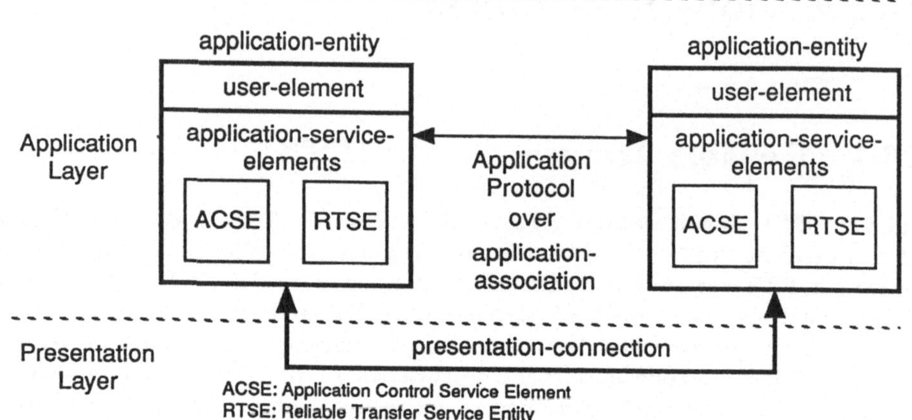

Bild 13.1: Model of an Application Context Involving Reliable Transfer (Figure 1/X.218)

Die Einbettung des RTS-Modells in das OSI-Referenzmodell wurde erreicht

- durch die genaue Beschreibung der Nutzung der *Application Control Service Elements (ACSE)* und des *Presentation Service*,
- durch die Festlegung von Variablen und *Timern*, wie sie z.B. aus den Protokollmaschinenbeschreibungen für Transport (X.214-88, X.224-88) und Session (X.215-88, X.225-88) bekannt sind, und
- durch die Verwendung von Zustandstabellen für die *RTPM (Reliable Transfer Protocol Machine)*, wie sie ebenfalls aus den Transport- und Session-Empfehlungen geläufig sind.

Im 84er RTS waren die APDUs, die von den RTS transportiert werden sollten, schon entsprechend der Transfer-Syntax ASN.1 kodiert. Dies muß nicht so sein, wenn andere Anwendungsinstanzen den RTS benutzen. Deshalb benutzt der RTS dann einen lokalen Dienst *(Syntax Matching Service)* der Darstellungsschicht, die die Transfer-Syntax zwischen den Anwendungsinstanzen und die Transfer-Syntax des Presentation-Dienstes aufeinander abstimmt. Somit wird die Unabhängigkeit von den Vorgaben des MHS erreicht.

Um die Kooperation mit 84er RTS zu unterstützen, muß ein 88er RTS in zwei Modi arbeiten können: im 84er Modus, der die RTS-Dienste etwas einschränkt, und im 88er Modus, der den vollen RTS-Dienst bietet. In beiden Modi ist es möglich, spezielle Benutzerdaten *(User Data)* bei den Dienstprimitiven *OPEN* und *U-ABORT* mitzugeben. Während im 84er RTS diese Daten immer nach ASN.1 kodiert sein mußten, können zwischen zwei 88er RTS beliebige Abstrakte Syntaxen für die Kodierung ausgehandelt werden, solange beide Server sie kennen.

13.2 Remote Operation Service (ROS)

Das Konzept der *Remote Operations* (X.410) führte in den 84er Empfehlungen zum *Submission- and Delivery-Protokoll* P3 und zur Beschreibung der *Submission and Delivery Entity (SDE)*, die in der Message-Transfer-Schicht angesiedelt war und im wesentlichen Vermittlerfunktion zwischen Benutzeragent und Message-Transfer-System hatte. In den Empfehlungen X.219 *Remote Operations: Model, Notation and Service Definition* und X.229 *Remote Operations: Protocol Specification* wird das Konzept vom *Message Handling* gelöst, und es wird eine Instanz beschrieben – die *ROSE (Remote Operation Service Entity)* –, die den *Remote Operation Service* zur Unterstützung von beliebigen Anwendungsinstanzen in offenen Systemen anbietet. Die 84er *Submission and Delivery Entity (SDE)* war also schon eine ROSE, die jedoch nur die *Remote Operations* in Zusammenhang mit *Submission* und *Delivery* angeboten hat.

Die Grundidee ist gleichgeblieben: eine Instanz gibt eine bestimmte Operation in Auftrag, eine andere Instanz versucht, sie auszuführen, und berichtet die Ergebnisse.

Im Remote-Operations-Modell wird also nur festgelegt, wie Aufträge vergeben werden und wie Ergebnisse zurückgegeben werden. Dieser Mechanismus ist nicht an die Art der auszuführenden Operation gebunden. So können diese Konzepte nicht nur für Anwendungen in der OSI-Kommunikation genutzt werden, sondern auch für beliebige Anwendungen, die diese bewährten Prinzipien der objektorientierten Programmierung für ihre Zwecke nutzen wollen.

Neu sind die Begriffe der Eltern- und Kind-Operation und der gebundenen Operationen *(linked operations)*: Eine Operation, die von einer Instanz ausgeführt werden soll – die Eltern-Operation –, kann zu mehreren Kind-Operationen führen, die die aufrufende Instanz selbst ausführen muß, damit die gerufene Instanz die Ergebnisse liefern kann.

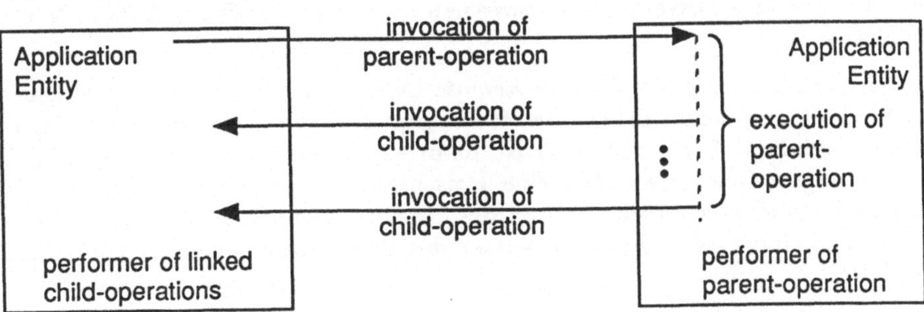

Bild 13.2: Linked Operations (Figure 2/X.219)

Auch die ROSE ist wie der RTS nun in das OSI-Referenzmodell eingebettet. Die Nutzung unterliegender Schichten und anderer *ASEs (Application Service Entities)* wird in den neuen Empfehlungen beschrieben. Die Implementation wird durch die Angabe von Zustandstabellen für eine *ROPM (Remote Operation Protocol Machine)* erleichtert.

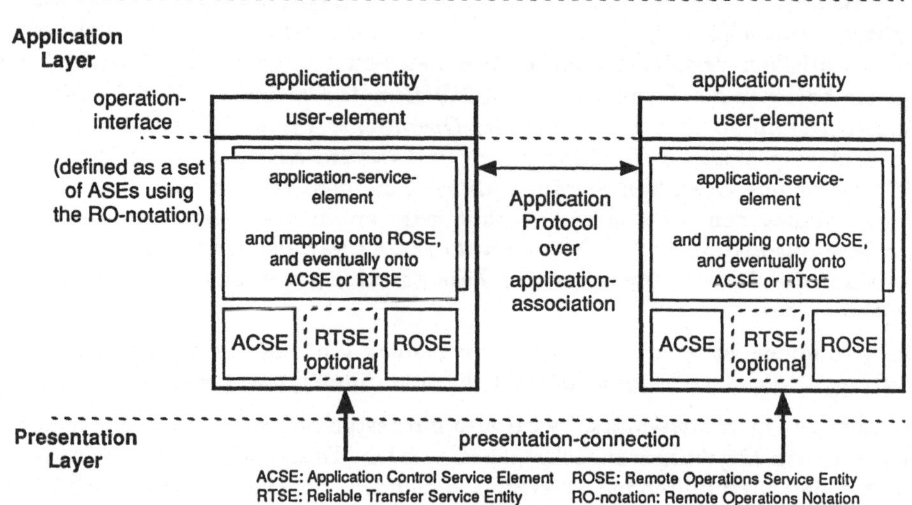

Bild 13.3: Model of an Application Context Involving Remote Operations (Figure 3/X.219)

In den 1984er Empfehlungen basierten die *Remote Operations* direkt auf dem *Reliable Transfer Server* und dem Session-Dienst (Kapitel 6). Im 1988er Standard ist dies z.B. für P3 oder P7 anders.

Im Abschnitt über den RTS wurde kurz das Zusammenwirken zwischen RTS und einem *ACSE (Application Control Service Element)* beschrieben: die ACSE kontrolliert die Anwendungsverbindung zwischen zwei RTS (Aufbau, Abbau, vorzeitiges Auflösen).

Eine Anwendungsinstanz, die den *Remote Operations Service* nutzen will, benötigt einen Abbildungsmechanismus, der die auszuführenden Operationen auf die ROSE-Dienste abbildet. Diese Funktion ist dann einerseits Nutzer einer ACSE, die die Anwendungsverbindungen über eine Presentation-Verbindung kontrolliert *(BIND, UNBIND)*, und andererseits Nutzer der *Remote Operations Service Entity.* ACSE und ROSE sind beide wiederum Nutzer des Presentation-Dienstes *(OPERATION, ERROR).*

Wenn eine RTS-Instanz involviert ist, so ist die Aufgabenteilung verändert: die Abbildungsfunktion ist RTSE-Nutzer *(BIND, UNBIND)* und ROSE-Nutzer *(OPERATION, ERROR)*, die ROSE ist RTSE-Nutzer und die RTSE ist ACSE-Nutzer (wie schon im vorhergehenden Abschnitt über den *Reliable Transfer* geschildert). ACSE und RTSE sind Presentation-Dienstnutzer.

Während es in der 84er Empfehlungen nur Operationen und Fehler *(Errors)* gab, gibt es nun folgende Operationen an der Schnittstelle zur ROSE:

- eine *bind-Operation*, um eine Anwendungsverbindung *(application association)* aufzubauen,
- eine *unbind-Operation*, um eine Anwendungsverbindung aufzulösen und
- einen Satz von auszuführenden Operationen, bei denen die daraus möglicherweise resultierenden Fehlersituationen auch genau beschrieben sind.

Diese Operationen werden durch die zugehörigen Macros beschrieben. Die OPERATION- und die ERROR-Macros (siehe auch Kapitel 6) werden vom Abbildungsmechanismus auf die ROSE-Dienste

- *RO-INVOKE*,
- *RO-RESULT*,
- *RO-ERROR*,
- *RO-REJECT-U* und
- *RO-REJECT-P*

abgebildet, während die BIND- und UNBIND-Macros auf die Dienste der RTSE oder ACSE abgebildet werden.

Abschließend ist zu sagen, daß erst durch das Herauslösen des *Remote Operation Service* aus den MHS-Empfehlungen dessen Eigenständigkeit verdeutlicht und damit dessen Akzeptanz wesentlich vergrößert wurde. Sie werden derzeit in den 88er Empfehlungen X.402, X.407, X.411 (P1, P3), X.413 (P7) und X.420 (P2) zur Beschreibung der im folgenden Abschnitt vorgestellten Abstrakten Dienste verwendet.

13.3 Abstract Service Definition

An einigen Stellen dieser Studie tauchten Begriffe wie *ports* und *bind-operation* auf. In diesem Abschnitt werden die Hintergründe hierzu erläutert.

Die Beschreibungstechnik für das Zusammenarbeiten von Anwendungsinstanzen ist für die 88er Empfehlungen geändert worden. Während es in den 84er Empfehlungen nur eine semi-formale Beschreibung der Schnittstelle z.B. zwischen Benutzeragent und Message-Transfer-Schicht (X.411) gab – sehr viele Informationen mußten den Beschreibungstexten entnommen werden –, sind die 88er Empfehlungen vollkommen auf eine neue Beschreibungstechnik umgestellt,

- die es ermöglicht, das Verhalten von informationsverarbeitenden Instanzen in einer verteilten Umgebung (nicht nur OSI) exakt zu spezifizieren,
- die dem OSI-Modell und der OSI-Terminologie angepaßt ist und

– die die Verdoppelung von Protokoll- und Dienstbeschreibungen vermeidet.

Zunächst einmal wird davon ausgegangen, daß jede Anwendungsinstanz z.B. im Message-Handling-System einen Dienst anbietet, einen Dienst in Anspruch nimmt oder gleichzeitig Konsument und Anbieter von verschiedenen Diensten ist. Einem Dienst wird ein Abstraktes Modell *(Abstract Model)* zugeordnet, in dem den Anwendungsinstanzen Abstrakte Objekte *(Abstract Objects)*, den Schnittstellen *Abstract Ports*, den angebotenen Dienstprimitiven *Abstract Services* und den Komponenten einer Anwendungsinstanz *Abstract Refinements* zugeordnet werden. Die *Abstract Ports* können mit den *SAPs (Service Access Points)* anderer Empfehlungen für die unterliegenden Schichten verglichen werden (siehe auch Kapitel 3).

Die Beschreibungstechnik verfolgt den Top-Down-Ansatz: zunächst wird der ganze Dienst beschrieben und dann wird er immer mehr detailliert und verfeinert. Am Beispiel der Schnittstelle zwischen Benutzeragent und Message-Transfer-Agent bzw. Message-Transfer-System (X.411-88), die im wesentlichen schon aus den Kapiteln über die 84er Empfehlungen bekannt ist, soll die neue Beschreibungstechnik, die als ähnlich bahnbrechend für die 88er Empfehlungen angesehen wird wie es X.409 bzw. die *Abstract Syntax Notation One (ASN.1)* für die 84er Empfehlungen war, erläutert.

Das Abstrakte Modell für das Message-Transfer-System besteht aus dem Message-Transfer-System einerseits und den MTS-Benutzern *(MTS users)* andererseits. Ein MTS-Benutzer kann z.B. ein UA sein. Die Beschreibung des Modells ist jedoch unabhängig von der Art des jeweiligen Benutzers.

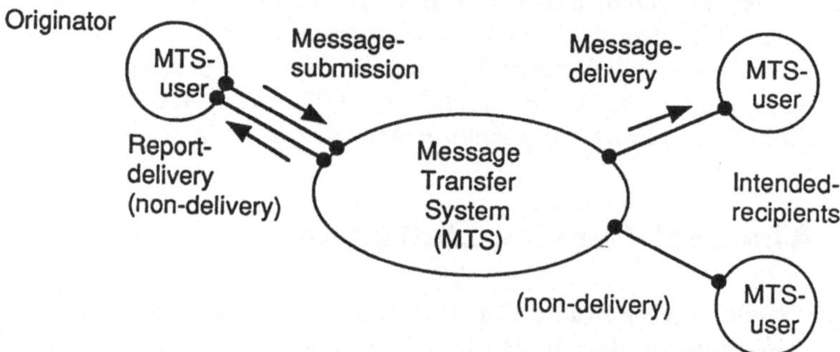

Bild 13.4: Message Transfer System Model (Figure 1/X.411-88)

Die Schnittstellen zwischen dem MTS und den MTS-Benutzern werden durch die *Abstract Ports: Submission Port, Delivery Port* und *Administration Port* beschrieben.

Zunächst einmal müssen jedoch MTS-Benutzer und MTS miteinander in Verbindung treten. Dies geschieht durch eine sogenannte *MTS-bind-Operation*, die entweder vom MTS oder vom MTS-Benutzer initiiert wird. Die inverse Operation heißt *MTS-unbind* und löst eine durch *MTS-bind* geschaffene Verbindung zwischen MTS und MTS-Benutzer auf. Alle anderen Operationen zwischen MTS und MTS-Benutzer können nur ausgeführt werden, wenn eine Verbindung zwischen MTS und MTS-Benutzer besteht.

Tabelle 13.1 zeigt die 88er *Abstract Operations* an den jeweiligen *Abstract Ports* zusammen mit den entsprechenden MTL-Dienstprimitiven der 84er Empfehlungen. Prinzipiell ist zur neuen Beschreibungstechnik zu sagen, daß in den 88er Empfehlungen die Konzepte der asymmetrischen Kommunikation zwischen Anwendungsinstanzen erweitert und vervollständigt worden sind. Das Ergebnis ist eine neue Beschreibungssprache, die den Anforderungen an eine exakte Formulierung und an größere Verständlichkeit gerecht wird, und die allgemein zur Beschreibung von verteilten Prozessen herangezogen werden kann.

Tabelle 13.1: 1988 Abstract Operations – 1984 MTL-Dienstprimitive

1988 Abstract Operation	**1984 MTL-Dienstprimitiv**
MTS-bind	LOGON
MTS-unbind	LOGOFF
Submission Port:	
Message-submission	SUBMIT
Probe-submission	PROBE
Cancel-deferred-delivery	CANCEL
Submission-control	CONTROL
Delivery Port:	
Message-delivery	DELIVER
Report-delivery	NOTIFY
Delivery-control	CONTROL
Administration Port:	
Register	REGISTER
Change-credentials	CHANGE-PASSWORD

14 Das Zusammenwirken alter, neuer und zukünftiger X.400-Systeme

Bei der Entwicklung der 84er Empfehlungen für Message-Handling-Systeme hatten die nationalen Postgesellschaften darauf geachtet, keinen neuen isolierten Dienst festzuschreiben. Diesem Bemühen entsprangen z.B. die Übergangsmöglichkeiten vom MHS zu den Telex- und Telematikdiensten. In der CCITT-Studienperiode 1985-88 tauchte das Problem der Inselbildung jedoch erneut auf: auf der einen Seite standen die 84er Spezifikationen, die nicht mehr geändert werden konnten und sollten, auf der anderen Seite die 88er Empfehlungen mit vielen neuen Protokollelementen, die von 84er Systemen nicht verstanden werden konnten. Wie sollten UAs mit MTAs und MTAs mit MTAs kooperieren können, wenn sie nach verschiedenen Spezifikationen implementiert waren? Von 84er Systemen wurde sogar verlangt, unbekannte Protokollelemente abzulehnen, um konform zum 84er Standard zu sein. Da an den 84er X.400-Spezifikationen nichts mehr geändert werden konnte, mußte es eine Pflicht für 88er Systeme werden, mit 84er Systemen zusammenarbeiten zu können, um konform mit den 88er Empfehlungen zu sein.[1]

Was heißt jedoch in diesem Zusammenhang konform?

Zunächst einmal müssen Systeme, die nach der gleichen Spezifikation implementiert sind, nicht a priori in der Lage sein, miteinander kooperieren zu können. Dazu gibt es in einem derart komplexen Standard wie X.400-84 zu viele unterschiedliche Interpretationsmöglichkeiten, da die Beschreibungen nicht sehr exakt waren. Die nationalen Postgesellschaften wollten jedoch einen zuverlässigen Message-Handling-Dienst anbieten.

So wurden während der Studienperiode 1985–88 Testspezifikationen *(Test Suites)* festgelegt, die stichprobenartig und dennoch repräsentativ die Übereinstimmung eines Message-Handling-Systems mit dem 84er Standard und dem im Nachhinein entstandenen *Implementor's Guide* überprüfen (X.403). Systeme, die diese Tests erfolgreich durchlaufen, werden normgerecht oder konform genannt.

---

[1]Dies ist Bedingung für die Konformität nach CCITT. ISO hingegen gestattet es, daß in privaten Verwaltungsbereichen *Private Management Domains* auch nur 88er Systeme, die nicht mit 84er MTAs kooperieren können, betrieben werden. Bei Teilnahme am öffentlichen Dienst ist aber (mindestens) ein den CCITT-Konformitätsforderungen genügender MTA erforderlich.

Die Tests beschränken sich gemäß dem Verständnis von CCITT auf die Kommunikation zwischen öffentlichen Verwaltungsbereichen (ADMD–ADMD) und mit öffentlichen Verwaltungsbereichen (PRMD–ADMD). Das erfolgreiche Durchlaufen dieser Tests soll ein hohes Maß an Kooperationsvermögen *(Interoperability)* für Message-Handling-Systeme verschiedener Hersteller gewährleisten.

Was kann nun konform sein?

Auf der einen Seite sind dies natürlich einzelne Message-Transfer-Agenten, auf der anderen Seite sind dies aber auch ganze *Management Domains (MDs)*, für die es dann ausreicht, einen konformen MTA in ihrer *Domain* zu haben.

Für die 88er Empfehlungen gibt es natürlich noch keine Konformitäts-Testbedingungen *(Conformance Test Suites)*, sie werden erst in der nächsten Studienperiode festgelegt werden.

Die neuen 88er MTAs, die das Message-Transfer-Protokoll P1 benutzen, müssen also einem bestimmten Satz von Regeln gehorchen (X.419):

- Es gibt Regeln für den Verbindungsaufbau zwischen einem 88er System und einem 84er System, die besagen, daß bestimmte Protokollelemente beim Verbindungsaufbau nicht erzeugt, andere nicht erwartet werden dürfen.
- Es gibt Regeln, um P1-Nachrichten an ein 84er System schicken zu können. Sie legen fest, wie neue Dienstelemente auf alte abgebildet werden können *(Downgrading)*, wann sie gelöscht werden müssen, wann die Versuche, Nachrichten umzuwandeln, als fehlgeschlagen betrachtet werden müssen und was dann von den beteiligten 88er MTAs zu tun ist.
- Es gibt Regeln, um Nachrichten von einem 84er System empfangen zu können, wie alte auf neue Dienstelemente abgebildet werden und welche Standardeinstellungen *(Defaults)* für neue Protokollelemente generiert werden müssen.

Generell ist zu sagen, daß Information beim Durchqueren eines 84er Verwaltungsbereiches verloren geht, so daß Mechanismen, wie z.B. zur Schleifenerkennung, die diese Informationen auswerten, nicht mehr richtig funktionieren können. Daher sollten 88er Systeme möglichst keine 84er Systeme als Weitervermittlungssysteme *(Relay)* benutzen.

Damit für zukünftige Protokollerweiterungen nicht erneut Zusammenarbeitsprobleme entstehen, ist in den Protokollelementen des 88er Standards ein *Criticality Flag* (Bedeutsamkeitshinweis) vorgesehen, in dem angegeben werden kann, für welche MTA-Aktionen das Protokollelement kritisch ist. Diese kritische Aktion darf nur dann ausgeführt werden, wenn der ausführende MTA dieses Protokollelement dann auch versteht. Falls nicht, muß die Nachricht zurückgewiesen werden. Damit läßt sich Toleranz von MTAs gegen zukünftige Protokollelemente herstellen, ohne daß der durch das neue Protokollelement gegebene Dienst dadurch beeinträchtigt wird. Für die Zusammenarbeit mit 84er Systemen läßt sich dieser Mechanismus jedoch nicht verwenden, so daß hier im Prinzip alle in 88er Systemen neuen Protokollelemente, die

für irgendeine MTA-Aktion kritisch sind, nicht über 84er Systeme weitervermittelt werden dürfen.

Die 88er Systeme sind demnach so ausgelegt, daß sie mit zukünftigen 92er Systemen zusammenarbeiten können. Der Begriff des „Veraltet-Sein" ist für Message-Handling-Systeme somit nicht (mehr) angebracht. Es wird Systeme mit kleinerem und Systeme mit größerem Dienstangebot geben.

15 Vergleich von X.400 '88 und '84

Wir wollen zum Abschluß dieses Teils eine kurze Bewertung des 88er X.400-Standards geben. Ein wesentlicher Vorteil des 88er Standards gegenüber den Empfehlungen von 1984 liegt darin, daß von CCITT und ISO ein gemeinsamer Standard verabschiedet wurde, der damit zum einen für die nationalen Postverwaltungen und Telematikdienst-Anbieter, die sich an einem internationalen MHS beteiligen wollen, und zum anderen für Hersteller verbindlich ist, die breit einsetzbare und vernetzbare Systeme anbieten und ihre Kunden nicht auf ihre Produktpalette einschränken wollen.

Für den Neueinsteiger bietet die X.400-Norm von 1988 auch den Vorteil, verständlicher und einfacher lesbar zu sein als ihre Vorgängerin. Als Nachteil für X.400-Kenner kann jedoch gewertet werden, daß eine neue – allerdings eine sprechendere – Terminologie verwendet wurde. Durch Anhänge an allen Dokumenten, die nur die Unterschiede zum 84er X.400 darstellen, kann dieser Nachteil teilweise wieder aufgehoben werden.

Der neue Standard von 1988 bietet gegenüber dem Vorgänger eine ganze Reihe weiterer Vorteile. Er erlaubt all das, was 84er Systeme auch bieten. D.h. alle in X.400-84 vorgeschriebenen Dienste und Dienstelemente sind – wenn auch zum Teil unter anderem Namen, aber protokolltechnisch gleich kodiert – ebenfalls in X.400 von 1988 vorgeschrieben. Bei den zusätzlichen optionalen Dienstleistungen bietet der 88er Standard jedoch erheblich mehr. Die Kommunikation, d.h. der Nachrichtenaustausch zwischen einem 84er und einem 88er MHS ist in beiden Richtungen möglich, allerdings wird dann die Leistungsfähigkeit im wesentlichen auf das beschränkt, was das 84er System an Dienstelementen anbietet. Daher sollten Implementierer und Betreiber darauf achten, daß möglichst keine Weitervermittlung über 84er Systeme stattfindet, wenn die Systeme des Empfängers und des Senders konform zum 88er Standard sind.

Wann ein System sich konform zum 88er X.400-Standard nennen kann, ist im Standard definiert. Ein Konformitäts-Testpaket wird erst in den nächsten Jahren von CCITT entwickelt werden. Private Anbieter bieten derzeit aber schon *Interoperability Tests* an. Im Prinzip ist ein System dann konform zum 88er Standard, wenn es alle im 88er Standard möglichen – d.h. alle vorgeschriebenen und optionalen – Protokollelemente versteht, die beim Transfer (siehe Tabellen 11.1, 11.3) auftreten können. Verstehen bedeutet hier, die Protokollelemente akzeptieren und die geforderten Dienstleistungen erbringen. Es genügt hierbei nach CCITT, an der Schnittstelle eines Verwaltungsbereichs *(Domain)* diese Protokollelemente zu akzeptieren. Dieser Bereich muß dann sicherstellen, daß er bei Zustellung oder Weiterleitung die geforderten Dienstleistungen auch erbringt. Wenn er allerdings feststellt, daß er eine geforderte Leistung nicht erbringen kann, muß er die Nachricht zurückzuweisen.

Ein 88er System ist damit auch gleichzeitig tolerant gegenüber zukünftigen Dienstleistungen und Protokollerweiterungen. Die Zusammenarbeit eines 88er Systems mit Systemen, die zukünftige zu standardisierende Dienstleistungen erbringen (z.B. solche des zu erwartenden 92er Standards) ist damit kein Problem mehr.

Das Sicherheitsmodell *(Security Model)* ermöglicht, daß an der Übergabeschnittstelle zwischen Verwaltungsbereichen Verhandlungen erfolgen, bevor eine Nachricht weitergegeben wird. Es erlaubt z.B., Verbindungen nur mit bekannten Partnern aufzubauen.

Ein Verwaltungsbereich kann auch ein MTS enthalten, das sich aus mehreren MTAs zusammensetzt, die auf verschiedenen Rechnern installiert sind. Um die Probleme beim Einsatz von Produkten verschiedener Hersteller zu reduzieren, sollte die Konformität dann für jeden auf einem Rechner installierten MTA gelten.

Verschiedene MTAs eines MTS eines Verwaltungsbereichs können sich die Erbringung der Dienstleistungen teilen. Die vorgeschlagene architekturelle Gestaltung von MTAs ermöglicht es z.B., in einem Verwaltungsbereich einen MTA zu installieren, der die Zusammenarbeit mit dem *Directory* durchführt, einen zweiten, der auf die Expansion von Verteilerlisten spezialisiert ist, und einen weiteren, der für Weitervermittlung *(Relaying)* und Zustellung *(Delivery)* zuständig ist. Eine solche Arbeitsteilung erfordert aber weitere Absprachemechanismen für das *Routing* zwischen den MTAs. Diese sind nicht Bestandteil des Standards X.400. Trotzdem ermöglicht diese Variabilität eine optimale Ausnutzung lokaler Ressourcen und verletzt nicht die Konformität zum Standard.

Eine wesentliche Verbesserung der Qualität der Dienstleistungen von MHS wird ermöglicht durch die Einbindung von Directory-Systemen. Hierdurch kann dem bei verteilten Systemen zunehmenden Sicherheitsbedürfnis der Dienstnutzer mittels des Security-Modells Rechnung getragen werden. Außerdem ist eine Vereinfachung der Adressierung durch die Verwendung von Directory-Namen möglich. Die Verwendung von Verteilerlisten sowie die Möglichkeiten, an alternative Empfänger zuzustellen, sind ebenfalls durch die Verfügbarkeit vom Directory-System realisierbar.

Leider sind aber Directory-Systeme zur Zeit noch nicht als Produkte auf dem Markt verfügbar. Auch die von CCITT und ISO gemeinsame erarbeitete Norm X.500/IS 9594 für *Directory* ist erst die erste Norm, so daß hier heute bereits Erweiterungen nötig und in Arbeit sind. So sind die unseres Erachtens nach notwendigen Zugangsberechtigungen für Einträge in dem *Directory* noch nicht durch den Standard X.500 definiert. Hier müssen die einzelnen Implementierungen selber Lösungen finden. Wenn Implementierung und Betrieb von MTA und DSA in einer Hand liegen, lassen sich hier jedoch lokale Regelungen finden.

Die Verfügbarkeit von Verteilerlisten *(Distribution Lists)* und vom Nachrichtenspeicher *(Message Store)* stellen gegenüber dem 84er Standard X.400 wichtige zusätzliche

Funktionalität für die Endbenutzer dar. Mit Verteilerlisten kann die Kommunikation in Gruppen unterstützt werden (siehe Teil III). Mittels des Nachrichtenspeichers kann eine geordnetete Verwaltung der Mitteilungen eines Benutzers erfolgen. Eine gezielte Unterstützung der Benutzer bei der Bearbeitung seiner MHS-Post ist durch Ablage und *Retrieval* im Nachrichtenspeicher möglich. Insbesondere kann auch mit einem einfachen Endgerät (z.B. *Laptop*) eine sinnvolle Nutzung des Mitteilungsdienstes erfolgen, wenn die Nachrichten für den Benutzer des *Laptops* auf einem anderen Rechner in dem Nachrichtenspeicher verwaltet werden. Diese beiden neuen Leistungen sind von CCITT so ausgelegt worden, daß sie nicht nur für Interpersonelle Mitteilungen (P2), sondern auch für andere zukünftige Mitteilungs- oder Nachrichtenarten genutzt werden können.

Wünschenswert wäre, die Funktionalität von Verteilerlisten u.a. dahingehend zu erweitern, daß auch automatische Einschreibung und Löschung und automatische Nachrichtenarchivierung (Konversationen) möglich sind, wie es in anderen derzeit existierenden Netzen bereits angeboten wird. Auch ist der *Message Store* derzeit einem Benutzeragenten zugeordnet. Allgemeine *Multi-User-Document-Stores* werden hingegen in den Standards für *Document Filing and Retrieval* (DIS 10166) behandelt und standardisiert. Sie sollten ebenfalls in den MHS-Standard aufgenommen werden oder zumindest über *Access Units* für MHS-Nutzer erreichbar sein.

Es können von einem 88er MHS aus auch Teilnehmer über die gelbe Post erreicht werden. Dies ermöglicht eine erhebliche Ausweitung des Kreises der potentiellen Empfänger von MHS-Nachrichten.

Da es inzwischen schon viele Produkte und Installationen von Systemen gibt, die auf X.400 von 1984 beruhen, und da die Zahl der Benutzer von Message-Handling-Systemen nach der ersten Verabschiedung und Veröffentlichung der Empfehlungen von X.400 im Jahre 1984 ständig wächst, stellt sich das Problem, diese Benutzer und auch die Implementatoren davon zu überzeugen, auf den 88er Standard umzusteigen.

Wir halten die neuen Dienstleistungen von MHS '88 für so attraktiv und auch für notwendig, um MHS für einen breiteren Anwenderkreis und insbesondere auch als Bürokommunikationsmedium interessant zu machen, daß wir diesen Umstieg nur empfehlen können. Die Möglichkeit der Kooperation mit 84er Systemen sollte jedoch angesichts der jetzt schon breiten Verfügbarkeit dieser Systeme auf jeden Fall ermöglicht werden.

Mit dem Ende der letzten Studienperiode 1988 sind die Arbeiten an MHS jedoch keineswegs abgeschlossen. So sind für die laufende Studienperiode einige gemeinsame Themen von CCITT und ISO aufgegriffen worden. Dabei soll die Zusammenarbeit beider Gremien in der laufenden Studienperiode noch intensiviert werden.

Gemeinsam arbeiten beide Gremien an einem neuen Protokoll für zu übertragende Nachrichten, dem EDI. EDI steht für *„The computer interchange of structured trade data by electronic means"* [EDI89]. Hier sind als Handelsdaten *(Trade Data)* z.B. Aufträge, Rechnungen, Erledigungsvermerke usw. gemeint. Der Standard X.400 soll die Nachrichtenköpfe *(Heading)* für derartige Nachrichten sowie entsprechende Dienste z.B. zur Anfrage nach dem Status oder zum Abbrechen eines EDI-Auftrags, zur Zuordnung von mehreren EDI-Transaktionen wie Auftrag, Lieferung und Abrechnung definieren. MHS soll hierbei als Transfersystem genutzt werden. EDI kann insofern als Beitrag zur Unterstützung von Gruppenkommunikation gewertet werden, als hierdurch Personen bei der Bearbeitung von Handelsvorgängen unterstützt werden.

Unterstützung von Gruppenkommunikation, die in der vorangegangenen Studienperiode zur Definition von Verteilerlisten führte, wird in der jetzigen Studienperiode ebenfalls weiterverfolgt. So sollen z.B. Schwarzes-Brett-Funktionen *(Bulletin Boards)* angeboten und gemeinsame Textproduktion in einer Gruppe unterstützt werden *(Joint Editing)*.

Die Weiterentwicklung des Sicherheitsmodells und der Directory-Norm ist ebenfalls bereits in Angriff genommen.

Die Zusammensetzung der Normungsgremien für *Message Handling* und *Directory* hat sich auch in der laufenden Studienperiode geändert. Dennoch ist zu erwarten, daß die Weiterentwicklungen von X.400 in der laufenden Studienperiode, deren Ergebnisse 1992 veröffentlicht werden, als reine Erweiterungen des 88er Standards erfolgen. Dies bedeutet, daß sie voll mit dem 88er Standard kompatibel sind und 1992 nicht wieder eine neue Familie von Standards entstehen wird.

Bei dem von uns dargestellten umfangreichen Dienstangebot, das Message-Handling-Systeme (84er und 88er) in Zusammenarbeit mit Directory-Systemen dem Endbenutzer bieten können, sollte jedoch nicht vergessen werden, daß X.400 ein Standard für elektronische Postsysteme ist. Die technischen Möglichkeiten sollten nicht anderen Zwecken wie z.B. dem Austausch von riesigen Datenmengen *(File Transfer)* mißbraucht werden. Hierfür gibt es andere standardisierte Dienste.

Die funktionale Gestaltung von Benutzerarbeitsplätzen für Mitteilungssysteme sind bisher nicht Gegenstand der Weiterentwicklungen von X.400. Diese ist aber für die Akzeptanz eines Systems eine wesentliche Voraussetzung. Ebenso sind die Anwendungsmöglichkeiten der neuen Dienste Verteilerliste und Nachrichtenspeicher für die Bürokommunikation nicht ganz offensichtlich. Wir wollen daher im folgenden Teil auf diese beiden Themenkreise näher eingehen.

Teil III

Gruppenkommunikation im Rahmen von MHS

16 Bedeutung von Gruppenkommunikation

In diesem Teil wollen wir auf die Einsetzbarkeit von MH-Systemen als neue Medien der Bürokommunikation näher eingehen. Wir werden uns vor allem um die Faktoren der Benutzerfreundlichkeit und der Endleistungen für die Benutzer kümmern. MHS wird hinsichtlich seiner Benutzerfreundlichkeit bewertet. Die hier vorgeschlagenen Konzepte sind nicht Bestandteil des X.400-Standards. Sie zeigen aber, wie man durch Ausnutzung und Ergänzungen der Standards MHS auch für die Bürokommunikation einsetzen kann. Im Vordergrund unserer Überlegungen steht daher der menschliche Benutzer von MHS.

Ein Vorschlag, wie auf der Basis der vorhandenen MHS-Standards von 1984 und 1988 ein sinnvoller Einsatz im Bürobereich erreicht werden kann, wird vorgestellt. Wir werden Anforderungen an die Gestaltung des Benutzerarbeitsplatzes zur Bearbeitung von Mitteilungen beschreiben. Besonders ausführlich stellen wir ein Konzept zur Unterstützung von Relationen zwischen Mitteilungen vor. Dieses Konzept hat sich bereits in der Praxis bewährt und bietet dem Benutzer eine wesentliche Vereinfachung seiner Kommunikation.

Außerdem werden die Verwendungsmöglichkeiten von im MHS-Standard 1988 angebotenen Verteilerlisten zur Unterstützung von Gruppenkommunikation untersucht und es werden Anwendungsbeispiele gegeben.

Mitteilungssysteme werden heute in zunehmenden Maße in der Praxis eingesetzt. Für die Kommunikation im Forschungs- und DV-Bereich sind sie insbesondere bei institutionsübergreifenden Projekten ein entscheidender Fortschritt. Befragungen von Benutzern [HSS84] haben gezeigt, daß die computergestützte Kommunikation zwischen mündlichen und schriftlichen Kommunikationsformen angesiedelt wird, d.h. daß sie formaler als mündliche, jedoch weniger formal und weniger aufwendig als sonstige schriftliche Kommunikation empfunden wird. Diese letzte Aussage ist sicher davon abhängig, welches konkrete elektronische Kommunikationssystem verwendet und wie dies in einer Organisation genutzt wird. Sie zeigt jedoch, daß für elektronische Kommunikationsmedien dieser Platz zwischen mündlicher und brieflicher Kommunikation vorhanden ist, dies vor allem in Organisationen, in denen der Aufwand für mündliche Kommunikation durch örtliche Verteilung der Kommunikationspartner sehr hoch ist.

Die elektronische Kommunikation hat zwei weitere Vorteile: Man kann eine Nachricht an den Kommunikationspartner im wahrsten Sinne des Wortes „loswerden". Das eigene Gedächtnis ist von dem zu bearbeitenden Vorgang entlastet und der eigene

Prozess wird erst durch die Antwort des Kommunikationspartners wieder angestoßen. Weiterhin ermöglicht die elektronische Kommunikation, mit Partnern zusammenzuarbeiten, die sonst auf Grund zeitlichen Versatzes (unterschiedliche Zeitzonen) nur schwer erreichbar wären.

Das computergestützte Medium zeigt vor allem dann seine spezifischen Stärken gegenüber Telefon und Papiermedium, wenn es um die Unterstützung von lang andauernder Kommunikation von mehreren Partnern geht, die an verschiedenen Orten sind. Es ist jedoch der papiergebundenen Kommunikation nur dann überlegen, wenn es nicht nur den Transport von Informationen unterstützt, sondern die bei mehreren Partnern erforderliche Koordinierung des Informationsflusses ebenfalls vereinfacht.

Vorteile eines computergestützten Kommunikationsmediums gegenüber anderen Medien können z.B. darin liegen, daß

- die Kommunikation schriftlich fixiert ist;
- die ausgetauschten Informationen per Computer weiterbearbeitet werden können, z.B. per elektronischer Textverarbeitung, elektronischer Ablage usw.;
- Standardbearbeitungsroutinen sich automatisieren lassen.

Praxiserfahrungen beim Einsatz von Mitteilungssystemen (z.B. EAN [Neu87], COM [Pal81], USENET) haben gezeigt, daß diese Systeme bisher kaum von Management und Fachkräften im Bürobereich genutzt werden. Eine Befragung deutscher Manager [Ram89] zeigt, daß die wesentlichen Tätigkeitsmerkmale der Befragten relativ unabhängig davon waren, ob sie in der Forschung oder in der Wirtschaft tätig waren. Die in der Forschung tätigen befragten Manager benutzten bereits elektronische Kommunikationssysteme und betrachteten diese als eine wesentliche Arbeitserleichterung.

Der Grund für den relativ seltenen Einsatz von elektronischen Kommunikationssystemen im Managementbereich in der Wirtschaft liegt unseres Erachtens teilweise darin, daß für das Büro spezifische Informationsverarbeitungsverfahren (außer dem Transport von Information) sowie die zwischenmenschlichen Aspekte von Kommunikation von den meisten Systemen nicht ausreichend berücksichtigt werden. Da Mitteilungssysteme aber zur Unterstützung der zwischenmenschlichen Kommunikation eingesetzt werden, gilt es diesen Aspekt genauer zu betrachten.

Die X.400-Empfehlungen beschränken sich im wesentlichen auf die technischen Aspekte des MHS, d.h. auf Vernetzbarkeit, Transportsicherheit usw. Die vorliegenden MHS-Empfehlungen von 1988 enthalten jedoch bereits einige Dienstleistungen, die genutzt werden können, um die Benutzer spezifisch bei der Abwicklung langandauernder Kommunikation, an der mehrere Personen beteiligt sind – wie sie z.B. im Bürobereich häufig vorkommt –, zu unterstützen.

Sinn und Zweck eines Kommunikationsvorgangs ist, daß der Absender sich dem Empfänger verständlich machen möchte. Er möchte erreichen, daß der Empfänger seiner Mitteilung bei der Interpretation dieser Mitteilung das Ergebnis erzielt, das er als Sender beabsichtigt hat. In die Interpretation einer Mitteilung bezieht der Empfänger aber nicht nur die textuellen Inhalte dieser einen Mitteilung ein, sondern auch Stil und „Ton" des Textes, seine Beziehung zum Absender (z.B. Untergebener), die Art, wie er adressiert wurde (z.B. als Chef oder persönlich), sowie seine Kenntnisse über den Absender, mit ihm bisher ausgetauschte Mitteilungen und über weitere in inhaltlichem Zusammenhang stehende Mitteilungen. Ebenso stellt der Absender beim Verfassen seiner Mitteilung Vermutungen darüber an, welche Informationen dem Empfänger zur Auswertung zur Verfügung stehen. Dies impliziert, daß das „gemeinsame Vorwissen", das Sender und Empfänger einer Mitteilung haben, den Verständigungsprozeß erheblich beeinflußt [Pan89b].

Wenn man also die wesentlichen Charakteristika von Kommunikation betrachtet, so stellt man fest, daß diese immer „kontextabhängig" ist. D.h. eine Korrespondenz findet immer innerhalb einer organisatorischen Umgebung statt, und eine neue Mitteilung bezieht sich meist auf eine oder mehrere vorherige Mitteilungen. Außerdem ist es wichtig zu wissen, weshalb bzw. auf welchem Wege man eine Mitteilung erhalten hat; d.h. ob man sie nur zur Kenntnis oder zur Bearbeitung, direkt oder weitergeleitet, persönlich oder als „Amtsträger" erhalten hat. Zusammenfassend läßt sich sagen, daß

- die Historie von Mitteilungen,
- die Bezüge zwischen Mitteilungen und
- die organisatorischen Zusammenhänge zwischen den Empfängern und Sendern von Mitteilungen

wesentliche Komponenten der zwischenmenschlichen Kommunikation sind und gemeinsames Vorwissen der Kommunikationspartner bilden.

Kommunikation findet – vor allem im Bürobereich – häufig in Gruppen statt. Eine einfache Form der Gruppenkommunikation entsteht implizit dadurch, daß zwei oder mehr Personen die gleiche Information erhalten haben und darüber kommunizieren wollen (sie haben z.B. durch Mehrfachadressierung oder Weiterleitung die gleiche Mitteilung erhalten). Grundfunktionen, die zur Unterstützung der Kommunikation derartiger impliziter Gruppen benötigt werden, betreffen daher die Bearbeitung von inhaltlichen Zusammenhängen zwischen Mitteilungen. Die Forderung lautet hier, daß alle Gruppenmitglieder zur Auswertung von gemeinsamem Vorwissen, das bei allen Mitgliedern in Form von Kopien derselben Mitteilungen vorliegt, die funktional gleiche lokale Unterstützung haben müssen. Dies stellt Anforderungen an die Gestaltung der Benutzerarbeitsplätze (UAs). Hier sind neben Funktionen zum Erstellen und Versenden von Texten und Mitteilungen solche zur Bearbeitung von inhaltlichen Kontexten notwendig, d.h. es werden auch Funktionen zum Identifizieren von Mitteilungsinhalten und zum Herstellen von Bezügen zwischen Mitteilungen („Antwort auf", „Revision von" usw.) sowie zum Archivieren und *Retrieval* von Mitteilungen benötigt. Das Archivieren von Mitteilungen hat darüberhinaus den Vorteil, daß Personen, die später zu der Kommunikation oder Konversation hinzukommen, im nachhinein die bis dahin gelaufene Kommunikation nachlesen und aufarbeiten können.

Außerdem werden bei themenspezifischer oder lang andauernder Kommunikation eines festen Teilnehmerkreises spezielle „gemeinsame" organisatorische Unterstützungsfunktionen benötigt. Diese sollen geeignet sein, z.B. die Verteilung von Informationen an einen festen Teilnehmerkreis (z.B. Bulletins, Rundschreiben) zu vereinfachen, Dienstangebote (Benutzerberatung, Sekretariate) zu unterstützen und auch Gremienarbeit zu vereinfachen. Dadurch kann eine Gruppe in der Bildung gemeinsamen Vorwissens unterstützt werden, d.h. der Aufwand zur Gewährleistung, daß alle Gruppenmitglieder auch alle relevanten Informationen erhalten, läßt sich dadurch erheblich reduzieren. In diesem Fall werden explizite Gruppen benötigt, deren Zusammensetzung im allgemeinen für einen längeren Zeitraum festgelegt wird. Eine solche Gruppe (z.B. Team, Abteilung, Institut) kann z.B. zur Erledigung einer bestimmten Aufgabe eingerichtet sein. Die Unterstützung expliziter Gruppen erfordert, daß die Gruppe auch explizit im Mitteilungssystem definiert und organisatorische Regelungen festgelegt werden können.

In Mitteilungssystemen sollte schrittweise versucht werden, beide Formen der Gruppen zu unterstützen, d.h. die Bearbeitung von organisatorischen und von inhaltlichen Kontexten zu unterstützen. Im folgenden werden daher die Anforderungen an die lokalen UA-Funktionen zur Unterstützung inhaltlicher Kontexte sowie die Anforderungen zur Modellierung und Unterstützung expliziter Gruppen dargestellt (Kapitel 17). Konkrete Konzepte, die bereits heute in der Praxis eingesetzt werden, sind in den nachfolgenden Kapiteln 18 und 19 ausgeführt.

17 Kooperative UA-Funktionalität

Für den einzelnen Benutzer eines Mitteilungssystems ist es wichtig, wie sein Zugang zu dem System gestaltet ist und wie dieser Zugang in seinen Arbeitsalltag integriert ist. Dies ist eine wichtige Randbedingung für die Akzeptanz eines MHS. Das MH-System ist daher nicht isoliert von anderen Dienstleistungen eines Bürosystems zu sehen; ein Benutzer erwartet, daß er mit den gleichen Funktionen und denselben Geräten, mit denen er seine alltägliche Büroarbeit ausführt, auch seine Postbearbeitung durchführen kann. Die Erstellung, der Versand und Empfang von Mitteilungen sowie deren Weiterbearbeitung und Ablage sollten also in das lokale Textbearbeitungs- und Ablagesystem integriert sein. D.h. ein UA für das Mitteilungssystem muß in den lokalen Benutzerarbeitsplatz integriert sein [Tsc86].

Zum Führen einer Korrespondenz mit einem Partner sind jedoch nicht nur die lokalen Unterstützungsfunktionen des eigenen UAs wichtig, sondern auch die des Partners. Ein Sender einer Mitteilung möchte nicht nur ermitteln können, ob der verwendete Zeichensatz einer Mitteilung auch beim gewünschten Empfänger lesbar, d.h. anzeigbar ist (dies wird bereits in den X.400-Empfehlungen gefordert), sondern auch, ob für den Empfänger z.B. die vorherige Mitteilung, auf die sich der Absender beziehen will, auch noch zugänglich ist, d.h. bei dessen UA archiviert ist (Bearbeitung gemeinsamen Vorwissens). Dieses kleine Beispiel zeigt, daß die lokale Funktionalität eines UAs nicht nur für dessen direkten Benutzer relevant ist, sondern auch für dessen Korrespondenzpartner.

Die gesamte Weiterverarbeitung von Mitteilungen durch die UAs wird nicht durch die bisherigen X.400-Empfehlungen festgelegt. Ein UA muß nur den Benutzer beim Zugang zum MH-System unterstützen: durch Versandaufbereitung und Übergabe von Mitteilungen an einen MTA, sowie durch Entgegennahme von Mitteilungen vom MTA. Darüberhinaus muß er nur in der Lage sein, *IP-Messages* einschließlich des Kopfes anzuzeigen. Damit ist es z.B. Sache der einzelnen Implementierungen der UAs, ob und wie sie ein- und ausgehende Mitteilungen archivieren.

In der 88er Norm ist mit dem Dienst *Message Store* eine spezifischere Unterstützung des Benutzers bei der Bearbeitung von Postein- und Postausgang festgelegt. Im *Message Store* ist definiert, wie die Mitteilungen für den Benutzer verwaltet werden und nach welchen Kriterien der Benutzer seine Mitteilungen selektieren kann (siehe Abschnitt 12.1). Hierbei kann er sowohl nach gelesenen und ungelesenen Mitteilungen suchen, als auch nach IPM-Heading-Information wie z.B. *Subject*, *Originator* usw.

Diese Festlegungen gelten jedoch nur für den *Message Store*, sie haben keine Gültigkeit für Operationen, die ein einzelner UA anbietet. Weitergehende Festlegungen zur Bearbeitung von inhaltlichen Kontexten sowie zur Integration von Bürofunktionen werden jedoch auch für den *Message Store* – zur Zeit – nicht getroffen.

Die Standardisierungsempfehlungen enthalten keinerlei Festlegungen, wie die Felder im Kopf einer Mitteilung (P2) vom UA zu verwenden sind. Es ist nur festgelegt, welche Felder auftreten können oder müssen und wie sie syntaktisch aufgebaut sind. Einzig aus den gewählten Bezeichnungen läßt sich der beabsichtigte Sinn und Zweck der Felder ableiten. In den Normen von 1988 sind ebenfalls nur Erläuterungen zum Verwendungszweck dieser Felder enthalten.

Die zu P2 gehörigen Dienstelemente beschränken sich auf das pure Anzeigen und Erzeugen der Protokollelemente. Spezifische Dienstelemente sind – außer zur *IP-Message-ID* – nicht definiert. Selbst der Zusammenhang zwischen sich entsprechenden Protokollelementen von P1 und P2 ist im Standard nicht festgelegt. So ist z.B. nicht definiert, ob und wie der *Originator* im *P2-Heading* einer Mitteilung mit dem *Originator-Name* im *P1-Envelope* der Nachricht, in der die IPM versendet wird, zusammenhängt. Es ist also dem guten Willen und dem Verständnis des Implementierers überlassen, hierfür eine sinnvolle Lösung zu finden. Das kann zu unterschiedlichen Lösungen für unterschiedliche Systeme führen (für die Kommunikation zwischen den Endbenutzern sollte allerdings nur relevant sein, was im *IP-Message-Heading* steht).

Die Felder im Kopf einer Mitteilung bieten jedoch den menschlichen Kommunikationspartnern die Möglichkeit, die Absichten und inhaltlichen Bezüge von Mitteilungen formal auszudrücken. Damit diese Felder aber auch ihren Zweck erfüllen, ist es heute notwendig, daß die miteinander kommunizierenden Benutzer die protokollarische Wirkung dieser Felder selber untereinander absprechen und z.B. aus bisher bekannten Protokollen wie der Briefpost auf die elektronische Post übertragen. Einfacher wäre es jedoch, wenn es für die Felder im Mitteilungskopf ebenfalls Vorschriften gäbe, wie diese durch die UAs zu bearbeiten sind. Dies böte die Möglichkeit, die Interpretation dieser Felder durch die UAs zu unterstützen. Das heißt, daß z.B. die UAs die Bezüge, die zwischen mehreren lokal vorhandenen Mitteilungen bestehen, durch entsprechende Retrieval-Funktionen dem Benutzer anzeigen und ihn bei der Bearbeitung entsprechend unterstützen könnte. Durch entsprechende Interpretation einiger Felder im Kopf von Mitteilungen verbunden mit entsprechenden UA-Funktionen zur Erzeugung und zum Auffinden von Referenzen läßt sich eine einheitliche Bearbeitung von inhaltlichen Kontexten bei verschiedenen Benutzern und damit auch der Kommunikation in impliziten Gruppen erheblich vereinfachen.

17.1 Anforderungen an Bezüge zwischen Mitteilungen

Sinn und Zweck der folgenden Ausführungen ist, festzustellen, was benötigt wird, um die Bildung von inhaltlichen Bezügen wie z.B. „Antwort auf“, „Kommentar zu“, „Ergänzung von“, „Revision von“ zu erlauben [Bab86, BB86b]. Diese Bezüge müssen an einem Benutzerarbeitsplatz erzeugt und an dem des Empfängers „erkannt“ werden können. Auch bei Weiterleitung der betreffenden Mitteilungen an dritte sollten diese Beziehungen erhalten bleiben. Derartige Bezüge sind unabhängig vom Transportweg einer Mitteilung und betreffen nur die Protokolle zwischen UAs (P2).

Die gleiche Information kann Inhalt mehrerer Mitteilungen sein, d.h. in mehreren Versandaktionen verwendet werden. Der Empfänger einer Mitteilung möchte, ohne den Inhalt im einzelnen zu lesen, wissen, ob er sie bereits erhalten hat, und er möchte sich, unabhängig davon, ob er den Inhalt als direkter Empfänger oder per Weiterleitung erhalten hat, darauf beziehen können.

Beispielhaft seien einige Relationen zwischen Mitteilungsinhalten aufgezählt, die ein computergestütztes Kommunikationssystem erkennen und handhaben sowie den Benutzern in geeigneter Weise darstellen können sollte.

- Ein Text ist eine Revision (Bearbeitung) eines anderen Textes.
- Durch einen Text wird ein anderer Text ungültig.
- Ein Text ist eine Antwort auf einen anderen Text.
- Ein Text ist ein Kommentar zu einem anderen Text.
- Ein Text ist eine Ergänzung zu einem anderen Text.
- Ein Text bezieht sich auf einen anderen Text.
- Ein Text ist identisch zu einem anderen Text.
- Ein Text ist als Teil in einem anderen Text enthalten.

Diese Aufzählung deutet eine reiche Nuancierung der Beziehungen zwischen Texten an. Gerade diese Differenzierungen sind aber in der zwischenmenschlichen Kommunikation wünschenswert. Einige dieser Relationen werden scheinbar von X.400 unterstützt (z.B. Antwort: *In Reply To*, ungültig: *Obsoletes)*. Durch die Bezeichnungen der Protokollargumente wird suggeriert, wofür sie verwendet werden sollten, durch die Syntax wird festgelegt, daß hier kein Text, sondern *IP-Message-IDs* erwartet werden. Wie diese jedoch beim Beantworten bzw. Ersetzen einer Mitteilung generiert werden, ist Sache der jeweiligen Implementierung und nicht standardisiert. Zu beachten ist auch, daß sie dort Bezüge auf Mitteilungen (Transaktionen) und nicht auf Inhalte *(Bodies)* abbilden. Im folgenden wollen wir daher die Anforderungen an ein Konzept ausführen, das auf der Basis des MHS-Standards für *IP-Messages* die Bearbeitung von Relationen zwischen Mitteilungen unterstützt.

Bei der Entwicklung eines Konzeptes zur Bearbeitung von Bezügen zwischen Inhalten ist jedoch zu beachten, daß es gemäß den X.400-Empfehlungen auch möglich ist, mehrere Texte und/oder Mitteilungen als mehrteiligen Rumpf *(Multi-part Body)* einer einzigen Mitteilung weiterzuleiten. Die Gründe des Absenders, eine solche Mitteilung zu erzeugen, können z.B. darin liegen, daß er

- zufällig gerade mehrere Informationen für den Empfänger hatte,
- einen ganzen Satz von Mitteilungen zur Bearbeitung weiterleiten will,

– einen gesamten abgeschlossenen Vorgang weiterleiten will,
– die einzelnen Kapitel eines Berichtes weiterleiten will.

Diese Beispiele zeigen deutlich, daß nicht notwendigerweise ein inhaltlicher Zusammenhang zwischen den einzelnen Teilen eines mehrteiligen Rumpfes bestehen muß. Es ist daher notwendig, daß der Benutzer

– sich auch auf einzelne Teile beziehen können muß,
– feststellen können muß, ob er einzelne Teile bereits besitzt, und
– die Teile auch einzeln bearbeiten können muß (drucken, formatieren, editieren usw.).

Die Be- und Verarbeitungsmöglichkeit für die einzelnen *Body-Parts* einer Mitteilung mit *Multi-Part-Body* ist erforderlich, da sonst selbst einfache Dinge – wie z.B. zur übersichtlichen Darstellung beim Drucken für jeden Teil eine neue Seite zu beginnen – nicht möglich sind.[1]

Die Benutzer existierender Mail-Systeme behelfen sich zur Zeit häufig damit, daß sie in Beziehung stehenden Texte in ihre Mitteilung hineinkopieren, so daß dann die in Zusammenhang stehenden Inhalte alle in der einen neuen Mitteilung enthalten sind. Dies ist neben der redundanten Informationsübertragung natürlich äußerst unökonomisch, da dadurch auch Mitteilungen, die der Empfänger bereits hat, ihm unter Umständen nochmals zugesendet werden. Die Identität zweier Texte, die in zwei Mitteilungen bei einem Empfänger eingehen, kann nur durch vollständigen Textvergleich ermittelt werden. Dies ist insbesondere bei langen Texten äußerst aufwendig.

Damit Beziehungen zwischen Inhalten von Mitteilungen bei allen Besitzern (das sind die Sender oder Empfänger) durch alle jeweiligen UAs konsistent bearbeitet werden können, ist es notwendig, daß jedem Inhalt eine global eindeutige Identifikation zugeordnet wird. Diese Identifikation muß bei jedem erneuten Versand des Inhalts unverändert mitversendet werden. Nur beim Verändern des Inhalts (durch Editieren) muß eine neue Identifikation erzeugt werden und zusätzlich der Bezug zu der alten Identifikation des Originals hergestellt werden. Bei der Bildung von Bezügen zwischen Inhalten wird auf die Identifikation des betreffenden Inhalts verweisen.

Es genügt, daß Benutzer Bezüge einseitig herstellen, indem sie bei der Erstellung einer Mitteilung mit einem neuen Inhalt auf einen alten Inhalt verweisen. Dieser alte Inhalt braucht durch den Benutzer keinen expliziten Verweis auf den neuen zu erhalten. (Für das *Retrieval* ist jedoch notwendig, daß ein Benutzer diese Verweise in beiden Richtungen benutzen kann. Eine entsprechende Benutzerunterstützung läßt sich durch lokale UA-Unterstützung bei der Archivierung herstellen.) Der Verweis eines neuen Inhalts auf einen alten ist Bestandteil dieses neuen Inhalts und darf genau wie seine Identifikation nicht verändert werden. Sonst wäre es z.B. möglich, eine

[1] Der *Message Store* kann beim *Retrieval* auch auf die einzelnen Teile von geschachtelten *IP-Messages* zugreifen *(child-, parent-messages)*.

Antwort, die ein Benutzer auf eine Einladung zur Projektversammlung gegeben hat, nachträglich als Antwort zur Wahl eines neuen Betriebsratsmitglieds auszugeben.

Diese Überlegungen leiten uns zu folgenden zentralen Anforderungen an eine Identifikation (ID) eines Textes:

- Die Identifikation muß eindeutig sein, auch im Rahmen von weltweiter offener Kommunikation.
- Es muß ein in den Kommunikationsprotokollen fest vereinbartes Feld für diese Identifikation geben (eben nicht einfach nur eine textuelle Ergänzung).
- Die Identifikation muß maschinell bearbeitbar sein, d.h. Aufbau und Zeichenkodierung müssen festgelegt sein.
- Die Identifikation soll benutzerfreundlich sein. Dies bedeutet hier lesbar, einsehbar und merkbar. Diese Forderung steht in gewissem Gegensatz zur globalen Eindeutigkeit und zur maschinellen Verarbeitbarkeit. Hier muß deshalb ein geeigneter Kompromiß gefunden werden.

Die *IP-Message-ID*, die nach den Standards von 1988 global eindeutig sein muß, läßt sich als eine solche Identifikation verwenden.

Neben den bisher geschilderten Relationen, die sich im wesentlichen zwischen Mitteilungsinhalten abspielten, sei zum Schluß noch eine Forderung genannt, die sich auf Mitteilungen eher als auf deren Inhalte bezieht, die aber trotzdem sehr wichtig für den gesamten Kommunikationskontext ist:

Versendete Mitteilungen dürfen **nicht** mehr verändert werden.

Weiterleiten (Wiederversenden) einer Mitteilung ist durch Schachtelung *(encapsulation)* zu bewerkstelligen, d.h. die komplette Mitteilung wird als Teil einer neuen Mitteilung versendet. Dies gilt natürlich für jeden neuen Versandvorgang. So kann es durchaus zu mehrfach geschachtelten Mitteilungen kommen. Hierdurch soll erreicht werden, daß Versandvorgänge nachvollziehbar bleiben. In der Mitteilung dokumentiert sich sozusagen die Historie der Versandvorgänge. Zusammen mit der oben erwähnten Historie des Textes (also des Inhaltes der Mitteilung) ergibt sich somit eine umfassende Information für den Empfänger der Mitteilung.

Die kooperativen UAs sollten nicht nur die transportspezifische Historie von Mitteilungen bewahren (durch *Encapsulation*), sondern auch die Zusammenhänge von Dokumenten, die durch zwischenzeitliches Revidieren und Editieren entstehen. Daher ist es notwendig, daß der UA

- festellen kann, ob ein Text bereits eine Identifikation hat,
- bei erneutem Versenden des Textes diese dann mitversendet und
- beim Überarbeiten den Verweis auf den Originalinhalt herstellt.

Durch diese genannten Funktionen sollte der UA den Benutzer darin unterstützen, sich „kooperativ“ zu verhalten. D.h. der UA sollte das Wissen über Kommunikationskontexte, das in den Mitteilungen und Inhalten steckt, richtig interpretieren können.

Andererseits muß der Benutzer aber auch die Möglichkeit haben, explizit z.B. die Historie einer Mitteilung oder eines Textes wegzulassen. Der Benutzer sollte aber keine Möglichkeit haben, die Historie einer Mitteilung zu editieren und dadurch künstlich zu verändern. Die Erzeugung der Historie erfolgt durch Nutzung des Mitteilungsdienstes selbst. Sie darf nicht verändert, sondern nur weggelassen werden können.

Im Kapitel 18 wird ein Konzept vorgestellt, wie durch Verwendung der *IP-Message-ID* in Mitteilungsköpfen eine solche Identifikation von Inhalten gebildet werden kann. Auf dieser Basis wird dann ein den obigen Anforderungen genügendes Konzept zur Bearbeitung von Bezügen zwischen Mitteilungen vorgestellt. Spezielle Unterstützungsfunktionen durch kooperative UAs zur Verwendung der Mitteilungsköpfe geben dann den Benutzern die geforderte Unterstützung für die Bearbeitung inhaltlicher Kontexte.

17.2 UA-Interpretation von Mitteilungsköpfen

Die genannte Unterstützung der Bezugsbildung zwischen Nachrichten ist eine wesentliche Komponente zur Unterstützung der menschlichen Kommunikation. Die UAs sollten jedoch auch noch weitere Felder aus dem Kopf (siehe Bild 9.1 und Tabelle 5.1) einer Mitteilung „verstehen". Im folgenden werden in der IFIP WG 6.5 diskutierte Vorschläge hierzu erläutert.

Beim Bearbeiten der Felder *replied-to-IPM* und *related-IPMs* sollte das oben erwähnte und im nachfolgenden Kapitel ausführlich dargestellte Referenzschema verwendet werden. Darüberhinaus muß die am lokalen Benutzerarbeitsplatz verfügbare Retrieval-Funktion die zu den in diesen Feldern angegebenen *IP-Message-IDs* gehörigen Mitteilungen anzeigen können.

Bei Eintreffen einer Mitteilung, die einen *obsoleted-IPMs* Verweis enthält, sollte fortan bei Anzeige der Mitteilung, die obsolet wurde, dieser Hinweis mitangezeigt werden, so daß der Benutzer jedesmal darauf hingewiesen wird, daß diese Mitteilung bereits überholt ist.

Bei der Anzeige von Mitteilungen, die eine *expiry-time* enthalten, soll der Benutzer darauf hingewiesen werden, wenn der Gültigkeitszeitraum dieser Mitteilung bereits abgelaufen ist.

UAs, die Mitteilungen empfangen, die eine *reply-time*-Angabe enthalten, sollten ihre Benutzer vor Ablauf des angebenen Zeitraums erinnern, falls diese die Meldung noch nicht beantwortet haben. Ebenso sollte das *Retrieval* dem Benutzer jederzeit derartige noch nicht beantwortete Anfragen anzeigen können.

Die Angabe im *reply-recipients*-Feld sollte von einem UA dahingehend unterstützt werden, daß bei Beantwortung einer solchen Mitteilung die hier angegebenen Adressaten automatisch als Empfänger der Antwort eingetragen werden. Diese Empfängerangaben müssen natürlich modifiziert werden können, so daß es insbesondere möglich ist, nur dem Absender zu antworten.

Die Wichtigkeitsangabe *(Importance)* in einer Mitteilung sollte dazu führen, daß der empfangende UA die Einreihung in den Posteingang entsprechend dieser Angabe vornimmt. Das heißt, Mitteilungen mit *High-Importance* werden vor denen mit *Normal-Importance* einsortiert usw.

Ein UA sollte die Vertraulichkeitsangabe einer Mitteilung anzeigen, dies insbesondere bei der Angabe *Private.* Bei der Einstellung der Behandlung von *Autoforwarding* durch den UA sollte der Benutzer für jede mögliche *sensitivity*-Angabe einzeln gefragt werden, welche Regelungen er für Mitteilungen, die die jeweilige Angabe enthalten, treffen will. Damit wird der Benutzer angeregt, unterschiedliche Behandlungen für *Autoforwarding* bei *Private, Company Confidential* und *Personal Messages* zu treffen. Bei der Weiterleitung von Mitteilungen sollte der Benutzer auf die Angabe der *sensitivity* hingewiesen werden. Bei der Weiterleitung einer *Company-Confidential*-Mitteilung an eine externe Adresse sollte der UA dem Benutzer einen Warnhinweis geben, bevor er die Mitteilung weiterleitet. Bei entsprechender Vertraulichkeit der Mitteilung sollte dann auch von den Verschlüsselungsmöglichkeiten, die MHS 1988 anbietet, Gebrauch gemacht werden (Abschnitt 10.3).

Generell sollten UAs in der Lage sein, Mitteilungen nach verschiedenen Kriterien wie Wichtigkeit, Größe, Datum, Absender usw. vorlegen zu können.

Diese vorgestellten UA-Funktionen sollen die in den Heading-Feldern ausgedrückten erwarteten Verhaltensweisen von Empfänger und Absender zwar nicht erzwingen, aber doch unterstützen.

Darüberhinaus können die IPM-Heading-Felder vom UA auch dazu verwendet werden, den Benutzer bei der Organisation der Mitteilungsbearbeitung zu unterstützen. Die im folgenden Abschnitt vorgestellten Filter bieten ein wesentliches Hilfsmittel hierzu.

17.3 Filter

Die in den vorigen Kapiteln beschriebenen neuen Kommunikationsmöglichkeiten von Benutzern im Message-Handling-System untereinander, mit Benutzern in anderen Netzen über sogenannte *Gateways* und mit Benutzern anderer Dienste über sogenannte *Access Units* bergen aber die Gefahr der Informationsüberflutung *(information overload, junk mail)* in sich. Was sind die Ursachen hierfür?

Während in den 84er X.400-Empfehlungen die Kommunikation von einem Benutzer mit einem oder mehreren Benutzern *(multi-addressing)* schon dargelegt wurde, vereinfachen die in den 88er Empfehlungen eingeführten Verteilerlisten *(Distribution Lists)* die Kommunikation eines Einzelnen mit Gruppen erheblich.

Die Verbreitung der X.400-Systeme und die Akzeptanz der Standards steigt ständig. Immer mehr Benutzer steigen auf die standardisierte elektronische Kommunikation um. Damit wächst auch das Verkehrsaufkommen.

Nicht-X.400-Mail-Netze können X.400 als gemeinsame Sprache nehmen, um sich untereinander und mit jedem anderen Nicht-X.400-Netz, das einen *Gateway* zu X.400 hat, unterhalten zu können.

Während im Message-Handling-System die Nutzung von Gruppenkommunikation noch in den Anfängen steckt, ist diese in anderen Netzen, die derzeit keine standardisierten, sondern herstellerabhängige Protokolle für elektronische Post verwenden, schon weiter fortgeschritten. Als Beispiel seien die UNIX-basierten Netze mit ihrem USENET-Verteilungsmechanismus [DOY88] und die vormals IBM-dominierten Netze EARN/BITNET/NetNorth mit ihren Servern wie *LISTSERV* und *NETSERV* [BSWW89] genannt.

Dies kann für einen einzelnen Benutzer im MHS somit bedeuten, daß er Nachrichten bekommt,

- als Individuum,
- als Inhaber einer bestimmten Position oder Rolle,
- als Empfänger in einer Empfängerliste (X.400-84),
- als Mitglied einer X.400-88-Verteilerliste,
- als Mitglied einer LISTSERV-Verteilerliste und
- als Mitglied einer USENET-Gruppe.

Die obige Liste ist dabei noch nicht einmal vollständig.

Eine andere Berechnung verdeutlicht die Probleme zusätzlich: Über eine optische Glasfaserverbindung können heutzutage 140 Millionen Bits pro Sekunde oder mehr übertragen werden. Innerhalb von nur 30 Sekunden kann so viel Information zu einem Angestellten geschickt werden, daß er 40 Jahre seines Arbeitslebens braucht, um diese Informationen zu verdauen, wenn er an jedem Arbeitstag ein elektronisches Dokument von 20 Seiten mit je 30 Zeilen mit je 80 Zeichen liest [Pit86].

Ein Resultat der Informationsüberflutung ist es auch, daß Hinweise auf Möglichkeiten, die eigene Arbeit zu erleichtern, nicht mehr wahrgenommen bzw. übersehen werden. Wenn die eigenen Informationskanäle von überflüssigen Informationen freigehalten werden, so können sie wieder dazu benutzt werden, sinnvolle Informationen zu transportieren.

Es ist daher wichtig, Werkzeuge zu haben, um die Informationsflut zu bewältigen, z.B. Filter. Filter allgemein sind Werkzeuge, die es ermöglichen, Dinge aus einer großen Menge von Möglichkeiten auszuwählen (positive Filter) oder zu löschen (negative Filter). Im *Message Handling Environment* werden so z.B. einzelne Mitteilungen aus einer großen Menge von Mitteilungen herausgeholt. Filter sind jedoch nur eine Möglichkeit, um computerunterstützte Kommunikation zu koordinieren. Mit Filtern kann man empfangene Nachrichten auswählen, sortieren und mit Prioritäten für die Bearbeitung versehen, Filter können mit bestimmten Bearbeitungs- und Aktionsfolgen kombiniert werden.

In der Informatik gibt es Ansätze, Filter auf der Basis von halbstrukturierten Nachrichten (*semi-structured messages*, [MGL*86]) zu realisieren. Halbstrukturierte Nachrichten sind Nachrichten eines identifizierbaren Typs, mit dem ein bekannter Satz von Feldern verbunden ist, die unstrukturierten Text oder andere Informationen enthalten.

Im Fall von Message-Handling-Systemen nach X.400 sind durch die Festlegung der MH-Protokolle P1 und P2 schon feste Strukturen vorgegeben. Mit Hilfe der Selektionskriterien im *Retrieval* und der automatischen Aktionen des MS (X.413) kann sich ein Benutzer einfache Filter definieren.

Ein Benutzeragent sollte seinen Benutzer dahingehend unterstützen, daß er ihm Filterungskriterien für seine Mitteilungen *(IP-Messages)* und Bearbeitungsanweisungen anbietet. In EAN [Neu87] ist z.B. ein einfacher Filterungsmechanismus etabliert, der die ankommenden Nachrichten direkt in einem definierten Aktenordner *(Folder)* ablegt.

Der Benutzer sollte also bei seinem Benutzeragenten seine Wünsche bzgl. Filterung spezifizieren können. Der Benutzeragent reagiert dann entsprechend [BW88]. Diese Filter sollten mindestens die Funktionalität beinhalten, wie sie die Registrierung und Ausführung automatischer Aktionen des *Message Store* bietet (X.413).

So ist es z.B. möglich, Nachrichten, die Aufträge enthalten, die bis zu einem bestimmten Zeitpunkt erledigt sein müssen *(Expiry Date)*, kurz vor Ablauf der Bearbeitungsfrist ganz oben in die Liste der zu bearbeitenden Nachrichten einzureihen. Wenn der Benutzer weiß, daß dieser Mechanismus funktioniert, kann er – der Erinnerung sicher – ganz gelassen seine Post bearbeiten.

Im Message-Handling-System bieten sich einige der P2-Heading-Felder geradezu an, Basis für Filterungsregeln zu sein. Die folgende, nicht vollständige Liste zeigt, wie Filter im Message-Handling-System arbeiten können. Was geschieht mit Nachrichten

- mit einem bestimmtem Erledigungsdatum,
- mit einer bestimmten Priorität,
- mit einem bestimmtem Absender,
- mit einem bestimmtem Empfänger?

Ein Filter besteht aus zwei Teilen:

- den Auswahlkriterien und Regeln, nach denen die Nachrichten ausgewählt werden, und
- den Aktionen, die mit diesen Nachrichten automatisch durchgeführt werden.

Eine Filterungsregel läßt sich z.B. als *IF-THEN-ELSE-Statement* angeben, wie z.B.

```
IF sender=MyBoss THEN indicate-with-high-priority ELSE noop
```

Die Spezifikation solcher Regeln muß natürlich benutzerseitig gut unterstützt werden.

Die Regeln zur Filterung lassen sich in drei Gruppen einteilen:

1. Kognitives Filtern

   Der Inhalt einer Nachricht wird daraufhin untersucht, für wen die Nachricht von Interesse und Nutzen sein könnte. Die entsprechende Aktion leitet sich daraus ab (z.B. Löschen, Weiterleiten, Ausdrucken).

2. Soziales Filtern

   Die Nachricht wird danach eingeordnet, wer sie geschickt hat (Sender).

3. Ökonomisches Filtern

   Für die Nachricht wird eine kurze Kosten-Nutzen-Analyse gemacht. Was bringt es, wenn ich diese Nachricht jetzt lese? Dabei wird z.B. die Länge einer Nachricht zu den aufzubringenden Kosten beim Lesen in Relation gesetzt.

Als Aktion können in einem Filter u.a.

- die ausgewählten Nachrichten gelöscht,
- Prioritäten für die Bearbeitungsreihenfolge vorgegeben,
- Ablagevorgaben festgelegt,
- Sortiervorgaben bestimmt und
- Nachrichten an bestimmte Adressaten weitergeleitet werden (z.B. für Vertretungsregelungen).

Bei der Spezifikation von Filtern ist zu beachten, daß die Filter dem Benutzer zwar die Arbeit erleichtern, daß aber die Kontrolle über das, was mit den Nachrichten geschieht, bei dem Benutzer bleiben muß. Der Benutzer sollte auch bei automatischer Filterung jederzeit intervenieren und durch Filter veranlaßte Aktionen rückgängig machen können o.ä. Wenn der Benutzer z.B. eine Benachrichtigung bekommt, daß als Ergebnis einer automatischen Aktion nach einem Filtervorgang 1000 Nachrichten gelöscht werden, so sollte er die Möglichkeit haben, einzugreifen.

Weiterhin ist es wichtig, wann ein Filter arbeiten soll: Vor dem Lesen (z.B. Einordnung nach Wichtigkeit) oder nach dem Lesen einer Mitteilung (z.B. Weiterleiten). Die Filter sollen parallel zu den Mail-Anwendungen laufen und vom Nutzer nur bei Bedarf in Anspruch genommen werden können.

Gerade bei steigendem Nachrichtenaufkommen ist die Möglichkeit, Filter für den Benutzerarbeitsplatz spezifizieren zu können, von zunehmender Wichtigkeit. Sie bieten dem Benutzer eine erhebliche Arbeitserleichterung.

17.4 Lokale Benutzerarbeitsplätze

Die in X.400 festgelegte UA-Funktionalität sowie die oben genannte gezielte Unterstützung der Bearbeitung von *IP-Messages* sollten in den Benutzerarbeitsplatz integriert werden. Hierzu gehört eine Integration von lokalen individuellen Benutzerarbeitsplatzfunktionen mit MHS- und IPM-spezifischen Funktionen. Ein Benutzerarbeitsplatz soll die individuelle Korrespondenz, deren Verwaltung sowie weitere individuelle lokale Funktionen unterstützen. Zu letzteren zählt insbesondere die Textverarbeitung. Aber auch Datenbankzugang, Statistikprogramme o.ä. können in einzelnen Benutzerarbeitsplätzen vorhanden sein. Alle diese Funktionen sollten dem Benutzer über ein einheitliches *Interface* zur Verfügung gestellt werden.

Der lokale Benutzerarbeitsplatz unterstützt die einzelnen Benutzer

- durch aufgabenspezifische Funktionen und
- durch individuelle Verfügung und Entscheidungsgewalt über persönliche Texte und Nachrichten.

Die Integration von Textverarbeitung und MHS-Funktionen bedeutet jedoch, daß die Textverarbeitung die im Kapitel 18 erläuterte Verwendung von Identifikatoren von Mitteilungen bei Änderungen und erneutem Versenden funktional unterstützen muß.

Ein leistungsfähiger Benutzerarbeitsplatz für MH-Systeme muß außer der in den Empfehlungen geforderten UA-Funktionalität die Benutzer vor allem bei der Bearbeitung von *IP-Messages* und deren Kontexten – wie oben beschrieben – unterstützen. Die Aufgabe eines Benutzeragenten ist sozusagen die eines Privatsekretärs bei der Führung von Korrespondenzen.

Um dieser Aufgabe gerecht zu werden, muß ein Benutzeragent in der Lage sein, sowohl einzelne Mitteilungen oder Texte und einzelne Teile von Mitteilungen (z.B. *body-parts*) als auch Mengen von Mitteilungen oder Texten (z.B. in Form von Listen) zu bearbeiten. Es muß also z.B. möglich sein, eine gesamte Liste oder alle in einer Liste aufgeführten Objekte (Mitteilungen, Dokumente, Texte) auszudrucken oder weiterzuleiten.

Ein Benutzeragent sollte daher folgende Grundfunktionen zur Behandlung dieser Objekte (Verzeichnisse, Texte, Nachrichten) zur Verfügung stellen:

- Archivieren/Selektieren
- Verzeichnisse führen (blättern, Texte anzeigen, selektieren)
- Weiterleiten
- Filtern
- Beantworten
- Suchen
- Referenzen-Anzeigen/-Erstellen

- Extrahieren von Teilobjekten
- Ändern/Löschen
- Drucken
- Ex-/Importieren in die/aus der Betriebssystemumgebung

Die wichtigsten Grundfunktionen eines Benutzerarbeitsplatzes sind die Archivierung und das *Retrieval* (Wiederfinden) von Mitteilungen. Hierzu gehört die Trennung von noch nicht gelesenen Posteingängen von den anderen Mitteilungen, sowie der Hinweis auf Neueingänge und die Ablage aller ein- und ausgehenden Mitteilungen.

Weiterhin ist es nützlich, wenn ein Benutzer bei seiner Arbeit vom Eintreffen neuer Nachrichten *(Alert)* informiert wird, so daß er seine Arbeit nicht vergebens unterbrechen muß, um nachzusehen, ob Post angekommen ist. Analog dazu gibt es bei der gelben Post Länder, in denen der Postbote klingelt oder ein Fähnchen am Briefkasten hißt, wenn neue Post eingetroffen ist. Ebenso sollten die Posteingänge sortiert präsentiert werden können.

Bei der korrekten Ablage seiner Korrespondenz in sein Archiv kann der Benutzer durch automatische Filter (s.o.) unterstützt werden.

Für das *Retrieval* von Mitteilungen aus dem eigenen Archiv ist es Benutzern nicht zumutbar, eine spezielle Sprache erlernen zu müssen. Bei der Korrespondenz zu erwartende „normale“ Abfragen sollten in bereits vom Büro her bekannter und gewohnter Form angeboten werden. Nur für „ungewöhnliche“ Abfragen müssen Benutzer auf eine Retrieval-Sprache zurückgreifen können.

Die einfachste und wirkungsvollste Unterstützung erhält ein Benutzer, wenn er sich ein Verzeichnis seiner Mitteilungen in zeitlicher Reihenfolge (zeitlicher Kontext) auflisten lassen kann (wobei im Verzeichnis für jede Mitteilung nur einige Angaben aus dem *Heading* angezeigt werden). Andere Möglichkeiten sind z.B. die Auflistung nach Länge der Mitteilungen oder nach dem Absender. Der Benutzer sollte in diesem Verzeichnis blättern können, wobei er sich auch einzelne Texte oder Mitteilungen ganz oder teilweise *(Body* oder *Heading)* anzeigen lassen kann. Außerdem sollte der Benutzer durch Angabe von Selektions- oder Retrieval-Kriterien Verzeichnisse temporär einschränken können und auf diesen eingeschränkten Verzeichnissen ebenfalls wie oben blättern können. Diese simple Unterstützung des Benutzers beim Suchen alter Mitteilungen ist insofern sehr mächtig, da sie zum einen die menschliche Fähigkeit des zeitlichen Erinnerungsvermögens ausnutzt und zum anderen dem Benutzer erlaubt – ähnlich wie bei einer Papierakte –, durch Ansehen der Briefköpfe oder ersten Seiten der Briefe die von ihm gesuchte Mitteilung wiederzufinden.

Für das *Retrieval* und die Selektion sollten dem Benutzer Standardabfragen zur Verfügung stehen, die ihm ermöglichen, Mitteilungen mittels folgender Kriterien aufzufinden und auflisten zu lassen:

- Zeitraum (Eingangs-, Erstellungs-, Ablagedatum)

- Korrespondenz mit Kommunikationspartner (als *originator, recipient, blind-copy-recipient*)
- Referenzkette (Bezugs- oder Antwortkette)
- Alle IPM-Heading-Felder
- *Body-types*
- Lokale benutzerspezifizierte Ablagekriterien
- Volltext-Retrieval

Hierbei können Kommunikationspartner durch folgende Nennungen spezifiert werden:

- namentlich (O/R-Name) oder
- organisatorisch (*organizational-name*, Teile des O/R-Namens)

Außerdem sollte der Benutzer auch allgemein nach all den Mitteilungen selektieren können, die per Verteilerliste oder von einem öffentlichen Archiv zugestellt wurden. Die Retrieval-Möglichkeiten am Benutzerarbeitsplatz sollten die Funktionalität des vom *Message Store* (X.413-88) angebotenen *Retrievals* umfassen und ggf. ausnutzen.

Der Benutzerarbeitsplatz sollte auch Unterstützung bei der Pflege des Archivs bieten. Hier sind insbesondere Lösch- und Reorganisationsmechanismen wichtig. Der Benutzer sollte seine Mitteilungen dazu mit Verfallsdatum für sein Archiv versehen können. Die Verbindung von Filtern mit automatischem Löschen kann ebenfalls eine große Hilfe sein. Der Benutzer sollte jedoch, bevor Nachrichten automatisch gelöscht werden, davon in Kenntnis gesetzt werden, indem ihm z.B. mitgeteilt wird, wie viele Nachrichten zum Löschen anstehen. Er sollte diesen Löschvorgang dann notfalls noch verhindern können.

Die Benutzerführung und die Handhabung aller genannten Funktionen zur Unterstützung des Benutzers sowie aller weiteren lokalen Funktionen des Benutzerarbeitsplatzes (z.B. Textverarbeitung) müssen konzeptionell integriert werden. Dies erfordert ein einheitliches Sprach- und Handhabungskonzept für den gesamten Arbeitsplatz eines Benutzers. Bei der Gestaltung dieser Benutzungsoberfläche ist außerdem zu berücksichtigen, daß es sowohl auf die gewohnte Arbeitsweise des jeweiligen Benutzers zugeschnitten sein sollte, als auch weitgehend die gewohnten Begriffe verwenden sollte. Insbesondere ist hier zu berücksichtigen, daß potentielle Benutzer voraussichtlich kaum DV-Kenntnisse haben werden und auch nicht erwerben wollen oder sollten, und daß auch nur gelegentlichen Benutzern mit geringem Lernaufwand der Umgang mit ihrem Benutzerarbeitsplatz möglich sein sollte.

Potentielle Benutzer von MH-Systemen werden vor allem im Bürobereich zu finden sein, d.h. insbesondere Fachkräfte, Unterstützungskräfte und Personen mit Managementaufgaben. Deren aufgabenspezifischer individueller Bedarf sollte bei der Gestaltung berücksichtigt werden.

Somit gilt hier: Die bedarfsgerechte Gestaltung von Benutzerarbeitsplätzen stellt einen wesentlichen, nicht zu unterschätzenden Faktor bei der Akzeptanz von MH-Systemen durch die Benutzer dar [Pan85].

18 Bezüge zwischen Mitteilungen

Im folgenden wollen wir detailliert ein Konzept vorstellen, das geeignet ist, Bezüge zwischen Mitteilungen herzustellen und den Benutzer bei der Bearbeitung dieser Bezüge zu unterstützen, und das dabei den in Abschnitt 17.1, Seite 182ff ausgeführten Anforderungen genügt [Bab86, BB86b]. Dieses Konzept hat sich in der Praxis bereits bewährt (KOMEX, OSITEL, DFN [DFN84]) und erweitert die Anwendbarkeit von MHS zur persönlichen Kommunikation ganz erheblich. Es ist außerdem vollständig konform mit dem X.400-Standard, aber leider kein Bestandteil des Standards.

Es wird dargelegt, wie die geschilderten Referenzen und Relationen mit Hilfe der IP-Message-Identifikation realisiert werden können. Die *IP-Message-ID* ist in dem P2-Protokoll definiert (*Interpersonal Messaging Service*, X.420). Zudem werden einige weitere Protokollelemente hieraus benötigt: *replied-to-IPM*[1], *obsoleted-IPM, related-IPMs, originator* und *subject.*

Wichtig ist, daß das folgende Konzept ohne wesentliche Modifikationen der entsprechenden Protokolle auskommt. Es wird lediglich verlangt, daß

- die *IP-Message-ID* immer einen O/R-Namen enthält (dieser ist in X.420-84 noch optional, in 88 dagegen vorgeschrieben), um die globale Eindeutigkeit zu gewährleisten;
- die Elemente *obsoleted-IPM* und *related-IPMs* in bestimmter Weise interpretiert werden.

Trotzdem ist festzustellen, daß eine Kommunikation selbstverständlich auch mit Systemen möglich ist, die sich nicht an diese Konventionen halten. Hier ist dann lediglich die Herstellung von Kommunikationskontexten in unserem Sinne eingeschränkt oder unmöglich.

18.1 Objekte

Im folgenden werden wir die Objekte definieren, mit denen es der Benutzer im Rahmen des Message-Handling-Systems zu tun hat. Unberührt hiervon bleibt die Frage

[1] Im 84er Standard heißen diese Protokollelemente: *In Reply To, Obsoletes, Cross References* (siehe Kapitel 5).

der Präsentation dieser Objekte und ihrer Eigenschaften am Arbeitsplatz des Benutzers.

Es werden die Objekte Text, Entwurf, Dokument, Kopie sowie Mitteilung unterschieden.

18.1.1 Text

Texte sind als ganzes identifizierbare textuelle Einheiten. Auf eine evtl. vorhandene interne Struktur wird hier nicht eingegangen, sie ist in diesem Zusammenhang ohne Bedeutung. Weiterhin sind die Texte diejenigen Objekte im Bereich des UAs, an denen der Benutzer Veränderungen vornehmen kann.

18.1.2 Entwurf

Auf der einen Seite haben wir Texte, die der Benutzer erstmalig eingegeben hat, die also noch nie versendet wurden und sich noch in der Bearbeitung befinden. Diese Texte werden wir im folgenden mit Text-Entwurf (oder kurz Entwurf) bezeichnen. Es sind Objekte, die nur im lokalen Arbeitsbereich eines Benutzers vorhanden sind und noch nie Objekte des Transfersystems waren.

18.1.3 Dokument

Einen Text versehen wir im Zeitpunkt seines Erstversandes mit einer global eindeutigen Identifikation (ID). Hierfür wird das Heading-Feld *IP-Message-ID* verwendet. Originär ist es rein transferorientiert. Dabei ist es das einzige Attribut des *Heading*, das angegeben werden muß. Es besteht aus einem (in X.420-84 optionalen) O/R-Namen sowie einem beliebigen String. Um eine global eindeutige Kennzeichnung zu erreichen, ist es erforderlich, daß der O/R-Name grundsätzlich immer ausgefüllt wird, wie es auch für den 88er Standard festgelegt ist (der Name des Bearbeiters des Textes). Um auch eine lokale Eindeutigkeit zu erreichen, wird in der zugehörigen Zeichenkette das Datum und die Uhrzeit (etwa der Entstehung o.ä.) angegeben. Damit ist gleichzeitig eine Kennzeichnung gegeben, die den Mindestanforderungen an die Benutzerfreundlichkeit gerecht wird. Ein Text mit dieser globalen ID nennen wir Dokument.[2]

18.1.4 Kopie

Vom Entwurf wohl zu unterscheiden ist ein Text, der den lokalen Bereich eines UAs bereits mindestens einmal verlassen hat und sich wieder in Bearbeitung befindet.

[2] Dieser Begriff entspricht dem Dokument-Begriff, wie er in KOMEX [BPST83a] und in den DFN-Studien I und II verwendet wird [CKP*84], [BCK*84]. Er ist zu unterscheiden von dem Dokument-Begriff, wie er im Kontext der Dokumentenarchitektur (etwa ODA/ODIF) verwendet wird.

Diesen Text nennen wir Text-Kopie (oder kurz Kopie). Es handelt sich also um einen Text, der mindestens einmal versendet worden ist und anschließend (normalerweise beim Empfänger) wieder bearbeitet wird.

Dabei muß die beim Versand des Entwurfs generierte ID bei diesem Text verbleiben. Deshalb wird die *IP-Message-ID* in das Feld *obsoleted-IPM* übernommen und das Feld der *IP-Message-ID* gelöscht. D.h. eine Kopie unterscheidet sich von einem Dokument dadurch, daß sie keine ID hat. Vom Entwurf unterscheidet sie sich durch eine Liste von IDs in *obsoleted-IPM*. Dieses Feld interpretieren wir als „Revision von“. Erst beim Versenden der Kopie erhält diese eine eigene neue *IP-Message-ID*. Bei jedem neuerlichen Ändern nach zwischenzeitlichem Versenden des Textes kommt die ID zu den bisherigen IDs im Feld *obsoleted-IPM* hinzu. Hier wird also die Historie des Textes festgehalten (und damit die Namen aller Bearbeiter).

18.1.5 Mitteilung

Gleichzeitig mit der Wandlung eines Entwurfs oder einer Kopie zum Dokument (beim Versand) wird ein neues Objekt vom Typ Mitteilung erzeugt. Es handelt sich um eine Mitteilung im Sinne von X.420 mit vollständigem *Heading* (und *Envelope*). Im allgemeinen entstehen Mitteilungen durch Schachtelung von Texten, Dokumenten und Mitteilungen *(Multi-part Body, Encapsulation)*. Wir wollen aber zusätzlich Mitteilungen auszeichnen, deren *Body* aus genau einem Text besteht. Diese einfache Form der Mitteilung bezeichnen wir mit dem Begriff einfache Mitteilung oder auch Atom, weil es sich in gewissem Sinn um unteilbare Einheiten handelt.

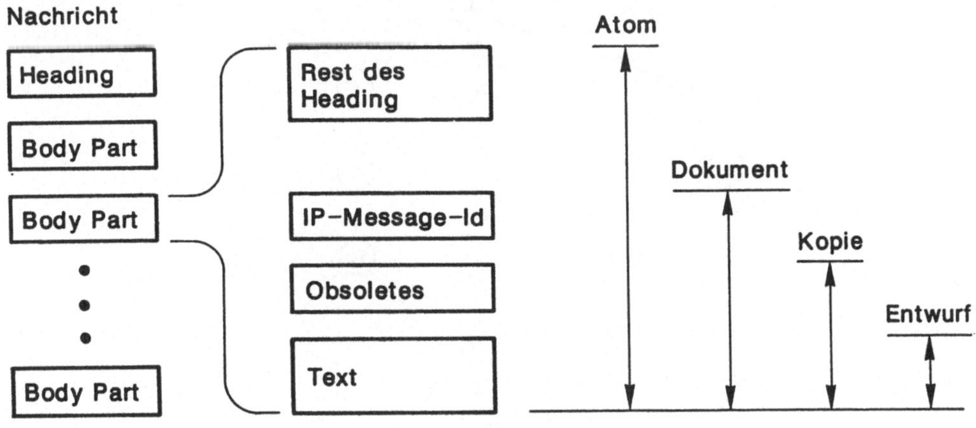

Bild 18.1: Mitteilungsstruktur

Bild 18.1 veranschaulicht den Zusammenhang einer X.400-Mitteilung mit den oben eingeführten Objekten. Es wird der allgemeine Fall dargestellt, daß es sich um eine geschachtelte Mitteilung handelt (kein Atom).

18.2 Mitteilungsstruktur

Als nächstes wollen wir den Zusammenhang zwischen Mitteilungen auf der einen Seite und Texten und Dokumenten auf der anderen Seite beleuchten. Als Grundlage brauchen wir eine handhabbare Strukturbeschreibung für Mitteilungen (insbesondere für solche mit einem *Multi-part Body*). Hierfür bietet sich eine Baumstruktur an, da diese Struktur auch dem X.400-Modell zugrunde liegt.

Mitteilungen entstehen durch das Versenden von Objekten. Zum Versenden eines Objektes wird ein *Heading* – bestehend aus der *IP-Message-ID* und weiteren Attributen – generiert. Die versendete Mitteilung enthält das generierte *Heading* und das zu versendende Objekt als *Body*. Als Objekte können Entwürfe, Kopien, Dokumente und Mitteilungen einzeln oder gemeinsam versendet werden.

Stellt man die Struktur einer Mitteilung als Baum dar, so bilden die *Headings* der jeweiligen Objekte die Knoten, während die Kanten auf die einzelnen *Bodyparts* verweisen. Genau an den Enden der Pfade – an den Blättern – befinden sich die Texte.

Für die folgenden Überlegungen sind die einzelnen Parameter vom *Heading* außer der *IP-Message-ID* nicht relevant, daher sprechen wir statt vom *Heading* nur noch von der *IP-Message-ID* oder kurz ID. Ein Beispiel einer solchen Struktur zeigt Bild 18.2 (ein Kreis symbolisiert eine ID, ein Quadrat einen *Body-part*).

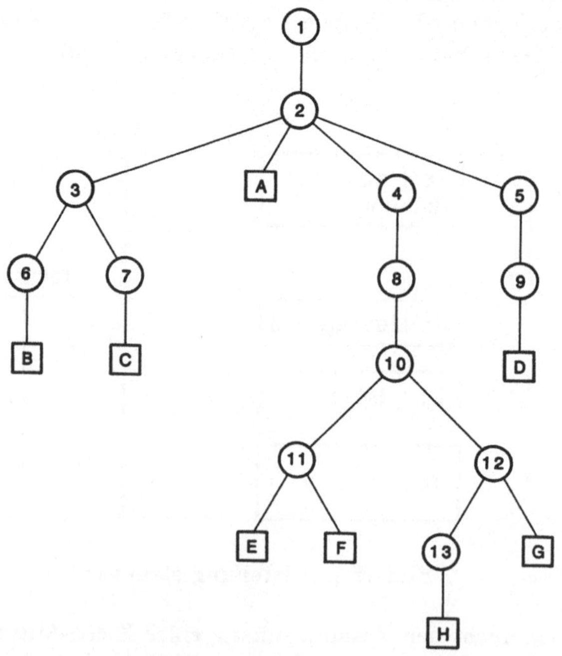

Bild 18.2: Mitteilung N

Aus der Darstellung läßt sich z.B. ablesen, daß irgendwann Text H versendet wurde und dabei die ID 13 erhielt. Die Mitteilung mit ID 13 wurde zusammen mit Text G (eine Anmerkung, s.u.) in einem *Multi-part Body* versendet und erhielt dabei die ID 12 usw. Weiter läßt sich ablesen, daß die Mitteilung mit ID 8 ohne Zusatz weitergesendet wurde und dabei die ID 4 erhielt usw.

D.h. aus einem derartigen Baum läßt sich die Historie der Mitteilung (und aller ihrer Teile) entnehmen, und man kann letztendlich die Position der eigentlichen Inhalte (Texte) erkennen.

Die eben erwähnte Anmerkung ist ein Objekt, das nicht explizit eingeführt wurde. Es handelt sich um eine inhaltlich nicht relevante Anmerkung zum Text oder zur Mitteilung, auf die keine Bezüge sinnvoll sind, z.B. „Viele Grüße" oder „Viel Spaß beim Lesen". D.h. der Autor hat eine kurze Notiz angefügt, die nur im Mitteilungskontext sinnvoll und vorhanden ist. Da sie keine eigene ID hat, wird diese Anmerkung auch später nicht mehr in Erscheinung treten (etwa als Dokument o.ä.).

Gleichzeitig macht das Bild aber auch deutlich, daß die IDs in dieser Form nicht geeignet sind, die Inhalte der Mitteilung zu identifizieren. Z.B. bezeichnen die IDs 4, 8 und 10 exakt die gleichen Inhalte, ebenso wie etwa die Folge der IDs 11 und 12. Sie unterscheiden sich nur durch unterschiedliche Transferinformationen (wie z.B. die ID, der Sendezeitpunkt usw.), die Texte der *Bodies* sind jedoch gleich.

Trotzdem lassen sich die IDs zur Identifizierung von Inhalten verwenden. Es müssen nur bestimmte Transformationen auf den Mitteilungen vorgenommen werden, die im folgenden ausführlich beschrieben sind. Zusätzlich müssen einige Konventionen eingehalten werden, die bereits in vorigen Kapiteln angesprochen wurden (Aufbau und Interpretation der Felder *IP-Message-ID* und *obsoleted-IPM*).

Die Transformationen bestehen darin, daß wir sukzessive für unsere Betrachtungen nicht benötigte Teile eliminieren und dadurch die Mitteilung schließlich auf ihren Kern reduzieren. Dieser Kern setzt sich aus den Dokumenten zusammen, die in einer Mitteilung enthalten sind.

Der erste Schritt unserer Transformation führt zur äußeren Schale einer Mitteilung. Dazu ersetzen wir alle Pfade, die durch reine *Message Encapsulation* (also ohne *Multi-part Bodies*) entstanden sind, durch eine Kante, bzw. streichen den Pfad ersatzlos, wenn es sich um einen Pfad von der Wurzel ausgehend handelt (siehe Bild 18.3). Hiermit erhalten wir eine Struktur, in der an IDs entweder mehrere *Body Parts* hängen oder ein oder mehrere Texte.

Die Knoten 3 und 10 in Bild 18.3 repräsentieren strukturelle (historische), aber keine inhaltliche Information. An ihnen hängen keine Texte.

Diese Knoten entfernen wir im nächsten Schritt zur inneren Schale einer Mitteilung (Bild 18.4). Es bleibt ein Baum, der nur noch IDs enthält, an denen mindestens ein Text hängt. Da wir Texte nur über IDs identifizieren können, haben wir hier eine erste Möglichkeit geschaffen, eine Mitteilung auf die eigentlichen Inhalte zu reduzieren. In der inneren Schale sind allerdings noch sämtliche Textstücke enthalten (auch Anmerkungen, die keine eigene ID haben, z.B. G).

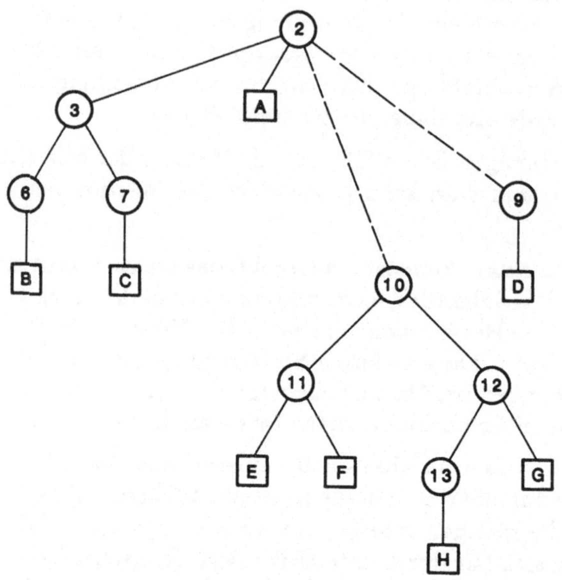

Bild 18.3: Äußere Schale

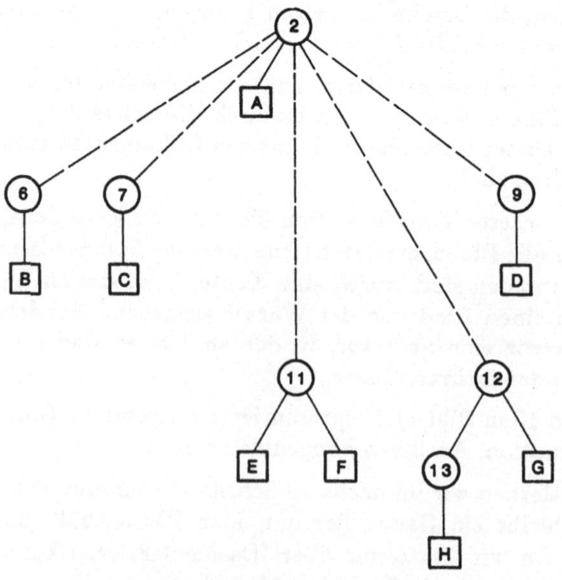

Bild 18.4: Innere Schale

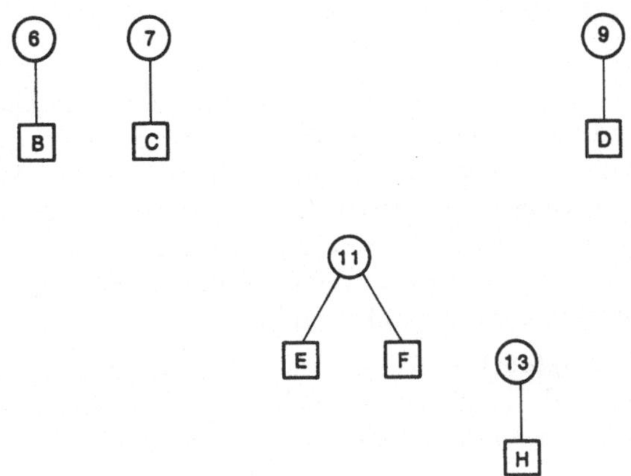

Bild 18.5: Kern von N

Im letzten Schritt entfernen wir diese Anmerkungen, auf die ja keine Bezüge hergestellt werden sollen und die somit auch keine ID besitzen. Damit erhalten wir den Kern einer Mitteilung (Bild 18.5).

Die Textteile A und G gehören nicht zum Kern, da sie keine eigene ID haben. Aus ihrer Position in dem Baum der Mitteilung läßt sich annehmen, daß es sich um Anmerkungen handelt, deren inhaltliches Gewicht gegenüber den anderen Texten zu vernachlässigen ist.

Dieser Kern ist eine Liste von IDs. Sie enthält die IDs der Dokumente, aus denen die gesamte Mitteilung aufgebaut war. Somit läßt sich festhalten, daß wir mit dieser Liste von IDs den vollständigen (wesentlichen!) Inhalt der Mitteilung fixiert haben. Im Kern einer Mitteilung spielt die Reihenfolge der IDs (und damit der Dokumente) keine Rolle.

Da der Kern einer Mitteilung (bis auf Reihenfolge) eindeutig ist, haben wir also eine eindeutige Identifizierung des Mitteilungsinhaltes gewonnen (immer vorausgesetzt, die Konventionen bzgl. Aufbau und Generierung der IDs werden eingehalten!). Zudem läßt sich der Ablauf der Transformationen leicht maschinell bewerkstelligen.

Diesen Kern können wir nun in unserem Message-Handling-System für Referenzen verwenden. So wird in dem Feld *related-IPMs* eben dieser Kern angegeben, um sich auf eine Mitteilung zu beziehen. Das garantiert einen Bezug auf die Inhalte von Mitteilungen. Ebenso wird der Kern herangezogen, wenn es gilt, die Gleichheit oder das Enthaltensein von Mitteilungen zu überprüfen.

Hierzu sind eine Reihe von speziellen Operationen nötig, die ausführlich im nächsten Abschnitt beschrieben werden.

18.3 Operationen des UA

Bisher haben wir die Objekte, mit denen wir es im UA zu tun haben, eingehend analysiert. Implizit sind auch eine ganze Reihe von Operationen angesprochen worden, die auf diese Objekte angewendet werden. So haben wir dem Versand eines Textes eine besondere Bedeutung beigemessen. Ebenso haben wir die Reduktion der Mitteilung auf ihren Kern eingeführt. Diese Operationen stehen im Mittelpunkt dieses Abschnitts. Sie stellen den Bezug zum Benutzer und seinen Bedürfnissen im Hinblick auf die computergestützte Kommunikation her.

Im folgenden wird ausgeführt, welche Operationen ein UA benötigt, um die Kontextbearbeitung bei Versand, Empfang und Änderung von Mitteilungen zu unterstützen. Es handelt sich dabei sowohl um Operationen, die dem Benutzer direkt zugänglich sind (z.B. Versand), als auch um solche, die implizit im UA ablaufen und für den Benutzer nicht unmittelbar sichtbar sind.

Als Voraussetzung benötigen wir folgende Mengen:

- Menge der Entwürfe
- Menge der Kopien
- Menge der Dokumente
- Menge der Mitteilungen

Diese Mengen bezeichnen wir im folgenden auch mit Listen.

Die Objekte befinden sich in einer oder mehrerer dieser Listen. Eine Operation bewirkt nun, daß sich die Objekte in diesen Listen bewegen: Objekte

- können in einer Liste generiert,
- aus einer Liste in eine andere Liste kopiert oder
- aus einer Liste gelöscht werden.

Die hier gewählte Einteilung in Listen (bzw. Mengen) stellt ein Denkmodell dar, das in keiner Weise einer Implementation vorgreifen will. Wesentlich ist lediglich, daß die Objekte – also Entwürfe, Kopien, Dokumente und Mitteilungen – logisch voneinander zu unterscheiden sind.

Zwei Operationen – Versand eines Entwurfs (18.3.1), Komposition zum Versand (18.3.5) – werden ausführlich dargestellt, während die anderen nur aufgezählt werden.

18.3.1 Versand eines Entwurfs

Ein Entwurf ist ein Text, der noch nie versendet wurde, der also noch keine Heading-Attribute besitzt. Beim Versand laufen folgende Aktionen ab (Bild 18.6 stellt ein einfaches Beispiel dar):

- Generieren einer ID.
- Eintrag des Textes zusammen mit der ID (= Dokument) in die Liste der Dokumente.
- Generierung aller übrigen Attribute des *Heading* (R-Heading).
- Eintrag dieser Mitteilung (Text + ID + R-Heading) in die Liste der Mitteilungen (und damit Versand des Objektes).
- Löschen des Entwurfs in der Liste der Entwürfe.

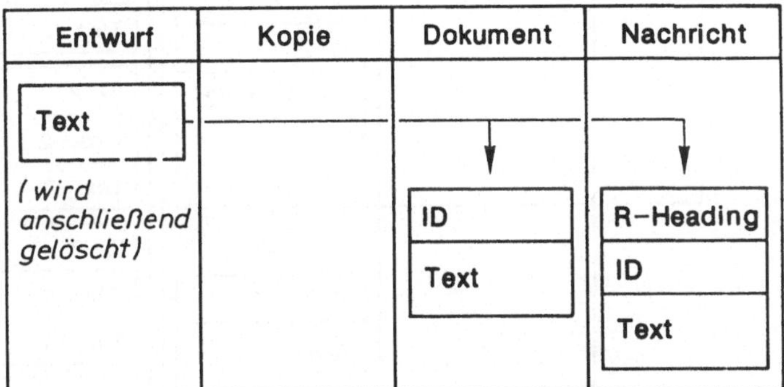

Bild 18.6: Versand eines Entwurfs

18.3.2 Versand einer Kopie

Eine Kopie ist ein Text, der bereits mindestens einmal versendet wurde. Die ursprünglichen IDs befinden sich im Feld *obsoleted-IPM*. Es muß eine neue ID generiert werden. Nach dem Eintrag in die Liste der Mitteilungen wird die Kopie in der Liste der Kopien gelöscht.

18.3.3 Versand eines Dokuments

Ein Dokument hat bereits eine ID, die es nicht verlieren darf. Deshalb muß beim Versand das komplette Dokument als ein *Bodypart* versendet werden (*Encapsulation*, Schachtelung).

18.3.4 Versand einer Mitteilung

Eine Mitteilung ist ein Objekt mit vollständigem *Heading* und *Body*. Der Versand ist durch Schachtelung zu realisieren.

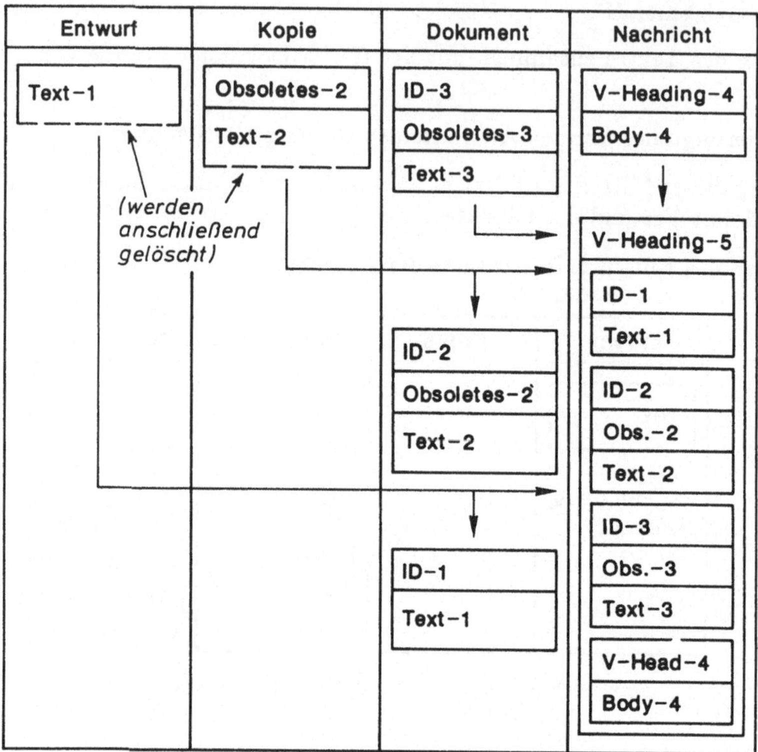

Bild 18.7: Komposition zum Versand

18.3.5 Komposition zum Versand

Es ist eine Kompositionsoperation vorzusehen, die es ermöglicht, mehrere verschiedene Objekte in einer Mitteilung zum Versand zu bringen. Beispielhaft sei hier die Komposition je eines Entwurfs, einer Kopie, eines Dokumentes sowie einer Mitteilung beschrieben (Bild 18.7). Im Prinzip wird jedes einzelne Objekt wie beim Einzelversand behandelt. Jedoch ist zu beachten, daß hierbei mehr als eine neue ID zu generieren ist (ID-1, ID-2 sowie ID in V-Heading-5). Die Aktionen im einzelnen:

- Generieren einer neuen ID für den Entwurf (ID-1).
- Eintrag des Entwurfs zusammen mit der ID (Text-1 + ID-1) in die Liste der Dokumente.
- Generieren einer neuen ID für die Kopie (ID-2).
- Eintrag der Kopie zusammen mit der ID (Text-2 + Obsoletes-2 + ID-2) in die Liste der Dokumente.
- Generieren eines vollständigen *Heading* für die Gesamtmitteilung (Heading-5).

- Eintrag dieser Mitteilung (vier *Bodyparts* = 3 Dokumente + 1 Mitteilung) in die Liste der Mitteilungen (und damit Versand des Objektes).
- Löschen des Entwurfs aus der Liste der Entwürfe.
- Löschen der Kopie aus der Liste der Kopien.

18.3.6 Empfang einer Mitteilung

Eine zu empfangende Mitteilung wird in die Liste der Mitteilungen aufgenommen und damit dem Benutzer zugänglich gemacht. Der *Body* einer solchen Mitteilung kann sich wiederum aus mehreren Objekten zusammensetzen. Deshalb müssen Operationen vorgesehen werden, die die Mitteilung in die einzelnen Teile zerlegen. Diese Operationen werden im folgenden beschrieben.

18.3.7 Extraktion von Teilobjekten

Die Extraktion von Teilobjekten stellt die Grundlage aller weiteren Operationen dar. Denn immer geht es darum, in Objekten die Dokumente zu identifizeren, sei es bei der erneuten Änderung eines Inhaltes einer Mitteilung, bei der Bildung des Kerns einer Mitteilung oder bei der Bildung von Bezügen.

Wichtig ist, daß der UA jederzeit Zugriff auf alle Substrukturen (Unterbäume) eines Objektes hat.

18.3.8 Änderungsdienst für Dokumente

Der Änderungsdienst soll den Benutzern die Möglichkeit geben, Inhalte von Mitteilungen oder Dokumenten zu ändern. Wichtig ist, daß nicht die Mitteilung oder das Dokument selbst verändert werden, sondern daß der zu verändernde Inhalt in die Liste der Kopien kopiert wird und dort zur Verfügung steht. Bei diesem Kopiervorgang muß das Feld *obsoleted-IPM* um die ursprüngliche ID erweitert werden.

18.3.9 Änderungsdienst für Mitteilungen

Der Änderungsdienst für Mitteilungen ist analog zum Änderungsdienst für Dokumente.

18.3.10 Bildung des Kerns einer Mitteilung

Zur Bildung des Kerns einer Mitteilung werden die Dokumente, die in ihr enthalten sind, extrahiert und in die Dokumentenliste übernommen. Diese Extraktion von Dokumenten muß bei beliebiger Schachtelungstiefe möglich sein.

In die Dokumentenliste werden neben dem Text nur ID und *obsoleted-IPM* (wenn vorhanden) übernommen.

Die Kernbildung ist die Grundlage für die folgenden Operationen. Der Kern eines Objektes O bezeichnet eine Menge von IDs:

$$Kern(O) := \{ID \mid ID + Text \text{ ist ein Dokument in } O\}$$

18.3.11 Vergleich von Objekten

Zwei Objekte O_1 und O_2 sind hinsichtlich ihres Inhalts zu vergleichen. Festzustellen ist dabei, ob

zwei Objekte gleich sind: $Kern(O_1) = Kern(O_2)$
ein Objekt in einem anderen enthalten ist: $Kern(O_1) \subseteq Kern(O_2)$
zwei Objekte teilweise übereinstimmen: $Kern(O_1) \cap Kern(O_2) \neq \emptyset$

18.3.12 Mengenbildung von Objekten

Es sind mit Hilfe des Kerns und mit den eben beschriebenen objektbezogenen Operationen Mengen von Objekten zu bilden. Diese Mengen dienen als Grundlage für die Darstellung von Kommunikationskontexten:

- Bildung der Menge aller Objekte mit dem gleichen Inhalt.
- Bildung des gesamten Inhalts verschiedener Objekte (Vereinigungsmenge).
- Bildung des gemeinsamen Inhalts verschiedener Objekte (Schnittmenge).
- Welcher Inhalt eines Objektes geht über den Inhalt eines anderen Objektes hinaus (Differenzmenge)?

18.3.13 Referenzbildung zwischen Objekten

Dem Benutzer muß die Möglichkeit geboten werden, sich in einer Mitteilung auf ein anderes Objekt zu beziehen. Dazu wird der Kern des Objektes gebildet, auf das der Benutzer sich beziehen möchte, und dieser Kern wird in das entsprechende Attribut eingetragen *(related-IPMs)*. D.h. ein Bezug ist eine Liste von IDs, die als Kern interpretiert wird.

Das Feld *replied-to-IPM* zeigt an, daß es sich um eine Antwort handelt. Hier steht nur die ID der ursprünglichen Mitteilung, da X.420 hier nur eine *IP-Message-ID* zuläßt.

> **Anmerkung:** Diese Operation macht deutlich, daß die geforderte Funktionalität durch den UA zur Verfügung gestellt werden muß, d.h. daß die Felder vom UA ausgefüllt werden müssen. Einem Benutzer ist dies bei der möglichen großen Zahl der IDs nicht zuzumuten. Trotzdem muß der Benutzer die Möglichkeit haben, nachträglich die Liste der IDs zu manipulieren (IDs löschen usw.).

18.4 Zusammenfassung

Das vorgestellte Konzept zur Identifizierung von und Referenzbildung zwischen Mitteilungsinhalten durch Zerlegung von Mitteilungen in einzelne Informations- und Textbestandteile ermöglicht für alle kooperativen *User Agents* in Message-Handling-Systemen die Referenzbildung zwischen Mitteilungsinhalten, auch bei *Multi-Part-Bodies*.

Zudem lassen sich mit den vorgestellten Mitteln Kommunikationskontexte herstellen, die allein mit X.420 nicht zu realisieren sind, die aber gerade im Zusammenhang mit der Gruppenkommunikation für die Benutzer eine besondere Bedeutung haben. Mit den beschriebenen Operationen haben wir eine UA-Funktionalität gewonnen, wie sie unseres Erachtens in den Standards fehlt.

Folgende Attribute des *IPM-Heading* haben wir für unsere Zwecke benutzt:

IP-Message-ID
: Global eindeutige Identifikation eines Textes.

obsoleted-IPM
: Liste der älteren *IP-Message-IDs* (nachdem das vorliegende Objekt geändert wurde und eine neue ID erhielt), interpretiert als „Revision von...".

replied-to-IPM
: ID der Mitteilung, auf die geantwortet wird.

related-IPMs
: Bezug auf eine Mitteilung (Angabe des Kerns einer Mitteilung).

Hiermit konnten wir die wichtigsten Relationen zwischen Mitteilungsinhalten realisieren. Mit den vorgeschlagenen Mitteln lassen sich allerdings nicht alle unterschiedlichen Arten von Relationen differenziert darstellen.

Unser Konzept stellt also nur eine Möglichkeit dar, bei entsprechender Interpretation der Protokolle und Einhaltung bestimmter Konventionen die Benutzer bei der Erzeugung und Bearbeitung von Kommunikationskontexten zu unterstützen, ohne daß einer Weiterentwicklung der Standards mit der Gefahr von späteren Anpassungsproblemen vorgegriffen werden muß.

Mit diesem Konzept zur Identifizierung von und Referenzbildung zwischen Mitteilungsinhalten läßt sich die bilaterale oder multilaterale Kommunikation zwischen beliebigen Partnern strukturieren und signifikant vereinfachen. Darüberhinaus sind zur Unterstützung von multilateraler Kommunikation in expliziten Gruppen noch weitere Mechanismen erforderlich wie sie im folgenden Kapitel ausgeführt werden.

19 Unterstützung expliziter Gruppen

Es besteht ein zunehmender Bedarf an Kommunikationsunterstützung innerhalb bestimmter, zeitlich fixierter oder auch variabler Gruppen von Benutzern. Hierbei steht nicht die persönliche Kommunikation im Vordergrund, sondern es geht darum, Gruppen von Benutzern die Möglichkeit zu geben, gemeinsam an der Diskussion oder der Erarbeitung verschiedener Themen von gruppenweitem Interesse oder an der Bearbeitung gemeinsamer Aufgabenstellungen mitzuwirken. Message-Handling-Systeme sollten in der Lage sein, derartige Kommunikationsbedürfnisse zu befriedigen. Dabei ist es nicht ausreichend, daß diese mit zum Teil erheblichen Aufwand des Benutzers auch über persönliche Mitteilungen zumindest teilweise realisiert werden können, sondern es werden Mittel benötigt, welche die wesentlichen Merkmale gruppenspezifischer Kommunikation und Zusammenarbeit in benutzerfreundlicher Weise angemessen unterstützen.

Gruppen sind oft durch bestimmte hierarchische Strukturen gekennzeichnet, und die einzelnen Gruppenmitglieder können unterschiedliche Aufgaben haben. Explizite Gruppen bestehen aus einem Personenkreis, der für einen längeren Zeitraum festgelegt wird, um eine bestimmte Aufgabe oder einen bestimmten Vorgang zu erledigen. Für langandauernde Kommunikationsprozesse, an denen mehrere Teilnehmer beteiligt sind, ist es wichtig, organisatorische Regelungen festlegen zu können [KW88]. Elementarer Bestandteil solcher Regelungen ist die Festlegung der Beteiligten. Die Kompetenzen der Beteiligten sollten außerdem noch differenziert werden können. Solche Kompetenzen können regeln, wer Informationen erzeugen darf, wer sie erhält und wer für die Zusammensetzung und Kompetenzverteilung verantwortlich ist usw. Die Kompetenzen können sich während eines Kommunikationsprozesses ändern [WF86, WBJ62, Aus72, Pan89b]. Derartige Gruppenregelungen werden z.B. für die Durchführung von Sitzungen durch Festlegung des Vorsitzes und das Führen von Rednerlisten realisiert.

Darüberhinaus können Regelungen aber auch objektspezifisch differenziert werden, d.h. je nachdem, welche Informationsart ausgetauscht werden soll, treten andere Kompetenzverteilungen in Kraft. So wird z.B. in einem Projektteam geregelt, daß Sachinformationen von allen Mitarbeitern an alle anderen verteilt werden, und daß Weisungen nur von der Projektleitung an die Mitarbeiter erfolgen können.

Durch weitere Formalisierung der Regelungen kann auch festgelegt werden, wer mit welchen Objekten welche Aufgaben erledigen soll, wobei auch Ausführungsreihenfolgen und auszuführende Handlungen festgelegt werden [Dan89]. In diesen Fällen, in denen der Ablauf einer durch eine Gruppe zu erledigenden Aufgabe festgelegt ist, spricht man von „streng geregelten“ Vorgängen.

Es gibt also im wesentlichen zwei Typen von expliziten Gruppen:

- Gruppen, die stark formalisierte Regelungen haben, und
- Gruppen, die schwach organisiert sind („ungeregelte“).

Stark formalisierte Regelungen werden festgelegt für die Bearbeitung sich häufig wiederholender Aufgaben – sogenannter Routinetätigkeiten –, bei denen alle Arbeitschritte im vorhinein determiniert werden können. Derartige Aufgaben fallen vor allem im Sachbearbeiterbereich an. Hierzu gehören z.B. mit Formularen abzuarbeitende Vorgänge, die bei der Bearbeitung von Anträgen o.ä. auftreten. Bei diesen Vorgängen ist genau geregelt, wer welche Formulare ausfüllen muß und an wen sie in welcher Reihenfolge weitergeleitet werden und wer sie weiterbearbeitet. „Wer“ bedeutet in diesem Fall, welche Rolle den jeweiligen Formularteil bearbeitet. Die Rollen eines Vorgangs verändern sich nicht; einzig die Person, die eine Rolle ausfüllt, kann wechseln (z.B. Urlaubsvertretung oder mehrere Sachbearbeiter für die gleiche Aufgabe mit entsprechenden Bearbeitungsregelungen).

Schwach strukturierte Kommunikationsformen treten immer dann auf, wenn häufig wechselnde Aufgaben und Probleme zu bearbeiten sind, d.h. wenn die Kommunikationsinhalte häufig wechseln und keine Bearbeitungsvorschriften oder -reihenfolgen definiert sind. Derartige Aufgaben fallen vor allem im Management- und Forschungsbereich an.

Beide Formen treten in der Praxis häufig gemischt auf, da z.B. bei streng geregelten Vorgängen u.U. Ausnahmefälle auftreten oder Entscheidungen gefällt werden müssen. Ebenso fallen auch im Management- und Forschungsbereich Routinetätigkeiten an. In institutionsübergreifenden Kommunikationsgruppen bzw. Gremien (z.B. ISO, IFIP, DFN, ESPRIT-Projekte) werden ebenfalls derartige Regelungen (meist schwach strukturiert) angewendet.

Zur Unterstützung stark strukturierter Regelungen befinden sich bereits sog. Vorgangssysteme (z.B. DOMINO [KLSW84]) im Test. Diese stark formalisierten Kommunikationsformen werden hier nicht weiter ausgeführt. Regelungen im Zusammenhang mit dem Einsatz von Mitteilungssystemen für Kooperation und Gruppen werden im COSMOS-Projekt [BC88] und in den AMIGO-Projekten [Pan89a, SOB89] untersucht und Lösungsvorschläge dazu erarbeitet.

Wir werden im folgenden kurz untersuchen, welchen Regelungsbedarf es bei der Benutzung von Mitteilungssystemen für die Bürokommunikation gibt. Die folgenden Ausführungen beziehen sich nur auf die schwach geregelten Kommunikationsformen.

19.1 Regelungen in Mitteilungs-Systemen

Die Kommunikation in einem Teilnehmerkreis ist immer in irgendeiner Weise „organisiert", daher ist es wichtig, auch für die Kommunikation in Mitteilungssystemen Regelungen anwenden, d.h. durch diese Systeme unterstützen zu können. Natürlich ist es jedem Teilnehmer eines Mitteilungssystems unbenommen, die gleichen Verhaltensweisen wie bei konventioneller gelber oder Hauspost anzuwenden. Das heißt durch persönliche Sorgfalt sicherzustellen, daß er immer alle betroffenen Kommunikationspartner (z.B. Projektmitglieder) in das Adreßfeld einer Mitteilung einträgt. Dieser Aufwand ist – je nach Unterstützung durch den UA – auch nicht höher als bei der konventionellen Verarbeitung. Die Praxis zeigt jedoch, daß der Austausch von Mitteilungen durch MHS für die Benutzer so einfach ist, daß der Mehraufwand zur Beachtung kooperativer Regelungen vergleichsweise hoch erscheint. Außerdem ist natürlich für die anderen Mitglieder der jeweiligen Gruppe auch nicht feststellbar, ob sich die einzelnen Gruppenmitglieder auch „kooperativ" verhalten und welches die für die Gruppe anzuwendenden Regelungen sind.

Es gilt daher, einfach in MHS intergrierbare Funktionen zu finden, die die Anwendung von organisatorischen Regelungen vereinfachen [Pay89]. Basisanforderung ist die Vereinfachung des Zugangs einer Gruppe zu Informationen. Dies läßt sich durch zwei verschiedene Dienste unterstützen:

- durch gemeinsame Archive und
- durch Verteiler.

In gemeinsamen Archiven kann die gesamte benötigte Information den Gruppenmitgliedern zur Verfügung gestellt werden. Kompetenzdifferenzierungen können durch differenzierte Zugangsberechtigungen zu den Daten im Archiv dargestellt werden. Informationen, die für die Gruppe bestimmt sind, werden als Mitteilung an das Archiv gesendet.

Implementierungen derartiger gemeinsamer Archive finden sich in sogenannten Computerkonferenzsystemen (z.B. COM [Pal81], EIES [TH78]), Bulletin-Board-Systemen (CRMM [PB88]), als Schwarzes-Brett-Funktionen (z.B. in TELEBOX [Jon85]) oder auch bei dem in den Netzen EARN/BITNET/NetNorth eingesetzten Server LISTSERV [BSWW89]. Die Implementierung von gemeinsamen Archiven ist in zentralisierten Systemen relativ einfach. Sie wird dort durch den autorisierten Zugriff auf ein einziges Informationsobjekt realisiert. In verteilten Systemen gibt es jedoch Probleme, zu entscheiden, wo ein Archiv verwaltet werden soll bzw. wie die Verteilung eines Archives geregelt werden soll. Es ist erforderlich, einen eigenständigen Archivverwaltungsdienst einzurichten und Protokolle zum Lesen von Informationen aus dem Archiv zu entwickeln. Die 84er Empfehlungen für MHS enthalten keine derartigen Protokolle. Die Protokolle und Dienste für den *Message Store* in X.413-88 sind für die Benutzung durch genau einen Benutzer vorgesehen und nicht für die Nutzung als gemeinsames Archiv mehrerer Benutzer.

Durch gemeinsame Verteiler kann ermöglicht werden, daß jede neu versendete Information immer an alle Gruppenmitglieder verteilt wird. Verteilerlisten enthalten dazu die Namen von den Gruppenmitgliedern, und alle Mitteilungen, die an eine Verteilerliste adressiert werden, werden entsprechend der Zusammensetzung der Liste an die Gruppenmitglieder zugestellt. Verteiler lassen sich außerdem leicht schachteln, indem ein Verteiler als Adressat in einem anderen auftaucht. Damit sind auch einfache Beziehungen zwischen Gruppen abbildbar. Implementierungen von Verteilerlisten finden sich in verteilten Mitteilungssystemen (z.B. EAN, KOMEX). Der 88er Standard definiert die Behandlung von Verteilerlisten *(Distribution Lists)*. Im folgenden Abschnitt wird erläutert, wie sich die in X.400-88 definierten Verteilerlisten zur Unterstützung der Kommunikation in Gruppen verwenden lassen.

19.2 Gruppenkommunikation und Verteiler

Die in der 88er Norm definierten Verteilerlisten *(distribution lists)* stellen ein wesentliches Hilfsmittel zur Unterstützung von Gruppenarbeit dar. Eine Gruppe kann zur Vereinfachung ihrer Arbeit eine Verteilerliste einrichten, die die Gruppenmitglieder als Mitglieder *(mhs-dl-members)* und als sendeberechtigte Mitglieder *(mhs-dl-submit-permissions)* enthält. Wenn ein Gruppenmitglied eine Mitteilung an die eingerichtete Verteilerliste sendet, erhalten dann alle anderen Gruppenmitglieder diese Mitteilung. Gleichzeitig ist ausgeschlossen, daß Personen, die nicht zur Gruppe gehören (d.h. die nicht im *mhs-dl-members* der Verteilerliste aufgeführt sind), diese Mitteilung erhalten. Ebenso kann ausgeschlossen werden, daß diese Personen die Gruppe mit Mitteilungen belästigen können, da sie ja – selbst wenn sie aus dem *Directory* über die Existenz der Verteilerliste der Gruppe informiert sind – keine Sendeberechtigung für diese Verteilerliste haben.

Wichtig bei der Nutzung von Verteilerlisten für die Gruppenarbeit ist also, daß immer alle Gruppenmitglieder erreicht werden.

Der Vorteil des X.400- und X.500-Vorschlags zur Einrichtung von Verteilerlisten besteht darin, daß die Zusammensetzung einer Verteilerliste mittels des Directory-Dienstes prinzipiell für die Benutzer jederzeit einsehbar ist. Ein Benutzer kann also nicht nur Nachrichten an Verteilerlisten senden oder empfangen, sondern er kann in dem *Directory* auch feststellen, was Sinn und Zweck einer Verteilerliste ist und wer mit der Verteilerliste zu tun hat und wer Mitglied des Verteilers ist.

Es ist wünschenswert, die Zugangsrechte der Benutzer für die Einträge einer Verteilerliste differenziert regeln zu können. So sollte z.B. festgelegt werden können, wer die Existenz der Verteilerliste in der *Directory* erfahren darf, wer die Zusammensetzung der Verteilerliste einsehen oder ändern darf, wer den Editor, Moderator oder Eigentümer einer Verteilerliste erfahren darf und ob ein Benutzer zwar nicht die Mitglieder einer Verteilerliste im einzelnen ansehen darf, aber trotzdem feststellen darf, ob er zu den sende- oder empfangsberechtigten Mitgliedern gehört. Alle diese unterschiedlichen Differenzierungsmöglichkeiten der Directory-Einträge sind wünschenswert.

Im Directory-Standard 1988 sind jedoch keine Zugriffsrechte für Directory-Einträge definiert, daher ist es Sache des für den Eintrag zuständigen lokalen Directory-Service-Agenten, hier Regelungen festzulegen und damit die Öffentlichkeit einzelner Einträge spezifisch zu regeln. Wenn keine besonderen Differenzierungen der Zugangsrechte möglich sind, sollte doch wenigstens geregelt werden können, daß jedes Mitglied, d.h. jeder Empfänger von Nachrichten an die Verteilerliste und jeder potentielle Sender die Mitglieder der Verteilerliste lesen kann. Zur besseren Handhabbarkeit und Anwendbarkeit von Verteilerlisten zur Unterstützung von Gruppenarbeit ist es daher dringend erforderlich, daß die lokalen Directory-Service-Agenten und die zugehörigen Directory-Bereiche solche Zugriffsschutzregelungen anbieten.

Die Zugriffsrechte im Verteilereintrag im DS sind natürlich unabhängig von den Benutzungsrechten des Verteilers. Letzteres wird im *mhs-dl-submit-permissions* geregelt und durch MHS bei der Expansion überprüft. Die im Standard vorgeschriebenen Regelungen stellen sicher, daß die Zusammensetzung eines Verteilers nicht durch z.B. Empfangsbestätigungen o.ä. ermittelt werden kann, sondern daß durch die Zugriffsrechte zum Verteilereintrag in der *Directory* wirksam werden. Einzig durch spezielle explizite *Policies* einer DL können andere Regelungen getroffen werden.

Im folgenden wollen wir einige Beispiele geben, wie Verteilerlisten zur Unterstützung von Gruppenarbeit verwendet und wie bereits definierte Mitgliederrechte dazu eingesetzt werden können:

1. Gruppeninterner Verteiler:

   DL: Gruppe
   submit permissions: alle Gruppenmitglieder
   members: alle Gruppenmitglieder

2. Persönlicher Verteiler:

   DL: Mein-Verteiler
   submit permissions: ich selber, Besitzer des Verteilers
   members: alle beabsichtigten Empfänger

3. Bereitstellung von öffentlicher Beratung:

   DL: Beratung
   submit permissions: alle potenziell zu Beratenden
   members: Mitglieder des Beratungsteams

4. Sekretariat:

   DL: Sekretariat
   submit permissions: alle Abteilungsmitglieder
   members: SekretärIn, ChefIn.

In den Beispielen sind die Directory-Namen der gemeinten Personen in die angegebenen Felder einzutragen. Diese Beispiele zeigen, welch unterschiedliche Aufgaben sich durch Verwendung von Verteilerlisten unterstützen lassen. Insbesondere kann auch die Anzahl der potentiell Sendeberechtigten die Anzahl der empfangenden Mitglieder erheblich überschreiten. Man sieht daran, daß sowohl interne Gruppenarbeit, als auch die Ansprechbarkeit einer Gruppe von außen (Beispiele 3 und 4) sich unterstützen lassen. Verteilerlisten lassen sich also keineswegs nur zur breiten Verteilung von Information verwenden, sondern können auch viel spezifischer verwendet werden.

Geschachtelte Verteilerlisten lassen sich verwenden, um Kooperation, d.h. Informationsaustausch zwischen verschiedenen Gremien zu realisieren, ebenso kann man damit die interne organisatorische Struktur und den hierarchischen Nachrichtenfluß in einer Organisation modellieren.

Als Beispiel für die Anwendung geschachtelter Verteilerlisten werden wir eine Verteilerliste für die ISO-Arbeitsgruppe ISO/IEC JTC1 SC18 WG4, die ja den MHS/-MOTIS-Standard mitentwickelt hat, einrichten:

DL:	ISO JTC1 SC18 WG4
submit permissions:	Vorsitzender SC18 WG4
members:	DIN 18/4, BSI 18/4, AFNOR 18/4, ...

Für den Vorsitzenden ist der Directory-Name des Vorsitzenden einzusetzen. Die als *Member* aufgeführten Einträge symbolisieren die Directory-Namen von Verteilerlisten. Dieses Beispiel geht davon aus, daß die nationalen Normungsgremien DIN, BSI usw. selber wieder entsprechende Verteilerlisten haben, in denen die jeweiligen nationalen Delegierten verzeichnet sind. Damit kann DIN seine Delegiertenliste unabhängig von ISO verwalten und jederzeit ändern, ohne daß diese zuvor durch Änderungsaktionen der ISO bekannt gegeben werden muß. Die entsprechende nationale Verteilerliste sähe dann z. B. so aus:

DL:	DIN18/4
submit permissions:	ISO JTC1 SC18 WG4 DIN Büro Berlin Vorsitzender DIN AK18 AG4
members:	Per Son, Rainer Zufall, Emma Pfänger, Kain Name, ...

Man sieht an diesem Beispiel, daß mittels geschachtelter Verteilerlisten die Verwaltung von Verteilerlisten vereinfacht werden kann, daß aber gleichzeitig auch die Teilung der Verantwortlichkeiten zur Pflege der Verteilerlisten möglich ist. Die Pflege der nationalen Listen im obigen Beispiel kann von den nationalen Gremien selber vorgenommen werden und ist damit autonom.

Das Beispiel zeigt gleichzeitig noch, daß durch die Verwendung geschachtelter Verteilerlisten auch die Transportgebühren gering gehalten werden können, da die Empfänger – in diesem Beispiel eines Landes – erst durch die nationale Liste (z. B. DIN), die in dem nationalen *Directory* verwaltet werden kann, expandiert werden.

Im hausinternen Bereich können auf ähnliche Weise wie im obigen Beispiel auch Hierarchien abgebildet werden, wobei die Autonomie auf jeder Hierarchieebene erhalten bleiben kann.

Die Anwendbarkeit von Verteilerlisten läßt sich erheblich erhöhen, wenn Mitglieder nicht nur namentlich angegeben werden können, sondern wenn sie durch Angabe von Eigenschaften oder anderen Auswahlkriterien in ihrer Mitgliedschaft bestimmt werden können. Wenn man z.B. den Beratungsdienst eines Rechenzentrums (siehe Beispiel 3, Seite 213) per Verteilerliste unterstützen will, so wäre es wünschenswert, als sendeberechtigte Mitglieder das Auswahlkriterium „alle Benutzer des Rechenzentrums“ spezifizieren zu können. Man könnte auch eine Verteilerliste „alle Belegschaftsmitglieder“ entwickeln wollen. Eine namentliche Verteilerliste müßte bei jeder Änderung der Belegschaft mitgeändert werden. Sinnvoller ist es daher, die Betriebszugehörigkeit als Auswahlkriterium für die Verteilerliste angeben zu können. Der Vorteil einer solchen Klassenbildung bzw. Auswahlangabe liegt hier klar in der vereinfachten Pflege einer solchen Verteilerliste. Der Nachteil besteht jedoch darin, daß zu verschiedenen Zeitpunkten unter Umständen unterschiedliche Teilnehmerkreise durch die gleiche Verteilerliste erreicht werden konnten, d.h. daß seine Zusammensetzung nicht mehr eindeutig ist, sondern abhängig vom Zeitpunkt und eigentlich nur durch die Auflösung der Verteilerliste (d.h. durch Expansion) bestimmt werden kann.

Trotz dieser Nachteile ist es aus den genannten Gründen wünschenswert, solche Angaben bei der Mitgliederspezifikation einer Verteilerliste haben zu können. Mit den derzeitigen X.400- und X.500-Standards 1988 ließe sich dies nur durch lokale Erweiterungen der MTS-Funktionalität bei der Verteilerexpansion, d.h. durch eine entsprechende Expansionsprozedur sowie durch entsprechende lokale Erweiterungen vom Directory-Service-Agenten und den lokalen Directory-Einträgen erreichen. Die für eine Lösung benötigte Erweiterung von Dienstleistungen des Directory-Service-Agenten, der für die Verwaltung eines Verteilereintrags zuständig ist, und die Erweiterung der Funktionalität des MTAs, der die Expansion der Liste vornimmt, müssen aufeinander abgestimmt werden. Die Standards liefern dafür keine Hilfestellung, so daß dies wohl nur möglich sein wird, wenn die Entwicklungen von MTA und DSA *(Directory Service Agent)* abgesprochen werden können. Es ist zu hoffen, daß so gefundene Lösungen dann auch in die weitere Entwicklung des Standards einfließen.

Zur Gruppenkommunikation gehört jedoch nicht nur die Verteilung von Information und die Organisation des Informationsflusses, sondern auch die Verfügbarkeit von Information für die Gruppenmitglieder in gemeinsamen Archiven. Für die Führung derartiger gemeinsamer Archive bietet der bisherige 88er Standard keinerlei Unterstützung. Man könnte sich jedoch vorstellen, auf der Basis der Message-Store-Dienste und -Protokolle solche zu entwickeln, die für die gemeinsame Nutzung durch mehrere Partner geeignet sind [SOB89]. Beispiele für gemeinsame Archive finden sich in Computerkonferenzsystemen oder Bulletin-Board-Systemen [PB88]. Für die gemeinsame Benutzung eines Archivs durch eine Gruppe sind jedoch weitergehende spezifische Unterstützungen notwendig. So kann es in einem Archiv Bereiche unterschiedlichen Öffentlichkeitsgrades geben, auch die Benutzung der Einträge kann aufgezeichnet werden, ebenso können die Teilnehmer des Archivs unterschiedliche Manipulationsrechte bezüglich der Einträge im Archiv haben.

Erste Überlegungen für einen Standard für gemeinsame Archive werden zur Zeit bei ISO/IEC JTC1 SC18 WG4 mit dem Entwurf des Standards für *Document Filing and Retrieval* (DIS 10166) getätigt.

Beide Ansätze – Verteilerlisten und Archive – sollten jedoch unter dem Aspekt „Organisation von Information für eine Gruppe" zusammengeführt werden.

Mit Hilfe der Verteilerlisten, der gemeinsamen Archive sowie des Referenzkonzepts kann auf einfache Weise eine beachtliche Unterstützung der Arbeit in Gruppen erfolgen. Der Einsatz von MHS als einfaches Bürokommunikationssystem wird durch diese Erweiterungen attraktiv.

20 Zusammenfassung und Ausblick

In dieser Studie haben wir ausgeführt, welche Dienstleistungen MHS nach dem Standard von 1984 bereits erbringen kann. Die Protokolle und Dienste des Message-Transfer-Systems und des Dienstes für persönliche Mitteilungen (IPMS) bieten wesentliche Basisdienste für die elektronische Kommunikation von Benutzern. Es hat sich gezeigt, daß die Festlegungen des Standards sowohl als Grundlage für neu zu implementierende als auch zur Öffnung und Vernetzung bereits existierender Mail-Systeme geeignet sind.

Die nach der ersten Veröffentlichung des Standards 1984 einsetzende Entwicklung hat zu wesentlichen Erweiterungen der angebotenen Dienstleistungen geführt, die dann 1988 von CCITT und ISO gemeinsam als Standard verabschiedet wurden. Der gleichzeitig standardisierte Directory-Dienst (X.500) hat wesentliche neue Dienstleistungen für MHS ermöglicht. Message-Handling-Systeme sollten daher heute gemeinsam mit Directory-Systemen angeboten werden.

Dieser MHS-Standard ist geeignet, einen weltweiten öffentlichen Kommunikationsdienst aufzubauen. Die Deutsche Bundespost bietet einen solchen Dienst – der allerdings noch nicht dem 88er X.400-Standard entspricht – unter dem Namen TELEBOX an.

Wichtig für die Akzeptanz von Electronic-Mail-Systemen, die diesem Standard entsprechen, ist neben der Funktionalität aber auch

- die Benutzungsoberfläche,
- die Integration in die Bürowelt,
- eine leistungsfähige, d.h. schnelle Kommunikationsinfrastruktur für die unteren OSI-Schichten und
- nicht zuletzt ein geordnetes Netz-Management.

Der MHS-Standard ist auch dazu geeignet, die Grundlage für die Entwicklung von hausinternen Bürokommunikationssystemen zu bilden. Weitgehende Herstellerunabhängigkeit kann hier nur durch den Standard gewährleistet werden. Ein solches Bürokommunikationssystem ist dann in der Lage, sowohl die hausinterne als auch die weltweite Kommunikation abzuwickeln.

Die Trennung von hausinterner Bürokommunikation und weltweiter öffentlicher Kommunikation hat zumeist organisatorische und Kostengründe. Sie sollte jedoch nicht auch noch aus technischen Gründen erforderlich sein. Schließlich haben weltweite Projekte – z.B. im Rahmen der europäischen Zusammenarbeit verstärkt auftretende internationale Projekte – ähnlichen Bedarf, wie die hausinterne Bürokommunikation. Darüberhinaus ist es einem Benutzer nicht zumutbar, für die hausinterne und die weltweite Kommunikation unterschiedliche Kommunikationsmuster verwenden zu müssen. Daher ist MHS auch für die Bürokommunikation die richtige Grundlage.

Wir haben in Teil III dieser Studie einige eigene Vorschläge ausgearbeitet, wie sich die im Bürobereich anfallende Gruppenkommunikation unterstützen läßt und wie sich ein Benutzerarbeitsplatz zur Nutzung von MHS nach den Erfordernissen der Benutzer im Büro gestalten läßt.

Über das reine *Message Handling* hinaus werden im Bürobereich jedoch auch weitere Dienste benötigt. Im Rahmen der zunehmenden Zahl der Arbeitsplatz-Computer und Kleinrechner und der Dezentralisierung von Rechenzentren sowie der Vernetzung von Rechnern werden weitere Dienstleistungen verteilt erbracht werden. Auf der Basis des OSI-Referenzmodells werden hier auch weitere Dienste der Anwendungsschicht standardisiert. Hier sind zu nennen:

- *Office Document Architecture (ODA) and Interchange Format (ODIF)* (IS 8613).
- *Office Document Filing and Retrieval (DFR)* (DIS 10166).
- *Document Print Service.*
- *Information Management and Network Management.*

Weitere Dienste werden hier in naher Zukunft standardisiert werden.

Alle diese Dienste können ihre Dienstleistungen jedoch nicht mehr nur isoliert erbringen, sondern müssen mit anderen Diensten kooperieren. ISO hat hier mit dem *Distributed Office Application Model* (DIS 10031) ein Modell entwickelt, wie sich die gegenseitige Nutzung der Dienste beschreiben läßt.

Für die Benutzer müssen alle diese Dienste integriert und einheitlich angeboten werden, so daß sie nicht unterschiedliche Benutzerführung für die jeweiligen Dienste lernen müssen. Alle bisher standardisierten Dienste unterstützen im wesentlichen die Einzelarbeit der Benutzer. Im Büro stellt jedoch die Kooperation einen wesentlichen Bestandteil der Arbeitsweise dar. Wir haben in dieser Studie aber auch gezeigt, wie sich einfache Konzepte zur Unterstützung von Gruppenarbeit in MHS integrieren lassen.

In den Forschungsbereichen der Bürokommunikation und der Mitteilungssysteme sind hier weitere Konzepte und Ansätze zu finden [SOB89, Pan89a]. Für spezielle Gruppenaufgaben gibt es bereits erste prototypische Systeme, z.B. für Terminvereinbarung [PW89, Woi89] und zur Unterstützung von Vorgängen [KLSW84]. Ein Überblick über Systeme und Sprachen zur Modellierung von Büroaufgaben und Kommunikation finden sich in [Pri89].

Die Entwicklung im Forschungsbereich ist hier sehr schnell und intensiv. Leider finden diese Entwicklungen jedoch abseits von Standardisierung statt. Wir hoffen, daß in Zukunft diese Forschungsmodelle zur Gruppenunterstützung auch in der Praxis eingesetzt werden, und daß auf der Basis der Praxiserfahrungen dann auch die Weiterentwicklung von Standards in diese Richtung beeinflußt werden kann.

Anhang

Anhang A Verzeichnis der Fachbegriffe

Die folgende Liste von englischen Fachwörtern mit Abkürzungen und Übersetzungen dient nur der Unterstützung des Lesers und hat keinen offiziellen Charakter.

A

abstract model	abstraktes Modell
abstract object	abstraktes Objekt
abstract port	abstrakter Zugang
abstract refinement	abstrakte Verfeinerung
abstract service	abstrakter Dienst
abstract syntax notation one (ASN.1)	Abstrakte Syntaxbeschreibung 1
access and storage system	Speicherungs- und Zugriffssystem
access association control port	Zugang zur Kontrolle des Verbindungsaufbaus
access management	Zugangsverwaltung
access protocol	Zugriffsprotokoll
access unit	Zugangseinheit
acknowledgement	Bestätigung, Quittung
action element	Aktionselement
activity	Aktivität
actual recipient	aktueller Empfänger
additional optional user facility	zusätzlicher wahlfreier Benutzerdienst
additional physical rendition	besondere Formen der physikalischen Wiedergabe
administration management domain (ADMD)	öffentlicher Verwaltungsbereich
alert	Alarmklingel
alternate recipient allowed	Ersatzempfänger zulässig
alternate recipient assignment	Zuordnung des Ersatzempfängers
annex	Anhang (in CCITT-Empfehlungen)
any delivery method	beliebige Zustellmethode
appendix	Anhang (in ISO-Standards)
application	Anwendung, Verarbeitung
application control service element (ACSE)	Anwendungskontrolldienstelement

association	Verbindung
association abort	Verbindungzusammenbruch
association manager (AM)	Verbindungsverwalter
authentication	Authentisierung
authentication framework	Authentisierungsrahmen
authorizing users indication	Anzeige des Verantwortlichen
auto action	automatische Aktion
auto-forwarded indication	Automatische Weiterleitung
auto-output mode	automatische Ausgabe

B

base attribute set (BAS)	Basis-Attributmenge
Basic Interpersonal Messaging Service	Mitteilungsbasisdienst
Basic Message Transfer Service	Nachrichtenbasisdienst
bind operation	Operation zum Aufbau einer Verbindung
blind copy recipient	Verdeckter Empfänger
Blue Book	Blaubuch, CCITT-Empfehlungen 1988
body	Rumpf
body part	Rumpfteil
body part encryption indication	Anzeige über Verschlüsselung von Rumpfteilen
body type	Rumpftyp
bulletin board	Schwarzes Brett

C

cancel	Zurückrufen einer zeitverzögerten Nachricht
capabilities	registrierte Fähigkeiten
certificate	Bescheinigung, Zeugnis
change password	Paßwort ändern
checkpoint	Synchronisationspunkt
child distribution list	untergeordnete Verteilerliste
child entry	untergeordneter Eintrag
client	Kunde
client service relationship	Kunde-Dienst-Beziehung
close	schließen
code	Kodierung
confidentiality	Vertraulichkeit
conformance test suites	Konformitätstestbeispiele
common name	allgemeine Bezeichnung
computer based message system (CBMS)	Computer-unterstütztes Nachrichtensystem
content	Inhalt
content correlator	Inhaltsbezug

content type indication	**Anzeige des Types des Inhalts**
conversion prohibition	**Konvertierungsverbot**
converted indication	**Konvertierungsanzeige**
cooperating IPM UA action	**Kooperierende Benutzeragenten im Mitteilungssystem**
cooperating IPM UA information conveying	**Informationsübermittlung zwischen kooperierenden Benutzeragenten im Mitteilungssystem**
cooperating UAs	**Kooperierende Benutzeragenten**
copy recipient	**Kopieempfänger**
counter collection	**Abholung am Schalter**
courtesy copy (cc)	**Zur Kenntnisnahme**
credential	**Glaubwürdigkeitsnachweis**
cross-referencing indication	**Bezugsanzeige**

D

data networks	**Datennetze**
data unit	**Dateneinheit**
default	**Standardwert**
delete	**Löschen von Einträgen**
deferred delivery	**Verzögerte Zustellung**
deferred delivery cancellation	**Annullierung des Zustellauftrags bei verzögerter Zustellung**
delivery	**Empfangsübergabe, Zustellung**
delivery envelope	**Umschlag bei der Empfangsübergabe, Zustellumschlag**
delivery interaction	**Zustellaktion**
delivery notification	**Zustellbestätigung**
delivery time stamp indication	**Zeitstempel für die Empfangsübergabe**
DIN	**Deutsches Institut für Normung e.V.**
descriptive name	**beschreibender Name**
distinguished name	**unterscheidender Name**
directory	**Verzeichnis, Adreßbuch, Katalog**
directory service (DS)	**Directory-Dienst, Verzeichnisdienst**
directory service agent (DSA)	**Directory-Dienst-Agent**
directory user agent (DUA)	**Directory-Benutzer-Agent**
disclosure of other recipients	**Bekanntgabe anderer Empfänger**
dispatcher	**Abfertigungsprozedur**
Distributed Application for Message Interchange (MIDA)	**Verteilte Anwendung für Nachrichtenaustausch**
distribution list (DL)	**Verteilerliste**
dl-expand procedure	**Verteilerlisten-Expansionsprozedur**
document	**Dokument**
document store (DS)	**Dokumentspeicher**
domain	**Bereich, Organisationsbereich**

downgrading	abwärtskompatibel

E

encapsulation	Schachtelung, Einwicklung
encoded information type	Kodierungsart
encryption	Verschlüsselung
entity	Instanz
envelope	Umschlag
error	Fehler
essential optional user facility	wesentlicher wahlfreier Benutzerdienst
exception	Ausnahmesituation
expansion	Expandieren von Verteilerlisten
expansion history	Expansionsaufzeichnung
expiry date indication	Anzeige des Verfallszeitpunktes
explicit conversion	explizite Konvertierung

F

fetch	Abholen eines Eintrags
folder	Aktenordner
formatted address	formatierte Adresse
forwarded IP-message indication	Hinweis auf Weiterleitung
forwarding	weiterleiten
functional unit	Funktionseinheit

G

gateway (gw)	(System-) Übergang
grade of delivery selection	Wahl der Prioritätsklasse

H

heading	Kopf
hold for delivery	Aufbewahrung zur Zustellung
human readable form	menschenlesbare Form

I

identifier (ID)	Kennung
implicit conversion	implizite Konvertierung
importance indication	Anzeige der Wichtigkeit
indication	Anzeige
indirect submission	indirekte Versand
information base	Informationsbank
information overload	Informationsüberflutung

in reply to	in Antwort auf
integrity	Unversehrtheit
intended recipient	ursprünglich gewünschter Empfänger
interoperability	Kooperationsvermögen
interpersonal message (IP-message)	Mitteilung
interpersonal message user agent protocol data unit (IMUAPDU)	Benutzeragent-Protokolldateneinheit vom Typ Mitteilung
interpersonal messaging protocol (P2)	Mitteilungsprotokoll
interpersonal messaging service	Mitteilungsdienst
interpersonal messaging status report (IPM-status-report)	Mitteilungszustandsangabe
interpersonal messaging system (IPMS)	Mitteilungssystem
Interpersonal Messaging User Agent (IPMUA)	Benutzeragent im Mitteilungssystem
IP-Message Identification	Mitteilungskennung

J

joint editing	Gemeinsame Texterstellung

L

layer	Schicht
linked operation	gebundene Operation

M

mailbox	Briefkasten
message store access protocol (P7)	Zugangsprotokoll zum Nachrichtenspeicher
main entry	Haupteintrag
major synchronisation point	Hauptsynchronisationspunkt
management domain (MD)	Verwaltungsbereich
mandatory	vorgeschrieben
message	Nachricht
message dispatcher (MD)	Nachrichtenverteiler
message handling (MH)	Nachrichtenaustausch
message handling Environment	Umgebung des Nachrichtenaustauschsystems
message handling system (MHS)	Nachrichtenaustauschsystem
message identification	Nachrichtenkennung
Message Oriented Text Interchange Systems (MOTIS)	Nachrichtenorientiertes Textaustauschsystem
message protocol data unit (MPDU)	Nachrichtprotokolldateneinheit
message redirection	Nachrichtenumadressierung
message store (MS)	Nachrichtenspeicher
message transfer (MT)	Nachrichtenübertragung

message transfer agent (MTA)	**Nachrichtenübertragungsagent**
message transfer agent entity (MTAE)	**Nachrichtenübertragungsinstanz**
message transfer layer (MTL)	**Nachrichtenübertragungsschicht**
message transfer protocol (P1)	**Nachrichtenübertragungsprotokoll**
message transfer service	**Nachrichtenübertragungsdienst**
message transfer system (MTS)	**Nachrichtenübertragungssystem**
mnemonic O/R-address	**mnemonische O/R-Adresse**
minor synchronisation point	**Nebensynchronisationspunkt**
multi-destination delivery	**Zustellung an mehrere Empfänger**
multi-part body	**mehrteiliger Rumpf**

N

negotiation	**Absprache, Verhandlung**
network layer	**Vermittlungsschicht**
non-delivery notification	**Unzustellbarkeitsanzeige**
non-receipt notification	**Benachrichtigung der Empfangsverweigerung**
notification	**Bestätigung**
notify	**Benachrichtigung**

O

obsoletes	**ersetzt**
obsoleting indication	**Anzeige der zu ersetzenden Mitteilung**
Office Document Architecture (ODA)	**Bürodokumentarchitektur**
Office Document Interchange Format (ODIF)	**Bürodokumentaustauschformat**
open systems interconnection (OSI)	**Kommunikation offener Systeme**
optional user facility	**wahlfreier Benutzerdienst**
organizational unit (ou)	**Organisationseinheit**
Originator/Recipient (O/R)	**Sender/Empfänger**
O/R-address	**Sender/Empfänger Adresse**
O/R-name	**Sender/Empfänger Name**
origin	**Ursprungsort**
original encoded information types indication	**Anzeige der Originalkodierung**
originator	**Sender**
originator indication	**Anzeige des Senders**
output action	**Ausgabeaktion**
owner	**Eigentümer einer Verteilerliste**

P

P1	**Nachrichtenübertragungsprotokoll**
P2	**Mitteilungsprotokoll**

P3	**Übergabeprotokoll**
P5	**Teletex-Zugangsprotokoll**
P7	**Zugangsprotokoll zum Nachrichtenspeicher**
parent entry	**Elterneintrag**
parent distribution list	**Elternverteilerliste**
P_c	**UA-zu-UA-Protokoll**
peer entity	**Partnerinstanz**
personal computer (pc)	**Arbeitsplatzrechner**
physical delivery	**Zustellung durch Briefpost**
policy	**Strategie, Behandlingsweise**
port	**Zugang**
presentation layer	**Darstellungsschicht**
presentation transfer syntax (PTS)	**Übertragungssyntax**
prevention of non-delivery notification	**Unterdrückung der Unzustellbarkeitsanzeige**
primary recipient	**Erstempfänger**
private management domain (PRMD)	**privater Verwaltungsbereich**
probe	**Probeübermittlung**
protocol	**Protokoll**

R

receipt notification	**Empfangsbestätigung**
recipient	**Empfänger**
recipient reassignement	**Empfängerneuzuweisung**
recommendation	**Empfehlung**
Red Book	**Rotbuch, CCITT-Empfehlungen 1984**
redirection	**Umadressierung**
reference model (rm)	**Referenzmodell**
registered encoded information types	**Registrierte Kodierungsarten**
relay	**Weitervermittlung**
relaying	**Weitervermitteln**
relaying envelope	**Umschlag bei der Weitervermittlung**
relaying interaction	**Weitervermittlungsaktion**
release token	**Freigabemarke**
reliable transfer service (RTS)	**zuverlässiger Übertragungsdienst**
remote operations	**Fernaufträge**
remote operation service (ROS)	**(Fern-)Auftragsdienst**
replying IP-message indication	**Antwort**
reply request indication	**Antwortaufforderung**
report	**Zustellbericht**
report instruction	**Zustellberichtsanweisung**
report request	**Zustellberichtsanforderung**
resource	**Hilfsmittel**

retrieval	Wiederfinden
return address	Rücksendeadresse
return of contents	Rücksendeauftrag
routing	Wegewahl, Weitervermittlung

S

security	Sicherheit
security service	Sicherheitsdienst
security policy	Sicherheitsklasse
security certificate	Sicherheitszertifikat
sensitivity indication	Anzeige der Vertraulichkeit
server	Dienstleistungsprozess
service	Dienst
service access point (SAP)	Dienstzugangspunkt
service element	Dienstelement
Service Message Protocol Data Unit (SMPDU)	Dienstnachrichtprotokolldateneinheit
session layer	Kommunikationssteuerungsschicht
simple formatable documents (sfd)	einfach formatierbare Dokumente
status and inform	Statusangaben und Hinweise
status report (SR)	Zustandsbericht
Status Report User Agent Protocol Data Unit (SRUAPDU)	Benutzeragent-Protokolldateneinheit vom Typ Zustandsbericht
store	Speicher
store-and-forward-technique	Vermittlungstechnik mittels Speichern und Weiterleiten
subject	Betreff
sublayer	Teilschicht
submission	Sendeübergabe
submission and delivery	Sendeübergabe und Empfangsübergabe
submission and delivery entity (SDE)	Übergabeinstanz
submission and delivery protocol (P3)	Übergabeprotokoll
submission envelope	Umschlag bei der Sendeübergabe
submission interaction	Übergabeaktion
submission time stamp indication	Zeitstempel für die Sendeübergabe
summarize	Überblick über gespeicherte Einträge

T

telematic services	Telematikdienste
teletex (TTX)	Teletex
teletex access	Teletex-Zugang
teletex access protocol (P5)	Teletex-Zugangsprotokoll
teletex access unit	Teletex-Zugangseinheit
test suites	Testspezifikationen

token	**Berechtigungsmarke**
transfer	**Übertragung**
transfer service agent (tsa)	**Transferdienstagent**
transport layer	**Transportschicht**
transport syntax	**Transfersyntax, Übertragungssyntax**
transport system	**Transportsystem**
two way alternate (twa)	**wechselseitig**
two way simultaneous (tws)	**beidseitig**
typed body	**typisierter Rumpf**

U

unbind operation	**Operation zum Lösen einer Verbindung**
user agent (UA)	**Benutzeragent**
user agent entity (UAE)	**Benutzeragent-Instanz**
user agent layer (UAL)	**Benutzeragent-Schicht**
user agent protocol data unit (UAPDU)	**Benutzeragent-Protokolldateneinheit**
user message protocol data unit (UMPDU)	**Benutzernachricht-Protokolldateneinheit**

Anhang B Verzeichnis der Abkürzungen

Die Auflösung einiger Abkürzungen wurde [Syd89] entnommen.

A

ACSE	application control service element
ADMD	administration management domain
AFNOR	Association Française de Normalisation
AM	association manager
AMIGO	advanced messaging in groups
ANSI	American National Standards Institute
APDU	application protocol data unit
ARPA	Advanced Research Project Agency
ASE	application service element
ASCII	American Standard Code for Information Interchange
ASN.1	Abstract Syntax Notation One
AU	access unit

B

BAS	base attribut set
BS	backspace
BSI	British Standards Institution
Btx	Bildschirmtext

C

CBMS	computer based message system
CC	courtesy copy
CCITT	Comité Consultatif International de Télégraphique et Téléphonique
CeBIT	Welt-Centrum für Büro- und Informationstechnik
CEN	Comité Européen de Normalisation
CENELEC	Comité Européen de Normalisation Electrotechnique
CEPT	Conférence Européenne des Administrations des Postes et des Télécommunications
COSMOS	Configurable Structured Message System

CR	carriage return
CSNET	Computer Science Net
CSS	Committee Support System

D

DBP	Deutsche Bundespost
DE	Dienstelement
DFN	Deutsches Forschungsnetz
DIN	Deutsches Institut für Normung e.V.
DIS	draft international standard
DL	distribution list
DNA	Deutscher Normenausschuß
DOMINO	(In der GMD entwickeltes Vorgangssystem)
DP	draft proposal
DR-MPDU	delivery report message protocol data unit
DS	(1) document store (2) directory service
DSA	directory service agent
DUA	directory user agent
DV	Datenverarbeitung

E

EAN	(von der University of Columbia, Canada, entwickeltes MHS)
EARN	European Academic Research Network
ECMA	European Computer Manufacturers Association
EDI	electronic data interchange
EDV	Elektronische Datenverarbeitung
EOC	end of contents
ESPRIT	European Strategic Programme for Research and Development in Information Technologies

F

Fax	Facsimile (Service)

G

G3Fax	Group 3 Facsimile (Service)
G4Fax	Group 4 Facsimile (Service)
GMD	Gesellschaft für Mathematik und Datenverarbeitung mbH

I

IA5	International Alphabet No. 5
ID	identifier

IEC	International Electrotechnial Commission
IFIP	International Federation for Information Processing
IM-UAPDU	interpersonal message user agent protocol data unit
IP	interpersonal
IPM	interpersonal message
IPMS	interpersonal messaging service
IPMUA	interpersonal messaging user agent
IS	international standard
ISO	International Organization for Standardization
ITU	International Telecommunication Union

J

JTC	Joint Technical Committee

K

KOMEX	Kommunikation im Experiment (von der GMD entwickeltes MHS)

L

LF	linefeed

M

MD	(1) management domain (2) message dispatcher
MH	message handling
MHS	message handling system
MIDA	distributed application for message interchange
MOTIS	message oriented text interchange systems
MPDU	message protocol data unit
MS	message store
MT	message transfer
MTA	message transfer agent
MTAE	message transfer agent entity
MTL	message transfer layer
MTS	message transfer system

N

NIST	National Institute of Standards and Technology

O

ODA	office document architecture

ODIF	office document interchange format
OPDU	operation protocol data unit
O/R	originator/recipient
OSI	open systems interconnection
OU	organizational unit

P

P1	message transfer protocol
P2	interpersonal messaging protocol
P3	Übergabeprotokoll zum MTS
P5	Teletex-Zugangsprotokoll
P7	Zugangsprotokoll zum Nachrichtenspeicher
PA	Protokollargument
P_c	UA-zu-UA-Protokoll
PC	personal computer
PD	physical delivery
PDAU	physical delivery access unit
PDS	physical delivery service
PDU	protocol data unit
PMPDU	probe message protocol data unit
PRMD	private management domain
PTS	presentation transfer syntax

R

RM	reference model
ROPM	remote operation protocol machine
ROS	remote operation service
ROSE	remote operation service entity
RTSE	reliable transfer service entity
RTPM	reliable transfer protocol machine
RTS	reliable transfer service

S

SAP	service access point
SC	subcommittee
SDE	submission and delivery entity
SDIF	SGML document interchange format
SFD	simple formattable document
SGML	standard general markup language
SMPDU	service message protocol data unit
SPAG	Standards Promotion and Application Group
SPDU	session protocol data unit
SR-UAPDU	status report user agent protocol data unit

SSDU	session service data unit

T

TC	technical committee
TG	task group
Tlf	Telefon
TOS	text and office systems
TSA	transfer service agent
Ttx	Teletex
TTXAU	Teletex access unit
Tx	Telex

U

UA	user agent
UAE	user agent entity
UAL	user agent layer
UAPDU	user agent protocol data unit
UBC	University of British Columbia
UMPDU	user message protocol data unit
UN	United Nations

W

WG	working group

Anhang C Verzeichnis der Normen

Es folgt eine Liste aller zitierten Normen und Empfehlungen von CCITT, ISO und ECMA.

C.1 CCITT 1984

Liste der CCITT-Empfehlungen, die auf der VIII. Vollversammlung 1984 in Málaga-Torremolinos verabschiedet und von der International Telecommunication Union im Red Book veröffentlicht wurden:

X.29 Procedures for the Exchange of Control Information and User Data between a Packet Assembly/Disassembly (PAD) Facility and a Packet Mode DTE or another PAD. Volume VIII, Fascicle VIII.3

T.62 Control Procedures for Teletex and Group 4 Facsimile Services. Volume VII, Fascicle VII.3

X.121 International Numbering Plan for Public Data Networks. Volume VIII, Fascicle VIII.4

F.170 Operational Provision for the International Public Facsimile Service between Public Bureaux (Bureaufax). Volume II, Fascicle II.5

X.200 Reference Model of Open Systems Interconnection for CCITT Applications. Volume VIII, Fascicle VIII.5

X.215 Session Service Definition for Open Systems Interconnection for CCITT Applications. Volume VIII, Fascicle VIII.5

X.225 Session Protocol Specification for Open Systems Interconnection for CCITT Applications. Volume VIII, Fascicle VIII.5

X.400 Message Handling Systems: System Model – Service Elements. Volume VIII, Fascicle VIII.7

X.401 Message Handling Systems: Basic Service Elements and Optional User Facilities. Volume VIII, Fascicle VIII.7

X.408 Message Handling Systems: Encoded Information Type Conversion Rules. Volume VIII, Fascicle VIII.7

X.409 Message Handling Systems: Presentation Transfer Syntax and Notation. Volume VIII, Fascicle VIII.7

X.410 Message Handling Systems: Remote Operations and Reliable Transfer Server. Volume VIII, Fascicle VIII.7

X.411 Message Handling Systems: Message Transfer Layer. Volume VIII, Fascicle VIII.7

X.420 Message Handling Systems: Interpersonal Messaging User Agent Layer. Volume VIII, Fascicle VIII.7

X.430 Message Handling Systems: Access Protocol for Teletex Terminals. Volume VIII, Fascicle VIII.7

C.2 CCITT 1988

Liste der CCITT-Empfehlungen, die auf der IX. Vollversammlung 1988 in Melbourne verabschiedet und von der International Telecommunication Union im Blue Book veröffentlicht wurden:

X.ds1 Draft Recommendation X.ds1 (Version 5), Egham.

X.208 Specification of Abstract Syntax Notation One (ASN.1). Volume VIII, Fascicle VIII.4

X.209 Specification of Basic Encoding Rules for Abstract Syntax Notation One (ASN.1). Volume VIII, Fascicle VIII.4

X.216 Definición del servicio de presentación para la interconexión de sistemas abiertos para aplicaciones del CCITT. Volume VIII, Fascicle VIII.4

X.217 Association Control Service Definition for Open Systems Interconnection for CCITT Applications. Volume VIII, Fascicle VIII.4

X.218 Reliable Transfer: Model and Service Definition. Volume VIII, Fascicle VIII.4

X.219 Remote Operations: Model, Notation and Service Definition. Volume VIII, Fascicle VIII.4

X.224 Transport Protocol Specification for Open Systems Interconnection for CCITT Applications. Volume VIII, Fascicle VIII.5

X.225 Session Protocol Specification for Open Systems Interconnection for CCITT Applications. Volume VIII, Fascicle VIII.5

X.227 Association Control Protocol Specification for Open Systems Interconnection for CCITT Applications. Volume VIII, Fascicle VIII.5

X.228 Reliable Transfer: Protocol Specification. Volume VIII, Fascicle VIII.5

X.229 Remote Operations: Protocol Specification. Volume VIII, Fascicle VIII.5

X.400 Message Handling, System and Service Overview.

X.402 Message Handling Systems: Overall Architecture.

X.403 Message Handling Systems: Conformance Testing.

X.407 Message Handling Systems: Abstract Service Definition Conventions.

X.408 Message Handling Systems: Encoded Information Type Conversion Rules.

X.411 Message Handling Systems: Message Transfer System: Abstract Service Definition and Procedures.

X.413 Message Handling Systems: Message Store: Abstract Service Definition.

X.419 Message Handling Systems: Protocol Specifications.

X.420 Message Handling Systems: Interpersonal Messaging System.

X.500 The Directory – Overview of Concepts, Models and Services.

X.501 The Directory – Models.

X.509 The Directory – Authentication Framework.

X.511 The Directory – Abstract Service Definition.

X.518 The Directory – Procedures for Distributed Operation.

X.519 The Directory – Protocol Specifications.

X.520 The Directory – Selected Attribute Types.

X.521 The Directory – Selected Object Classes.

C.3 ISO

Liste der ISO-Standards, einschließlich der Drafts (DP, DIS):

IS 6937 Information Processing Systems, Coded Character Sets for Text Communication, Part 1: General Introduction, Part 2: Latin Alphabetic and non-Alphabetic Graphic Characters

IS 7498 Information Processing Systems, Open Systems Interconnection, Basic Reference Model

IS 8326 Information Processing Systems – Open Systems Interconnection – Basic Connection Oriented Session Service Definition

DIS 8505 Information processing Systems, Text communication, Functional description and service specification for message oriented text interchange systems (MOTIS)

IS 8571 Information Processing Systems – Open Systems Interconnection – File Transfer, Access and Management, Part 1–4

IS 8613 Information Processing – Text and Office Systems – Office Document Architecture (ODA) and Interchange Format (ODIF)

IS 8824 Information Processing Systems – Open Systems Interconnection – Specification of Abstract Syntax Notation One (ASN.1)

IS 8825 Information Processing Systems – Open Systems Interconnection – Specification of Basic Encoding Rules for Abstract Syntax Notation One (ASN.1)

IS 8879 Information Processing – Text and Office Systems – Standard Generalized Markup Language (SGML)

DIS 8883 Information Processing Systems, Text Communication, Message Oriented Text Interchange System, Message Transfer Sublayer, Message Interchange Service and Message Transfer Protocol

DIS 9065 Information Processing Systems, Text Communication, Message Oriented Text Interchange System, User Agent Sublayer

DIS 9066-1 Information Processing Systems, Text Communication, Message Oriented Text Interchange System, Reliable Transfer, Part 1: Model and Servcie Definition

DIS 9066-2 Information Processing Systems, Text Communication, Message Oriented Text Interchange System, Reliable Transfer, Part 1: Protocol Specification

IS 9069 Information Processing – SGML Support Facilities – SGML Document Interchange Format (SDIF)

DIS 9072-1 Information Processing Systems, Text Communication, Message Oriented Text Interchange System, Remote Operations, Part 1: Model, Notation and Service Definition

DIS 9072-2 Information Processing Systems, Text Communication, Message Oriented Text Interchange System, Remote Operations, Part 2: Protocol Specification

IS 9594 Information Processing Systems – The Directory, Part 1–7

IS 10021 Information Processing Systems – Text Communication – MOTIS

DIS 10031 Information Technology – Text Communication – Distributed Office Applications Model

DIS 10166 Information Technology – Text Communication – Document Filing and Retrieval (DFR)

C.4 ECMA

Liste der ECMA-Empfehlungen:

ECMA-31 Remote Operations: Concepts, Notation and Connectionoriented Mappings

ECMA-84 Data Presentation Protocol

ECMA-93 Distributed Application for Message Interchange (MIDA)

ECMA-101 Office Document Architecture

ECMA-122 Distributed Application for Message Interchange (MIDA), Mailbox Service and Mailbox Service Access Protocol

Literaturverzeichnis

[App90] Wolfgang Appelt. Office Document Architecture (ODA) and Interchange Format – Einführung in die ISO-Norm 8613. Springer Verlag, 1990. In Vorbereitung.

[Aus72] J. L. Austin. *Zur Theorie der Sprechakte.* Reclam Verlag, Stuttgart, 1972.

[Bab86] R. Babatz. *Semantische Relationen in Message Handling Systemen – Referierbare Dokumente.* Arbeitspapiere der GMD Nr. 190, Gesellschaft für Mathematik und Datenverarbeitung, St. Augustin, Januar 1986.

[BB85] R. Babatz, M. Bogen. *KOMEX, Ein offenes Message Handling System nach CCITT X.400 unter BS2000 – Funktionale Spezifikation.* Arbeitspapiere der GMD Nr. 133, Gesellschaft für Mathematik und Datenverarbeitung, St. Augustin, Februar 1985.

[BB86a] R. Babatz, M. Bogen. *DFN-KOMEX-Öffnung.* Abschlußbericht, DFN-Projekt TK 555-C006, Gesellschaft für Mathematik und Datenverarbeitung, St. Augustin, April 1986.

[BB86b] R. Babatz and M. Bogen. Referable documents – semantic relations in message handling systems. In Ronald P. Uhlig, editor, *Computer Message Systems – 85, Proceedings of the IFIP TC 6 International Symposium on Computer Message Systems, Washington, DC, 1985,* pages 193–206, IFIP TC6, Elsevier Science Publishers B.V., North-Holland, Amsterdam-New York-Oxford-Tokyo, 1986.

[BB88] M. Bogen and R. Babatz. Adaption and connection of KOMEX to X.400. In Rolf Speth and Peter Schicker, editors, *Message Handling Systems, Proceedings of the IFIP TC 6/WG 6.5 Working Conference on Message Handling Systems, Munich 1987,* pages 63–79, IFIP TC6, Elsevier Science Publishers B.V., North-Holland, Amsterdam-New York-Oxford-Tokyo, 1988.

[BC88] J. Bowers and J. Churcher. Local and global structuring of computer mediated communication developing linguistic perspectives on CSCW in

COSMOS. In *CSCW 88, Proceedings of the Conference on Computer-Supported Cooperative Work*, The Association for Computing Machinery, Inc., New York, September 1988.

[BCK*84] M. Bogen, B. Cappel, P. Kaufmann, H. Santo, G. Schulze, R. Speth, M. Tschichholz, A. Warnking, L. Wosnitza, H. Zschintzsch. *Konzept für ein DFN-Message-Verbund auf der Basis von CCITT Message Handling Systems.* DFN-Studie II, Deutsches Forschungsnetz (DFN), Juni 1984.

[Ben89] Steve Benford. Navigation and knowledge management within a distributed directory system. In Einar Stefferud, Ole J. Jacobsen, and Pietro Schicker, editors, *Message Handling Systems and Distributed Applications, Proceedings of the IFIP TC 6/WG 6.5 Working Conference on Message Handling Systems and Distributed Applications, Costa Mesa, California, 1988*, IFIP TC6, Elsevier Science Publishers B.V., North-Holland, Amsterdam-New York-Oxford-Tokyo, 1989.

[BOBW88] Steve Benford, Julian Onions, Manfred Bogen, and Bernd Wagner. The implementation of amigo distribution lists. In Rolf Speth, editor, *Research into Networks and Distributed Applications, European Teleinformatics Conference - EUTECO '88 on Research into Networks and Distributed Applications, Vienna, April 1988*, pages 129–145, Commission of the European Communities, Elsevier Science Publishers B.V., North-Holland, Amsterdam-New York-Oxford-Tokyo, 1988.

[BPS85] K. H. Bonacker, U. Pankoke-Babatz, H. Santo. *EAN-Bewertung.* Arbeitspapiere der GMD Nr. 145, Gesellschaft für Mathematik und Datenverarbeitung, St. Augustin, März 1985.

[BPST83a] R. Babatz, U. Pankoke-Babatz, H. Santo, G. Theidig. *Computerkonferenzsystem KOMEX, Version 4.1, Benutzerhandbuch.* Arbeitspapiere der GMD Nr. 60, Gesellschaft für Mathematik und Datenverarbeitung, St. Augustin, Oktober 1983.

[BPST83b] Robert Babatz, Uta Pankoke-Babatz, Horst Santo, and Gabriele Theidig. Experimental use of KOMEX in the GMD. *Computer Compacts*, 1(2):83–88, apr 1983.

[BSWW89] Manfred Bogen, Peter Sylvester, Clemens Wermelskirchen, Peter Wunderling. Kommunikationsunterstützung für die Wissenschaft. In *Jahresbericht 1988*, Gesellschaft für Mathematik und Datenverarbeitung, St. Augustin, 1989.

[BW88] Manfred Bogen and Karl-Heinz Weiss. Group co-ordination in a distributed environment. In Rolf Speth, editor, *Research into Networks and Distributed Applications, European Teleinformatics Conference – EUTECO '88 on Research into Networks and Distributed Applications,*

Vienna, April 1988, pages 111–128, Commission of the European Communities, Elsevier Science Publishers B.V., North-Holland, Amsterdam-New York-Oxford-Tokyo, 1988.

[CCI86] CCITT. X.400-series implementor's guide, version 5. Genève, October 1986.

[CEC88] CEC. *Guidelines for an Informatics Architecture.* Commission of the European Communities, ECSC-EEC-EAEC, Brussels, Luxembourg, 3rd edition, March 1988.

[CEP86] CEPT. *MHS Functional Standard for a UA+MTA Accessing to an ADMD, A/311.* Version 2, CEPT TD Sub Working Group D (MHS), March 1986.

[CKP*84] Conrads, Kaufmann, Pankoke-Babatz, Speth, Tschichholz, Warnking, Wallerath. *Funktionalität und Bewertung von Message Systemen.* DFN-Studie I, Deutsches Forschungsnetz (DFN), April 1984.

[Coo86] *The Coordinator Workgroup Productivity System, System Description.* Action Technologies, San Francisco, 1986.

[CSS84] *Committee Support System (CSS), Architectural Definition.* CAP Gemini Nederland, ICL European Institutions, Barco Video Communications, Brussels, February 1984. Vol. 1 + 2.

[Dan89] Thore Danielsen. AAM – The AMIGO Activity Model. In U. Pankoke-Babatz, editor, *Computer Based Group Communication – the AMIGO Activity Model*, pages 67–126, Ellis Horwood, Chichester, 1989.

[DFN84] DFN, Zentrale Projektleitung, Hrsg. *Das Message Handling System im DFN, Spezifikationen zur Realisierung.* Berlin, März 1984.

[DFN85] DFN, Zentrale Projektleitung. *Protokollhandbuch, Version 2.* Berlin, Mai 1985.

[DMBT86] J. Delgado, M. Medina, B. Butscher, and M. Tschichholz. Storage agents in message handling systems. In , editor, *Proceedings of the IFIP TC 8/WG 8.4 Working Conference on Methods and Tools for Office Systems, Pisa*, page , 1986.

[DOY88] Jerome Durlak, Rory O'Brien, and Ozan Yigit. *USENET: An Examination of the Social and Political Processes of a Cooperative Computer/Communications Network Under the Stress of Rapid Growth.* Usenet DRAFT Copyright, York University, edition, mar 1988.

[DP88] Thore Danielsen and Uta Pankoke-Babatz. The AMIGO Activity Model. In Rolf Speth, editor, *Research into Networks and Distributed Applications, European Teleinformatics Conference – EUTECO '88 on Research into Networks and Distributed Applications, Vienna, April 1988,* pages 227–241, Commission of the European Communities, Elsevier Science Publishers B.V., North-Holland, Amsterdam-New York-Oxford-Tokyo, 1988.

[DPP*86] T. Danielsen, U. Pankoke-Babatz, W. Prinz, A. Patel, P.-A. Pays, K. Smalland, and R. Speth. The AMIGO project: advanced group communication model for computer-based communications environment. In I. Greif and H. Krasner, editors, *CSCW 86, Proceedings of the Conference on Computer-Supported Cooperative Work, Austin*, pages 115–142, 1986.

[ECM88] ECMA. *Memento.* Genf, 1988.

[EDI89] *EDI 89 Report, Electronic Data Interchange.* deutsche congress gesellschaft starnberg mbH, Starnberg, 1989.

[EG85] L. Eckstein, E. Giese. *Session-Dienst im BS2000.* Arbeitspapiere der GMD Nr. 194, Gesellschaft für Mathematik und Datenverarbeitung, Darmstadt, Dezember 1985.

[Gie85a] E. Giese. *Dokumentation des Teletex-Vermittlers TTXMTA im BS2000.* Gesellschaft für Mathematik und Datenverarbeitung, Darmstadt, Mai 1985.

[Gie85b] E. Giese. *Session Service Interface for the BS2000 Operating System.* Arbeitspapiere der GMD Nr. 193, Gesellschaft für Mathematik und Datenverarbeitung, Darmstadt, Dezember 1985.

[GKS*84] K. Görgen, H. Koch, G. Schulze, B. Struif, K. Truöl. *Grundlagen der Kommunikationstechnologie – ISO-Architektur offener Systeme.* Springer, Berlin, März 1984.

[GMD85] GMD, Institut für Systemtechnik. *Textnachrichtenverbund mit Standardprotokollen.* Gesellschaft für Mathematik und Datenverarbeitung, Darmstadt, März 1985. Veröffentlichung zur Hannover-Messe '85.

[Gre82] I. Greif. Computer support for cooperative office activities. In *AFIPS Office Automation Conference*, San Francisco, 1982.

[GS86] I. Greif and S. Sarin. Data sharing in group work. In I. Greif and H. Krasner, editors, *CSCW 86, Proceedings of the Conference on Computer-Supported Cooperative Work, Austin*, pages 175–183, 1986.

[HL85] C. Huitema and B. Laborie. *The Gipsy/Rose X.400 Software.* INRIA, Rocquencourt, August 1985.

[Hor85] M. R. Horton. *Draft Standard for ARPA/MHS Addressing Gateways.* Technical Report, AT&T Bell Laboratories, Columbus, Ohio, September 1985.

[HSS84] K. Höring, C. Spengler-Rast, P. Stellmacher. *Untersuchung des Computerkonferenzsystems KOMEX in der GMD.* Arbeitspapiere der GMD Nr. 110, Gesellschaft für Mathematik und Datenverarbeitung, St. Augustin, 1984.

[ISO89] ISO. *Memento.* Genf, 1989.

[Jon85] Ch. Jonas. Telebox – ein öffentlicher personenbezogener Mitteilungsübermittlungsdienst. In *Net Special*, R. v. Deckers Verlag, Heidelberg, Oktober 1985.

[Kau85] P. Kaufmann. Proposal for the 'MHS-Harmonisation'. DFN, Berlin, August 1985. Contribution to the *Amsterdam X.400 Conference*, September 1985.

[KLSW84] T. Kreifelts, U. Licht, P. Seuffert, and G. Woetzel. DOMINO: a system for the specification and automation of cooperative office processes. In *EUROMICRO*, Elsevier Science Publishers B.V., North-Holland, Amsterdam-New York-Oxford-Tokyo, 1984.

[KSW86] T. Kreifelts, P. Seuffert, G. Woetzel. *Ausnahmebehandlung, Verteilung und Adressierung im Vorgangssystem DOMINO.* Internes Arbeitspapier, Gesellschaft für Mathematik und Datenverarbeitung, St. Augustin, 1986.

[KVWW89] Thomas Kreifelts, Frank Victor, Gerd Woetzel, and Michael Woitass. A design tool for autonomous group agents. In *EC-CSCW 89, Proceedings of the 1st European Conference on Computer Supported Cooperative Work, London 1989*, London, September 1989.

[KW88] Thomas Kreifelts, Gerd Woetzel. Konversationssysteme: Ein neuer Ansatz zur Unterstützung von Gruppenarbeit. *Angewandte Informatik*, 30(9):381–389, September 1988.

[Leb89] Susan Klein Lebeck. Implementing MHS: 1984 versus 1988. In Einar Stefferud, Ole J. Jacobsen, and Pietro Schicker, editors, *Message Handling Systems and Distributed Applications, Proceedings of the IFIP TC 6/WG 6.5 Working Conference on Message Handling Systems and Distributed Applications, Costa Mesa, California, 1988*, IFIP TC6, Elsevier Science Publishers B.V., North-Holland, Amsterdam-New York-Oxford-Tokyo, 1989.

[Man89] Carl-Uno Manros. *The X.400 Blue Book Companion – CCITT X.400 MHS 1988 – ISO/IEC MOTIS Message Oriented Text Interchange System.* Technology Appraisals, Twickenham, United Kingdom, 1989.

[Med83] J. S. Meditch, editor. *Proceedings of the IEEE, Open Systems Interconnection (OSI) – New International Standards Architecture and Protocols for Distributed Information Systems*, The Institute of Electrical and Electronics Engineers, Inc. (IEEE), December 1983. Volume 71, Number 12.

[MGL*86] Thomas W. Malone, Kenneth R. Grant, Kum-Yew Lai, Ramana Rao, and David Rosenblitt. Semi-structured messages are surprisingly useful for computer-supported coordination. In I. Greif and H. Krasner, editors, *CSCW 86, Proceedings of the Conference on Computer-Supported Cooperative Work, Austin*, pages 102–114, 1986.

[MTW88] T. Magedanz, M. Tschichholz, and K.-H. Weiss. Interconnection of X.400 systems and notable gateways. In Rolf Speth and Peter Schicker, editors, *Message Handling Systems, Proceedings of the IFIP TC 6/WG 6.5 Working Conference on Message Handling Systems, Munich 1987*, IFIP TC6, Elsevier Science Publishers B.V., North-Holland, Amsterdam-New York-Oxford-Tokyo, 1988.

[Neu87] G. Neufeld. *The Ean Distributed Message System, User's Manual, Version 2.1.* University of British Columbia, Vancouver, B.C. Canada, July 1987.

[OSI89] Ositel/400. 1989. Ein Message-Handling-System der danet GmbH, Darmstadt.

[PAE*80] J. Palme, S. Arnborg, L. Enderin, C. Meyer, and T. Tholèrus. *The COM Teleconferencing System, Functional Specification.* FOA Rep. C 10164-M6(H9), Stockholm, 1980.

[Pal81] J. Palme. *Experience with the Use of COM Computerized Conferencing System.* FOA Rapport 10166E-M6h, Stockholm, 1981.

[Pan85] U. Pankoke-Babatz. Benutzeraspekte beim Einsatz eines Computergestützten Kommunikationssystems. In *GI/OCG/ÖGI-Jahrestagung*, Springer, 1985. Informatik Fachberichte 108.

[Pan88] Uta Pankoke-Babatz. Requirements for group communication support in electronic communication. In Rolf Speth and Peter Schicker, editors, *Message Handling Systems, Proceedings of the IFIP TC 6/WG 6.5 Working Conference on Message Handling Systems, Munich 1987*, IFIP TC6, Elsevier Science Publishers B.V., North-Holland, Amsterdam-New York-Oxford-Tokyo, 1988.

[Pan89a] U. Pankoke-Babatz, editor. *Computer Based Group Communication – the AMIGO Activity Model*, Ellis Horwood, Chichester, 1989.

[Pan89b] Uta Pankoke-Babatz. Group communication and electronic communication. In U. Pankoke-Babatz, editor, *Computer Based Group Communication – the AMIGO Activity Model*, pages 17–66, Ellis Horwood, Chichester, 1989.

[Pay89] Paul-André Pays. Amigo architectural model. In U. Pankoke-Babatz, editor, *Computer Based Group Communication – the AMIGO Activity Model*, pages 231–266, Ellis Horwood, Chichester, 1989.

[PB88] P.-A. Pays and P. Brun. CRMM – a distributed bulletin board. In Rolf Speth and Peter Schicker, editors, *Message Handling Systems, Proceedings of the IFIP TC 6/WG 6.5 Working Conference on Message Handling Systems, Munich 1987*, IFIP TC6, Elsevier Science Publishers B.V., North-Holland, Amsterdam-New York-Oxford-Tokyo, 1988.

[PHL86] J. S. i Pareta, C. Huitema, and M. M. i Llinas. *Directory Data Structure and Name Assessment Algorithms.* Inria 13, INRIA, Rocquencourt, France, U.P.C. Barcelona, Spain, 1986.

[Pit86] Joseph Pitteloud. *Electronic message handling for the nineties.* Technische Mitteilungen PTT, Nr 10, Schweizerische PTT-Betriebe, Bern, 1986.

[PL89] Bernhard Plattner and Hannes Lubich. Electronic mail systems and protocols – overview and case study. In Einar Stefferud, Ole J. Jacobsen, and Pietro Schicker, editors, *Message Handling Systems and Distributed Applications, Proceedings of the IFIP TC 6/WG 6.5 Working Conference on Message Handling Systems and Distributed Applications, Costa Mesa, California, 1988*, IFIP TC6, Elsevier Science Publishers B.V., North-Holland, Amsterdam-New York-Oxford-Tokyo, 1989.

[Pop84] A. R. Pope. Encoding CCITT X.409 presentation transfer syntax. *ACM Comp. Com. Review*, 14(4):4–10, October 1984.

[PP89] Uta Pankoke-Babatz and Wolfgang Prinz. Support for coordinationg group activities. In Einar Stefferud, Ole J. Jacobsen, and Pietro Schicker, editors, *Message Handling Systems and Distributed Applications, Proceedings of the IFIP TC 6/WG 6.5 Working Conference on Message Handling Systems and Distributed Applications, Costa Mesa, California, 1988*, IFIP TC6, Elsevier Science Publishers B.V., North-Holland, Amsterdam-New York-Oxford-Tokyo, 1989.

[Pri89] W. Prinz. Survey of group communication models and systems. In U. Pankoke-Babatz, editor, *Computer Based Group Communication – the AMIGO Activity Model*, pages 127–180, Ellis Horwood, Chichester, 1989.

[PW89] Wolfgang Prinz and Michael Woitass. The date planning system example of a cooperative group activity. In Einar Stefferud, Ole J. Jacobsen, and Pietro Schicker, editors, *Message Handling Systems and Distributed Applications, Proceedings of the IFIP TC 6/WG 6.5 Working Conference on Message Handling Systems and Distributed Applications, Co-*

sta Mesa, California, 1988, IFIP TC6, Elsevier Science Publishers B.V., North-Holland, Amsterdam-New York-Oxford-Tokyo, 1989.

[QH86] J. S. Quarterman and J. C. Hoskins. Notable computer networks. *Communications of the ACM*, 29(10):932–971, October 1986.

[Qua90] John S. Quarterman. *The Matrix: Computer Networks and Conferencing Systems Worldwide.* Digital Press, Bedford, MA, 1990.

[Ram89] Iris Ramme. *Die Arbeit von Führungskräften eines Forschungsinstituts – Ein Vergleich mit Topmanagern der deutschen Wirtschaft.* Arbeitsbericht Nr. 22, Universität Dortmund, Fachbereich Wirtschafts- und Sozialwissenschaften, Dortmund, Mai 1989.

[Rei82] Wolfgang Reisig. *Petrinetze – Eine Einführung.* Springer-Verlag, Berlin, Heidelberg, New York, 1982.

[Ros85] M. T. Rose. *Mapping Service Elements between ARPA and MHS.* Northrop Research and Technology Center, Palos Verdes Peninsula, CA, September 1985.

[San83] H. Santo. GILT – interconnection of existing message systems. In *Kommunikation in verteilten Systemen – Anwendungen und Betrieb*, Springer, 1983. Informatik Fachberichte 60.

[Sch84] K. Schenke. Zustandsbeschreibung und strategische Planungen für die Zukunft der Textdienste. *Zeitschrift für das Post- und Fernmeldewesen Nr. 8*, 1984.

[Sch85] G. Schulze, editor. *Message Handling Systems: Protocol for Teletex-MTA (2*P5/2)*, Gesellschaft für Mathematik und Datenverarbeitung, Darmstadt, February 1985.

[Sch89] Pietro Schicker. Message handling systems, X.400 (an overview). In Einar Stefferud, Ole J. Jacobsen, and Pietro Schicker, editors, *Message Handling Systems and Distributed Applications, Proceedings of the IFIP TC 6/WG 6.5 Working Conference on Message Handling Systems and Distributed Applications, Costa Mesa, California, 1988*, IFIP TC6, Elsevier Science Publishers B.V., North-Holland, Amsterdam-New York-Oxford-Tokyo, 1989.

[SOB89] Hugh Smith, Julian Onions, and Steve Benford, editors. *Distributed Group Communication – The AMIGO Information Model*, Ellis Horwood, Chichester, 1989.

[SPA85] SPAG. *Guide to the Use of Standards, Draft, Revision 2.0.* Standards Promotion and Application Group, October 1985.

[SPA87] SPAG. *Guide to the Use of Standards.* Standards Promotion and Application Group, North-Holland, Amsterdam-New York-Oxfod-Tokyo, 1987.

[Str89] Jon Stranger. UK Government OSI Profile (GOSIP). In Einar Stefferud, Ole J. Jacobsen, and Pietro Schicker, editors, *Message Handling Systems and Distributed Applications, Proceedings of the IFIP TC 6/WG 6.5 Working Conference on Message Handling Systems and Distributed Applications, Costa Mesa, California, 1988*, IFIP TC6, Elsevier Science Publishers B.V., North-Holland, Amsterdam-New York-Oxford-Tokyo, 1989.

[Sun88] *SunLink MHS, System Administration Manual, V 5.2, Rev. A.* Sun Microsystems, June 1988.

[Syd89] Friedrich v. Sydow. *Abkürzungen und Kunstwörter aus IT-Normung und Umfeld – Informatik, Verbände, Wirtschaft, Behörden und Recht – aufgelöst, erläutert, verknüpft.* Arbeitspapiere der GMD Nr. 400, Gesellschaft für Mathematik und Datenverarbeitung, St. Augustin, Juni 1989.

[Syl85] P. Sylvester. EARN – ein europäisches Computer-Netzwerk für Wissenschaft und Forschung. *Der GMD-Spiegel*, 85(1):71–74, März 1985.

[Syl86] P. Sylvester. UCLA-Mail: Entwicklung und Einsatz eines Mitteilungssystems. In *Jahresbericht 1985*, Gesellschaft für Mathematik und Datenverarbeitung, St. Augustin, 1986.

[TH78] M. Turoff and R. Hiltz. *Development and Field Testing of an Electronic Information Exchange System: Final Report on the EIES Development Projekt.* Res. Rep. 9, Computerized Conferencing and Communication Center, Newark, New Jersey, 1978.

[Tie85] Walter Tietz, editor. *Sonderband Mitteilungs-Übermittlungs-Systeme. CCITT-Empfehlungen der V-Serie und der X-Serie*, R. v. Decker's Verlag, Heidelberg, 1985.

[Tie89a] Walter Tietz, editor. *Datenübermittlungsnetze – Mitteilungs-Übermittlungs-Systeme. CCITT-Empfehlungen der V-Serie und der X-Serie, Band 7*, R. v. Decker's Verlag, G. Schenck, Heidelberg, 1989.

[Tie89b] Walter Tietz, editor. *Sonderband Mitteilungs-Übermittlungs-Dienste und Verzeichnis-Dienste, F.400 und F.500. CCITT-Empfehlungen der F-Serie*, R. v. Decker's Verlag, G. Schenck, Heidelberg, 1989.

[Tie89c] Walter Tietz, editor. *Verzeichnis-Systeme, Serie X.500. CCITT-Empfehlungen der V-Serie und der X-Serie, Band 8*, R. v. Decker's Verlag, G. Schenck, Heidelberg, 1989.

[Tsc86] M. Tschichholz. Message handling system: requirements to the user agent. In Ronald P. Uhlig, editor, *Computer Message Systems - 85, Proceedings of the IFIP TC 6 International Symposium on Computer Message Systems, Washington, DC, 1985*, pages 193–206, IFIP TC6, Elsevier Science Publishers B.V., North-Holland, Amsterdam-New York-Oxford-Tokyo, 1986.

[WB89] Bernd Wagner and Manfred Bogen. Piloting. In Hugh Smith, Julian Onions, and Steve Benford, editors, *Distributed Group Communication - The AMIGO Information Model*, pages 134–138, Ellis Horwood, Chichester, 1989.

[WBJ62] P. Watzlawik, J. H. Beavin, and D. D. Jackson. *Pragmatics of Human Communications.* Norton Company Inc., New York, 1962.

[WF86] T. Winograd and F. Flores. *Understanding Computers and Cognition: A New Foundation for Design.* Ablex Publishing Corporation, Norwood, New Jersey, 1986.

[Woi89] Michael Woitass. Cooperation support by a date planning system. In *Proceedings of the BISYCP '89*, Beijing, China, August 1989.

[WS85] A. Warnking and H. Santo. *Directory Dienste in Message Handling Systemen: Konzepte und Spezifikationen.* Arbeitspapiere der GMD Nr. 159, Gesellschaft für Mathematik und Datenverarbeitung, St. Augustin, 1985.

[Zim82] H. Zima. *Compilerbau I, Analyse.* Reihe Informatik Band 36, Bibliographisches Institut, Zürich, 1982.

Index

E

J

K

L

P

R

S